云南省“十四五”职业教育省级规划教材拟立项建设
“3+2”高本贯通五年一贯制职教本科试点教材
校企“双元”合作开发教材
职业教育适应加快发展新质生产力试验教材

Python 数据分析

主　编　李杰顺　邓　茜

副主编　张　龙　吕凤花　刘姿潇

参编者　白煜聃　唐兴贵

主　审　宗　锐　杨　缅　冉文学

　　　　金莉苹　夏　露

北京交通大学出版社

·北京·

内 容 简 介

本书旨在为高等职业教育财经类专业提供一本实用的教材，以帮助学生为胜任未来与数据分析相关的工作打下扎实的基础。

本书以最新的《职业教育专业目录》中财经类专业的内涵建设目标为依据，紧紧围绕云南省职业教育体系中物流管理专业的"3+2"高本贯通五年一贯制教育模式，结合 Python 语言相关知识，对标具体工作岗位新要求和数智化转型要求，共分为 9 个项目，24 个任务，涵盖了 Python 数据分析的各个方面，每个项目都结合具体的案例和实际应用，强调面向复杂问题的工具升级，解决具体工作岗位场景中的常见问题，使 Python 能够更好地赋能专业人才培养，同时也将与数据分析相关的课程思政元素在各个项目中进行有效融入。

本书配有教学课件、软件安装包、代码包、微课等教学资源，学习者可以通过上述资源更为有效地达成学习目标。本书适用于财经商贸专业大类下的统计会计类、物流管理类、营销类等有数据分析需要的专业使用，特别适用于云南省职业教育体系中物流管理专业的"3+2"高本贯通五年一贯制教育模式。

图书在版编目（CIP）数据

Python 数据分析 / 李杰顺，邓茜主编. -- 北京 ： 北京交通大学出版社，2025. 1.
ISBN 978-7-5121-5316-5

Ⅰ. TP312.8

中国国家版本馆 CIP 数据核字第 2024AQ2897 号

Python 数据分析
Python SHUJU FENXI

责任编辑：刘　辉　　助理编辑：张馨天
出版发行：北京交通大学出版社　　电话：010-51686414　　http://www.bjtup.com.cn
地　　址：北京市海淀区高梁桥斜街 44 号　　邮编：100044
印 刷 者：北京时代华都印刷有限公司
经　　销：全国新华书店
开　　本：185 mm×260 mm　　印张：20.75　　字数：543 千字
版 印 次：2025 年 1 月第 1 版　　2025 年 1 月第 1 次印刷
定　　价：49.90 元

本书如有质量问题，请向北京交通大学出版社质监组反映。对您的意见和批评，我们表示欢迎和感谢。
投诉电话：010-51686043，51686008；传真：010-62225406；E-mail：press@bjtu.edu.cn。

前　言

习近平总书记在党的二十大报告中指出："加快发展数字经济，促进数字经济和实体经济深度融合，打造具有国际竞争力的数字产业集群。"新一代信息技术与各产业结合形成数字化生产力和数字经济是现代化财经商贸专业群发展的重要方向。在数字化浪潮持续推进的今天，信息技术与传统行业的深度融合不断加速，数据分析已成为企业竞争力的关键。作为响应国家数字经济发展策略的一部分，我们深感教育的方式也需要与时俱进，特别是在技能培养和应用实践方面。

专业建设的核心是课程建设，课程建设的基础是教材建设，推进新专业目录背景下传统课程的教材建设需要着重考虑两个方面的因素：一是基于区域经济发展的人才需求，二是基于专业新人才培养模式下的专业教学标准建设。鉴于此，编者从解读、研究新专业目录着手，抓住传统专业转型的需要，开展了关于数据相关岗位能力要求的问卷调查、数据收集、数据分析等一系列调研活动。在调研过程中，编者发现当前各类企事业单位对数据分析从业人员的要求越来越高，传统知识体系和技能已经不能满足企业发展的需求。企业强烈需要员工提升技能，隐藏在此现象背后更深层次的原因则是各行业都面临着转型。在问卷和需求调研中，我们梳理了数据分析的各个环节，发现这些环节都已经或正在被人工智能、大数据和云计算等新技术所渗透、改变甚至代替，基于结果为导向的工作岗位设计逐渐向基于流程为导向的工作岗位设计进行转变。

本书在以上调查研究的基础上精心编写，具有以下特点。

（1）有效融入课程思政元素，结合时政形势，为国育才。

教材编写团队高度重视课程思政元素的有效融入，多次开展教研工作，将专业知识和课程思政元素有机地融入教材，在案例中精挑细选，最终形成与本课程契合度较好的思政案例，尽可能保证学生在学习专业知识的同时，获得思想升华，切实做到为党育人，为国育才。

（2）可交付项目化体例编写，明确学习和教学目标。

本书的编写打破了传统 Python 教材依靠理论知识体系进行编排的模式，以可交付的项目化任务为主线，通过具体的数据分析项目将学习内容与实际应用紧密结合。每个项目都围绕一个核心内容展开，项目中的每个任务都通过实际案例引导学生从发现问题到提出解决方案的全过程中思考。学生在完成每个任务的实操之后，通过教师评价和任务测评表评分，对所学知识进行巩固和深化。

（3）基于场景设计的学习任务，突出数据与用户的沟通。

为确保教材的实用性和有效性，我们从日常生活到专业学习再到实际工作中，精心挑选了一系列贴近学生生活和未来职业需求的真实场景。这些场景案例覆盖了从数据爬虫、股票分析到物流规划等多个方面，不仅使教学内容生动有趣，更重要的是提升了学生将理论知识应用于实践的能力。

（4）引入人工智能，切换视角，辅助代码编写。

在编写过程中，我们积极引入人工智能技术，以辅助教材的编写和优化学生的学习过程。这一创新应用不仅改变了学生的学习视角，也极大地提高了教学效率和质量。通过人工智能的辅助，学生在学习编程时的角色发生了转变。他们不仅是编写代码的执行者，也是代码的审核者和分析者。更重要的是，当代码编写和错误检测的任务由人工智能辅助完成后，学生可以将更多的精力集中在 Python 数据分析的实际应用上。

本书适用于财经商贸大类下的会计统计类、物流管理类、营销类等有数据分析需要的专业使用，特别适用于云南省职业教育体系中物流管理专业的“3+2”高本贯通五年一贯制教育模式。本书不仅为学生后续专业课程的学习打下坚实的基础，还旨在培养学生的数据驱动思维，为他们将来在物流和供应链管理领域的职业生涯打造必要的数据处理和分析能力。我们建议将 Python 数据分析作为专业基础课，在高职专科第一、第二学期开设。

本书为云南省教育厅科学研究基金资助项目，课题项目名称为双高视域下校企协同创新统计与会计核算专业人才培养实践，项目编号为 2022J1436。本书由昆明工业职业技术学院李杰顺、邓茜担任主编，昆明工业职业技术学院张龙、吕凤花及新道科技股份有限公司商业伙伴经理刘姿潇担任副主编，昆明工业职业技术学院的白煜聃和唐兴贵参与编写。本书由云南财经大学的宗锐、杨缅、冉文学、金莉苹、夏露担任主审。

在教材的编写阶段，我们进行了多轮实践教学和修改，力求教材内容的精准和实用。然而，完善是一个持续的过程。我们期待在未来的教学实践中，能收到大家提出的宝贵反馈和建议，使本教材更加完善，更好地服务于教育教学工作。

最后，感谢云南省教育厅的资助，感谢昆明工业职业技术学院、新道科技股份有限公司及所有参与教材编写的教师和专家，以及北京交通大学出版社在书稿编校工作中所付出的努力。希望本书能成为引领学生步入数据科学世界的重要桥梁，助力学生在未来数字经济中发光发热。

编　者

2024 年 5 月

目　录

项目 1　学习 Python 前的准备

项目 1 课件

学习目标

◎ 知识目标

了解 Python 的起源、发展和应用领域；

理解 Python 的特点、优势和适用场景；

了解 Python 的不同版本和发行版，如 Python 2 和 Python 3；

掌握 Python 的安装方法和步骤，包括操作系统的选择和下载安装包。

◎ 能力目标

能够使用 Python 的解释器进行简单的交互式编程；

能够编写简单的 Python 程序，并正确运行和调试；

能够根据操作系统选择合适的 Python 版本，并下载安装包；

能够按照指导安装 Python 解释器和必要的依赖库；

能够配置 Python 环境变量，以便在命令行中直接运行 Python；

能够选择合适的集成开发环境（integrated development envirorment，IDE），并进行安装和基本配置。

◎ 素养目标

具备对计算机编程和 Python 语言的兴趣和探索精神；

具备逻辑思维和问题解决的能力；

具备独立学习和解决问题的能力，能够根据指导安装 Python；

具备对开发环境和工具的选择和配置的意识；

具备团队协作和资源共享的能力，能够与同学分享安装经验和问题解决方法。

思维导图

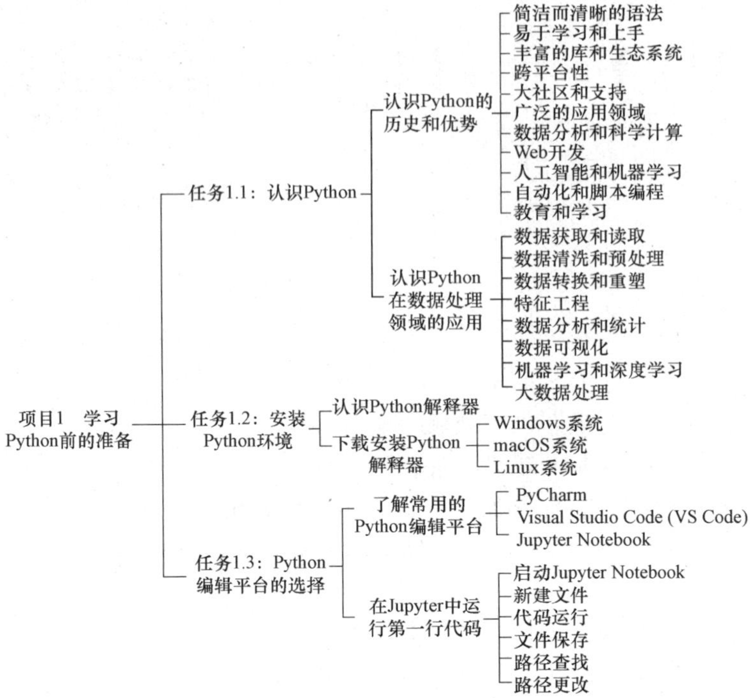

项目描述

在项目“学习 Python 前的准备”中，我们深入探索 Python 编程语言的核心知识，并通过设计三项具体任务，引导学生全面了解 Python 的历史、特性及其在多个领域中的应用。Python 作为一种高级编程语言，因其简洁性、易学性和强大的库支持，在数据科学、网站开发、自动化脚本和人工智能等众多领域中占据了不可或缺的地位。通过本项目，学生能够掌握 Python 的安装、配置及基本编程技巧，同时通过任务驱动的教学模式，增强对 Python 实际应用的理解和兴趣。

项目要求

本项目旨在通过实践活动，帮助学生建立对 Python 语言的系统理解，包括其历史、优势，以及编程环境的搭建。学生需要完成以下三个任务。

任务 1.1：认识 Python

学生将通过研究资料了解 Python 的起源、发展和在不同领域中的应用。这需要他们阅读文章、观看教学视频，并对 Python 的特点和优势进行分析。

任务 1.2：安装 Python 环境

学生将学习如何在不同操作系统上安装 Python 环境，包括解释器的安装及必要的配置设置。

任务 1.3：Python 编辑平台的选择

学生需要比较 PyCharm、Visual Studio Code 和 Jupyter Notebook 等编辑平台的优缺点，选择并实际操作一个适合自己的平台，执行基本的代码编辑和运行任务。

此外，学生需要展现出自主学习能力和团队合作精神，通过互助交流解决安装过程中可能遇到的问题，并共享学习资源。

案例导入

促进商业道德与用户体验优化——AI+Python 数据分析

在数字化时代，人工智能和数据分析正在重新定义商业战略和操作效率。特别是，Python 作为数据科学领域的首选语言，因其易于学习、功能强大的库和广泛的社区支持，已成为推动这一变革的关键工具。

电商行业的革新

以某国际电商平台为例，该公司通过利用 Python 的 pandas 库进行高效的数据清洗和处理，解析了数百万用户的购买数据和浏览历史。此外，通过 SciPy 库进行复杂的统计分析，该公司能够识别出用户购买模式和偏好，这些信息帮助公司设计了更具吸引力的市场营销活动和个性化推荐算法。

这种数据驱动的方法不仅提升了用户体验，还显著增加了平均订单价值和客户忠诚度。例如，基于用户行为数据的分析，公司推出了针对特定用户群体的快闪折扣活动，这一策略增加了回购率。

金融服务的变革

在金融领域，Python 同样扮演了革新者的角色。某知名金融公司利用 Python 开发了算法交易系统，该系统能够实时分析全球金融市场数据，自动执行买卖指令。通过机器学习模型预测市场趋势，并在几毫秒内做出交易决策，该系统显著提高了交易效率和盈利能力。

此外，该公司还使用 Python 进行风险管理和信用评分，通过分析客户的交易历史和行为模式，精确预测潜在的信用风险，从而减少了不良贷款率，并优化了贷款审批流程。

技术的启示

这些应用案例不仅展示了 Python 在处理复杂数据集中方面的能力，也揭示了数据分析如何能够助力企业精准定位市场和客户需求，优化产品和服务。随着 AI 技术的不断进步，Python 的重要性也日益增加，为希望进入这一领域的学生提供了无限的可能性。

通过学习 Python，学生不仅能够掌握一门有用的编程语言，还能够理解其在现实世界中的应用，这将极大地增强他们的就业竞争力，有利于未来的职业发展。此外，通过实践这些技能，学生能够为即将到来的、数据驱动的未来做好准备，无论是加入创新型企业，还是启动自己的创业项目，都能够在竞争中脱颖而出。

任务 1.1　认识 Python

1.1.1　任务知识

1. 认识 Python 的历史和优势

Python 是一种高级编程语言，具有简洁、可读性强、易学易用的特点，广泛应用于数据分析、科学计算、Web 开发、人工智能等领域。了解 Python 的历史和优势，有助于学生更好地认识和理解这门编程语言的背景和特点。

1）Python 的起源与发展

Python 由 Guido van Rossum 于 1991 年在荷兰创造出来。Guido van Rossum 想创建一种简单易学的语言，以促进代码的可读性和开发效率。Python 的命名灵感来自 BBC 电视节目《蒙提・派森的飞行马戏团》，这个名字既有趣又容易记忆。

Python 的发展历经了多个版本的迭代，其中最重要的版本是 Python 2 和 Python 3。Python 3 于 2008 年发布，引入了一些重要的语言和库的改进，但与 Python 2 不兼容。

Python 3 的发布：Python 3 于 2008 年 12 月发布，引入了一些重要的语言改进和特性，包括更好的 Unicode 支持、改进的整数除法、强制使用 print 函数等。然而，由于与 Python 2 不兼容，Python 社区在过渡到 Python 3 上花费了一些时间。

Python 社区和生态系统的扩大：Python 社区在 2008 年之后继续快速扩大，并且涌现出更多的开源库和框架。许多重要的库如 NumPy、pandas、matplotlib、TensorFlow、PyTorch 等在这一时期迅速发展，为数据科学、人工智能和 Web 开发等领域提供了强大的工具和解决方案。

PyPI 的发展：Python Package Index（PyPI）是 Python 的软件包仓库，提供了丰富的第三方库和工具。PyPI 在 2008 年之后得到了进一步的发展和改进，使得开发者能够更方便地搜索、安装和分享 Python 包。

Python 的应用领域的拓展：随着时间的推移，Python 在各个应用领域的使用持续增加。除了传统的数据科学、Web 开发和科学计算，Python 也在自然语言处理、物联网、自动化测试、DevOps 等领域得到广泛应用。

Python 的版本更新：Python 的版本更新仍在持续进行，每年发布一个新的小版本，并且引入一些语言改进、库更新和性能优化。例如，Python 3.9、Python 3.10 等版本都带来了一些新的特性和改进。

2）Python 的特点和优势

Python 拥有许多特点和优势，使其成为广受欢迎的编程语言。

简洁而清晰的语法：Python 的语法简洁、可读性强，使用空格缩进来表示代码块，而不是大括号，使得代码结构清晰，易于理解和维护。

易于学习和上手：Python 的语法设计简洁，逻辑清晰，没有过多的复杂概念和语法规则，使得初学者能够快速上手并进行编程实践。

丰富的库和生态系统：Python 拥有庞大而活跃的开源库和生态系统，如 NumPy、pandas、matplotlib 等，涵盖了数据分析、科学计算、机器学习、Web 开发等各个领域，提供了丰富的工具和功能，极大地提高了开发效率。

跨平台性：Python 可以在多个主流操作系统上运行，包括 Windows、MacOS、Linux 等，使得开发者能够轻松在不同平台上开发和运行 Python 程序。

大社区和支持：Python 拥有庞大而活跃的开发者社区，社区提供了丰富的教程、文档和交流平台，开发者可以通过互相学习和分享经验来提高自己的编程技能。

广泛的应用领域：Python 在众多领域有着广泛的应用，包括数据分析、可视化等。

数据分析和科学计算：Python 在数据科学领域中应用广泛。通过使用库如 NumPy、pandas 和 SciPy，Python 提供了强大的数值计算和数据处理能力，使得数据分析、数据可视化和机器学习等任务变得更加简单和高效。

Web 开发：Python 在 Web 开发领域也非常流行。框架如 Django 和 Flask 提供了简单而强大的工具来构建高性能的 Web 应用程序。Python 还有丰富的库和模块，使得处理网络请求、数据库交互和前端开发变得更加便捷。

人工智能和机器学习：Python 已成为人工智能和机器学习的首选语言之一。如 TensorFlow、PyTorch 和 Scikit-learn 等库提供了丰富的机器学习和深度学习算法，使得开发人员能够构建和训练复杂的模型，解决各种问题，如图像识别、自然语言处理等。

自动化和脚本编程：Python 非常适合用于自动化任务和脚本编程。它提供了简单的语法和丰富的标准库，可以轻松地编写脚本来处理文件操作、数据转换、系统管理等任务，提高工作效率。

教育和学习：Python 作为一门易于学习和理解的编程语言，广泛应用于教育领域。它被用作学习编程的第一语言，让学生能够迅速掌握编程基础，培养逻辑思维和解决问题的能力。

总结起来，Python 之所以备受欢迎，是因为它简洁易学，拥有丰富的库和生态系统，广泛适用于数据分析、科学计算、Web 开发、人工智能等众多领域。无论是初学者还是专业开发者，Python 都提供了便捷的工具和资源，让编程变得更加高效和有趣。

2. 认识 Python 在数据处理领域的应用

Python 在数据处理中有广泛的应用。以下是一些常见的 Python 库和技术，用于数据处理和分析的不同方面。

数据获取和读取：Python 提供了多种库和技术用于获取和读取数据，如 requests 库用于获取数据，pandas 库用于读取和处理各种数据格式（如 CSV、Excel、SQL 数据库等）。

数据清洗和预处理：pandas 库是 Python 中最常用的数据清洗和预处理工具之一。它提供了丰富的函数和方法来处理缺失值、重复值、异常值及数据类型转换等。

数据转换和重塑：pandas 库支持强大的数据转换和重塑功能，例如数据透视表、数据合并和连接、列转行、行转列等，以满足不同的数据分析需求。

特征工程：特征工程是数据分析和机器学习中至关重要的一步，用于提取、转换和选择合适的特征。Python 中的特征工程库，如 scikit-learn 和 Featuretools，提供了丰富的功能和算法，用于特征选择、特征变换、特征生成等。

数据分析和统计：Python 在数据分析和统计领域有很多优秀的库，如 NumPy、SciPy 和 StatsModels。这些库提供了丰富的函数和方法，用于数据分析、统计推断、假设检验、回归分析、时间序列分析等。

数据可视化：Python 中的 matplotlib、seaborn 和 plotly 等库提供了强大的数据可视化功能，用于创建各种静态和交互式图表，如折线图、柱状图、散点图、热图、地图等，以帮助使用者更好地理解数据。

机器学习和深度学习：Python 是机器学习和深度学习领域的首选语言之一。Scikit-learn、TensorFlow 和 PyTorch 等库提供了丰富的机器学习和深度学习算法和工具，用于模型训练、预测和评估。

大数据处理：Python 也可以与大数据处理框架（如 Apache Spark）集成，用于处理和分析大规模的数据集。

总的来说，Python 在数据处理中的应用非常广泛，提供了丰富的库和工具，使得数据处理和分析变得更加高效和便捷。无论是数据清洗、特征工程、数据分析还是机器学习，Python 都提供了强大的功能和灵活性。

1.1.2 练一练

（1）Python 在数据处理领域的应用有哪些优势？

（2）你认为 Python 在未来的数据处理领域中可能面临的挑战是什么？

1.1.3　任务实操

任务 1.1　任务工单

任务名称	认识 Python	专业		班级	
学生姓名		学生学号		任务成绩	
任务准备		任务场地		完成日期	
任务描述	通过各种途径了解 Python，掌握 Python 的优势及可应用的场景				

任务提出：

1. 学生将通过研究和整理资料，制作一个时间线，详细展示 Python 的发展历程和重大版本更新，从 1991 年 Python 的创建到现在的最新版本。

2. 学生需编写一份报告，分析 Python 为何能在众多编程语言中脱颖而出，特别关注其简洁的语法、丰富的库和跨平台的特性。

任务目标：

1. 学生收集关于 Python 各个版本的重要信息，将这些信息组织成为一条清晰的时间线。学生需要说明每个版本的主要更新和对编程领域的影响，通过这一过程，提高他们的信息搜集和数据整理能力。

2. 学生需要从技术、应用和社区支持三个角度出发，深入分析 Python 的优势。报告中应包含具体的例子和比较，以及这些优势如何促进 Python 的普及和使用。此任务旨在提升学生的研究和文档编写技能。

任务准备：

1. 一台用于操作的计算机，安装 Windows、MacOS 和 Linux 的操作系统。

2. 足够的内存和存储空间：Python 本身的安装包相对较小，通常只需要几百 MB 的磁盘空间。然而，随着学生编写的程序变得复杂和庞大，可能需要更多的内存和存储空间来运行和存储程序及相关数据。

本部分旨在引导学生通过两个实际项目深入理解 Python 的发展历史和其在多个技术领域的优势。学生将完成一个关于 Python 历史的详细时间线和一个分析报告，探讨 Python 的核心技术优势和广泛应用。

1. 任务设计

- 框架规划：

对于“Python 的历史之旅”，学生需要确定主要的历史节点，如 Python 的创建、主要版本发布和重大变革。

对于“Python 的优势分析报告”，学生需规划出报告的章节，如简介、核心优势、技术比较、应用实例及结论。

- 资料收集：

历史之旅：搜集从 Python 2 到 Python 3 的过渡资料。

优势分析：收集从数据科学到 Web 开发的 Python 应用案例，以及与其他语言如 Java、C++的比较分析。

- 初步草图：

历史之旅：利用时间线软件制作包含关键事件的草图。

优势分析：创建报告的初稿，包括图表和数据对比，展示 Python 的效率和灵活性。

- 小组讨论：

分享草图和初稿，收集小组成员的意见，讨论可能的改进方向。

2. 任务实施

- 绘制和撰写：

历史之旅：细化时间线，加入详细描述和视觉元素，如代码示例和版本比较图。

优势分析：完善报告内容，增加案例研究，详细说明 Python 在不同场景下的应用优势。

- 细节调整：

根据反馈精确调整时间线的准确性和报告的论点，确保逻辑一致性和数据引用的准确性。

- 小组评审：

在完成进阶版后，进行小组内展示，再次收集反馈，根据同伴的意见进行最终修改。

3. 任务检查

- 自我审核：

检查时间线和报告中的每个事实和日期，确保没有误差。

确保报告中的引用和图表都正确无误，清晰展示了 Python 的优势。

- 小组互评：

在小组内展示最终成果，进行互评，特别注意信息的展示是否清晰和吸引人。

- 教师评审：

提交最终作品给教师，接受专业的评价和建议，对可能存在的问题进行调整。

4. 任务评价

- 成果展示：

在更广的学术环境中展示时间线和报告，例如课堂或研讨会，让更多的同学了解 Python 的历史和优势。

- 评价标准：

准确性（30 分）：评价时间线和报告中信息的正确性，包括历史事件和技术优势的描述是否与实际相符。

清晰度（25 分）：考察时间线的布局和报告的组织是否清晰易懂，信息传递是否有效。

创意（20 分）：评估学生在设计时间线和撰写报告时是否展现了创新思维，包括视觉表现手法或信息展示的新颖处理。

逻辑性（15 分）：检查时间线和报告展示的信息之间的逻辑联系是否清晰、合理。

展示与反思（10 分）：基于学生的口头展示质量、总结报告的详细程度以及对项目过程的深入反思。

- 小组和个人反思：

组织小组讨论，反思整个项目的流程，从中识别成功的策略和需要改进的地方。

- 总结和教师反馈：

根据教师的反馈完成最终的总结报告，其中包括学习成果和未来项目的改进方向。

1.1.4 任务测评

任务测评表

效果测评要素	具体评价内容	评价等级
知识点 1	Python 的起源与 Guido van Rossum 的创建理念	优秀/良好/中等/及格/不及格
知识点 2	Python 2 和 Python 3 的主要差异及过渡影响	优秀/良好/中等/及格/不及格
知识点 3	Python 在数据科学和 Web 开发中的应用案例	优秀/良好/中等/及格/不及格
综合测评 1	对 Python 语言特性和发展历史的整体理解能力	优秀/良好/中等/及格/不及格
综合测评 2	对 Python 在不同领域应用中的优势分析和案例研究的综合运用能力	优秀/良好/中等/及格/不及格
薄弱项记录		
没学懂的知识		
没掌握的技能		
我想提升的素养		
教师签字		

任务 1.2　安装 Python 环境

1.2.1　任务知识

1. 认识 Python 解释器

1）Python 解释器简介

Python 解释器是执行 Python 代码的程序，它读取和解释 Python 源代码，并将其转换为计算机可以理解和执行的机器代码。Python 解释器是使用 Python 编写的，可以运行在不同的操作系统上。

Python 解释器有多个版本和发行版，其中最常用的是 Python 2 和 Python 3。Python 2 是早期版本，而 Python 3 是对语言进行的重大改进和升级。在本教程中，我们将主要关注 Python 3。

2）选择 Python 解释器版本

应根据需求和操作系统，选择适合的 Python 解释器版本。请注意，Python 2 和 Python 3 是不兼容的，因此确保选择适合项目或学习需求的版本。在许多情况下，建议选择最新的 Python 3 版本，以获得最新的语言特性和功能支持。

2. 下载安装 Python 解释器

1）下载 Python 解释器

在官方 Python 网站（https://www.python.org）上，可以找到适用于不同操作系统的 Python 解释器下载链接。

- 打开浏览器，并访问 https://www.python.org。
- 点击“Downloads”（下载）选项卡，进入下载页面。
- 根据操作系统选择正确的 Python 版本，并点击下载链接。

2）安装 Python 解释器

根据操作系统，执行以下步骤来安装 Python 解释器。

（1）Windows 系统：

- 双击下载的 Python 安装程序，打开安装向导。
- 在安装向导中，选择“Install Now”（立即安装）选项。
- 默认情况下，安装程序会将 Python 解释器安装到系统路径中。如果想更改安装路径，请选择“Customize installation”（自定义安装）选项。
- 完成安装向导中的其他设置，然后点击“Install”（安装）按钮。
- 安装完成后，点击“Close”（关闭）按钮。

（2）macOS 系统：

- 打开下载的 Python 安装程序。
- 在安装向导中，选择“Continue”（继续）选项。
- 阅读并接受软件许可协议，然后点击“Agree”（同意）按钮。
- 在安装类型中，选择“Install for all users”（为所有用户安装）选项。
- 选择安装位置，通常建议使用默认的安装路径。
- 点击“Install”（安装）按钮开始安装过程。
- 输入管理员密码以完成安装。

- 安装完成后，点击“Close”（关闭）按钮。

（3）Linux 系统：

- 打开终端，并使用命令行工具输入以下命令来安装 Python 解释器：

```
sudo apt-get update
sudo apt-get install python3
```

- 输入管理员密码以确认安装。
- 安装完成后，可以使用以下命令验证 Python 解释器的安装：

```
python3 -version
```

3）验证解释器是否安装成功

为了验证 Python 解释器的安装是否成功，可以执行以下步骤：

- 打开终端或命令提示符。
- 输入以下命令来检查 Python 版本：

```
python -version
```

- 或者（如果安装了 Python 3）：

```
python3 -version
```

如果命令返回 Python 的版本号，则表示 Python 解释器已成功安装。

现在，我们已经成功安装了 Python 解释器，并且可以开始使用 Python 编程了。

在本任务中，我们学习了 Python 解释器的概念和作用，并了解了 Python 解释器的不同版本和发行版。我们还学习了如何选择适合自己的 Python 解释器版本，并演示了在 Windows、macOS 和 Linux 系统中安装 Python 解释器的步骤。最后，我们验证了 Python 解释器的安装。

1.2.2 练一练

（1）为什么在不同操作系统上安装 Python 解释器的过程可能有所不同？

（2）在安装 Python 解释器时，我们为什么需要选择适合自己操作系统的版本？

1.2.3　任务实操

任务 1.2　任务工单

任务名称	安装 Python 环境	专业		班级	
学生姓名		学生学号		任务成绩	
任务准备		任务场地		完成日期	
任务描述	学生将通过比较和选择 Python 解释器的不同版本，独立安装并验证其运行环境。此外，通过实践基础 Python 命令，学生将深入了解 Python 的基本语法和功能，从而为更高级的编程学习打下坚实的基础				

任务提出：

1. 了解 Python 解释器的不同版本（例如 Python 2.x 与 Python 3.x），包括它们的主要区别及适用场景。
2. 独立完成自己操作系统下 Python 解释器的安装，并进行环境验证。
3. 使用命令行界面实践 Python 的基础命令，包括但不限于数据类型、基础语法和模块导入。

任务目标：

1. 学生需要提交一份报告，详细描述不同版本的特点、优缺点，并推荐不同类型项目适合使用的 Python 版本。

2. 成功安装 Python 解释器，并通过命令行验证安装版本，然后编写并运行一个简单的 Python 代码来验证环境配置正确。

3. 分析执行结果，理解 Python 编程的基本概念。

任务准备：

1. 研究 Python 解释器的版本差异：通过阅读 Python 官方文档和技术博客，学习 Python 各个版本的特点及其适用场景。
2. 环境设置与安装：学习如何根据自己的操作系统下载和安装 Python 解释器，包括了解操作系统的基本信息和确保可以访问互联网以下载必要的安装文件。
3. 基础命令行操作：熟悉命令行或终端的使用，以便在安装 Python 后能够通过命令行进行版本验证和执行基本的 Python 命令。

本部分旨在通过三个具体的任务让学生深入理解 Python 解释器的安装、验证和基础命令的实践操作。学生将完成 Python 解释器的安装、环境验证，以及执行基础 Python 命令，以建立对 Python 编程环境的实际操作能力。

1. 任务设计

- 框架规划：

比较 Python 解释器版本：研究不同版本的 Python 解释器，如 Python 2 和 Python 3 的主要区别，并选择合适的版本进行安装。

安装与验证 Python 环境：规划从下载到安装再到环境验证的完整流程。

实践 Python 基础命令：准备一系列基础命令和小脚本，供学生在安装后执行和分析。

- 资料收集：

访问 Python 官网和其他技术社区，了解不同操作系统下的安装指导。

收集有关 Python 基础命令和脚本执行的教程。

- 初步草图：

列出不同版本 Python 的特点和安装步骤。

准备环境验证的检查列表。

- 小组讨论：

分享安装过程中遇到的问题和解决方案，讨论基础命令的执行结果。

2. 任务实施

- 绘制和撰写：

细化选择不同版本 Python 的理由，完善安装和验证的详细步骤。

执行基础命令，记录操作和结果。

- 细节调整：

根据安装反馈调整指导步骤，确保操作指南的准确性和易懂性。

分析命令执行的结果，调整脚本以提供更清晰的学习效果。

- 小组评审：

在小组内进行展示，收集反馈，根据同伴的意见进行最终修改。

3. 任务检查

- 自我审核：

检查每个安装步骤和基础命令的正确性，确保操作无误。

验证环境设置正确，命令输出符合预期。

- 小组互评：

在小组内展示安装和命令执行的结果，进行互评，特别关注操作的准确性和命令的执行效果。

- 教师评审：

提交安装记录和命令执行结果给教师，接受专业的评价和建议，对可能存在的问题进行调整。

4. 任务评价

- 成果展示：

在课堂上展示 Python 安装和基础命令的操作过程，让更多的同学了解 Python 的实际应用。

- 评价标准：

准确性（30 分）：评价安装过程和基础命令的正确执行。

清晰度（25 分）：考察操作指南的组织和命令执行的信息传递是否清晰。

创意（20 分）：评估在解决安装过程中遇到的问题时是否展现了创新思维。

逻辑性（15 分）：检查任务的执行是否逻辑清晰、合理。

展示与反思（10 分）：基于学生的口头展示质量和对项目过程的深入反思。

- 小组和个人反思：

组织小组讨论，反思整个项目的流程，识别成功的策略和需要改进的地方。

- 总结和教师反馈：

根据教师的反馈完成最终的总结报告，其中包括学习成果和未来项目的改进方向。

1.2.4 任务测评

任务测评表

效果测评要素	具体评价内容	评价等级
知识点 1	选择合适的 Python 解释器版本的依据及其对不同操作系统的适应性	优秀/良好/中等/及格/不及格
技能点 1	Python 解释器的下载与安装步骤，包括环境变量的设置	优秀/良好/中等/及格/不及格
技能点 2	验证 Python 安装成功的方法，以及基本故障排除	优秀/良好/中等/及格/不及格
综合测评 1	对 Python 安装过程的熟练度和问题解决能力	优秀/良好/中等/及格/不及格
综合测评 2	对完成 Python 安装后的基础命令运用和环境测试的综合能力	优秀/良好/中等/及格/不及格
薄弱项记录		
没学懂的知识		
没掌握的技能		
我想提升的素养		
教师签字		

任务 1.3　Python 编辑平台的选择

1.3.1　任务知识

1. 了解常用的 Python 编辑平台

当涉及 Python 编辑平台的选择时，PyCharm、Visual Studio Code 和 Jupyter Notebook 是三个很受欢迎的选择。以下是对这三个平台的详细介绍及它们之间的比较。

1）PyCharm

PyCharm 是一款由 JetBrains 开发的专业 Python 集成开发环境（IDE)。它提供了强大的代码编辑、调试和测试工具，支持自动完成、代码重构、版本控制等功能。PyCharm 专注于提供全面的 Python 开发体验，适用于大型项目和专业开发人员。它具有高度可配置性和灵活性，但可能对于初学者来说学习曲线较陡。PyCharm 的操作界面如图 1.1 所示。

图 1.1　PyCharm 的操作界面

2）Visual Studio Code（VS Code）

Visual Studio Code 是一个轻量级的开源代码编辑器，由微软开发。它具有丰富的扩展生态系统，可以通过安装插件来扩展功能，支持多种编程语言，包括 Python。VS Code 提供了一套强大的编辑功能，如代码补全、调试器、内置终端等，适用于各种项目规模和开发者水平。它是一个跨平台编辑器，具有良好的性能和可扩展性。Visual Studio Code 的操作界面如图 1.2 所示。

3）Jupyter Notebook

Jupyter Notebook 是一个交互式的数据科学环境，提供了一种结合代码、文档和可视化的方式来进行数据分析和可视化。它以笔记本的形式组织代码和文本，并支持实时运行代码块，适合探索性数据分析和展示。Jupyter Notebook 支持多种编程语言，包括 Python，具有强大的数据科学和机器学习库支持。它易于使用和分享，在教学和协作环境中非常受欢迎。Jupyter Notebook 的操作界面如图 1.3 所示。

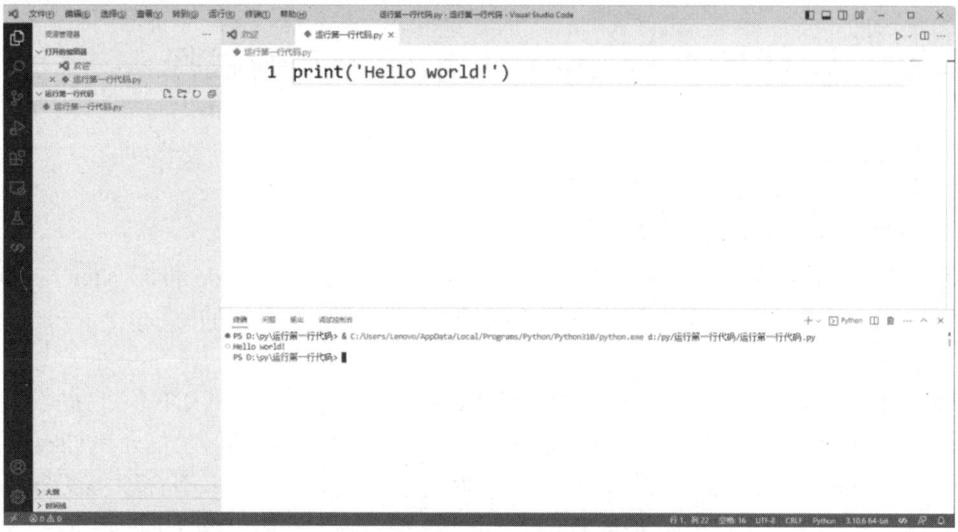

图 1.2　Visual Studio Code 的操作界面

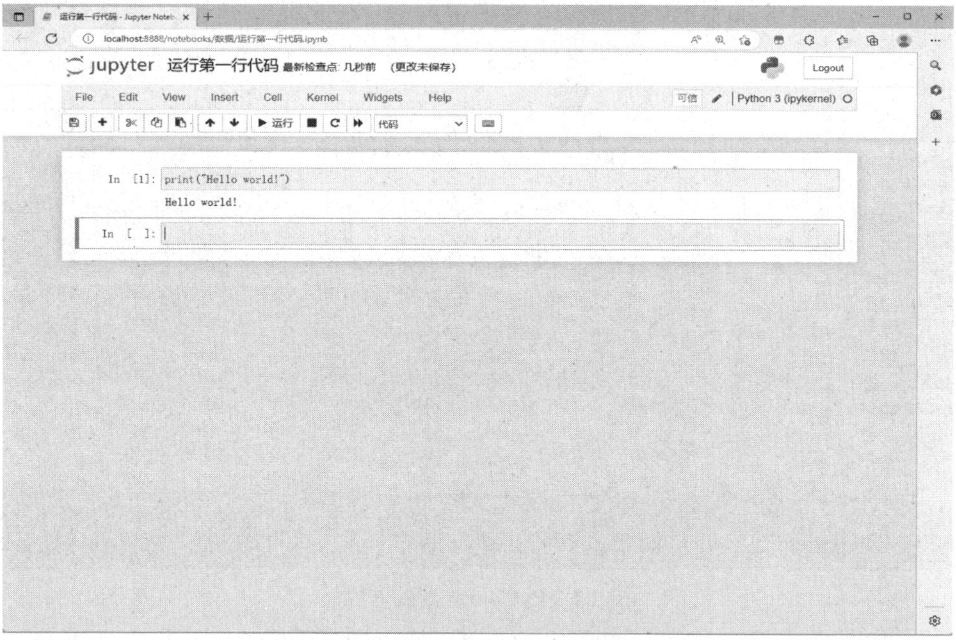

图 1.3　Jupyter Notebook 的操作界面

下面是一个简单的表格，对比 PyCharm、Visual Studio Code 和 Jupyter Notebook 的优缺点（三个常用编辑平台的优缺点见表 1.1）。

表 1.1　三个常用编辑平台的优缺点

平台	优点	缺点
PyCharm	强大的 Python 开发功能	学习曲线较陡
Visual Studio Code	轻量级、跨平台，具有丰富的扩展生态系统	某些高级功能需要安装插件
Jupyter Notebook	交互式环境，结合代码、文档和可视化	不适合大型项目，更适合数据分析和教学环境

最后根据我们的需求和教学的需要，我们选择 Jupyter Notebook 作为后续 Python 教学的编辑平台，理由如下。

交互性和可视化：Jupyter Notebook 以其独特的交互式环境和可视化功能，提供了一种直观而灵活的方式来编写和展示 Python 代码。这对于初学者来说是非常友好的，并且有助于学生更好地理解和掌握 Python 编程概念。

数据科学和教学环境：Jupyter Notebook 在数据科学和教学领域中非常受欢迎。它支持数据分析和机器学习库，并能够以交互性的方式展示数据处理和可视化的结果，使学生更加直观地理解 Python 在实际问题中的应用。

学习资源和社区支持：Jupyter Notebook 拥有庞大的用户社区和丰富的学习资源，包括教程、示例和扩展库。这使得学生在学习和解决问题时能够更容易地获取帮助和支持。

可分享性和可重现性：Jupyter Notebook 的文件具有可分享性，可以轻松共享给其他人查看和运行。这对于学生之间的合作、教师和学生之间的互动，以及项目的可复现性非常有价值。

综上所述，Jupyter Notebook 作为一个交互式和可视化的 Python 编辑平台，具有适合初学者的学习曲线、数据科学和教学环境、丰富的学习资源和社区支持等优势。因此，选择 Jupyter Notebook 作为 Python 编辑平台对于数据处理的初学者来说是不错的选择。

2. 在 Jupyter 中运行第一行代码

Jupyter Notebook 是一个交互式的数据科学环境，它以笔记本的形式组织代码、文本和可视化内容。下面是 Jupyter Notebook 的基本操作。

1）*启动 Jupyter Notebook*

在命令行中输入 jupyter notebook 并按下回车键，将启动 Jupyter Notebook 服务。在浏览器中打开 Jupyter Notebook 的主页（通常是 http://localhost:8888）。

2）*新建文件*

在 Jupyter Notebook 的主页中，点击右上角的“New”按钮，并选择“Python 3”（或其他所需的内核）来创建一个新的 Notebook 文件。一个新的 Notebook 会在浏览器中打开，可以在其中编写代码、添加文本和运行代码块。

3）*代码运行*

Jupyter Notebook 将代码和文本组织为单元格，可以逐个运行这些单元格。在一个单元格中编写代码后，按下 Shift+Enter 键来运行该单元格。代码将被执行，并在下方显示输出结果。

4）*文件保存*

Jupyter Notebook 会自动保存 Notebook 文件，也可以手动保存。点击工具栏中的“Save”按钮，或按下快捷键 Ctrl+S（Windows/Linux）或 Cmd+S（Mac）来保存 Notebook 文件。

5）*路径查找*

默认情况下，Jupyter Notebook 会在启动时打开主目录。在 Notebook 中使用！pwd 命令来查看当前工作目录（即 Notebook 所在的目录）。

6）*路径更改*

使用%cd 命令可以更改当前工作目录。例如，%cd/path/to/new/directory 可以将当前工作目录更改为指定路径。

1.3.2　练一练

（1）为什么 PyCharm、Visual Studio Code 和 Jupyter Notebook 是常用的 Python 编辑平台？

（2）在 Jupyter Notebook 中，为什么需要保存文件并注意文件路径的查找和更改？

1.3.3 任务实操

任务 1.3 任务工单

任务名称	Python 编辑平台的选择	专业		班级	
学生姓名		学生学号		任务成绩	
任务准备		任务场地		完成日期	
任务描述	认识 Python 的编辑平台，了解各主流编辑平台的优势				

任务提出：

1. 学习安装并使用 PyCharm、Visual Studio Code 和 Jupyter Notebook 三个不同的编辑平台。
2. 在 Jupyter Notebook 中创建并分享一个包含代码、说明文档和可视化内容的交互式笔记本。
3. 学习在 Jupyter Notebook 中管理文件路径，以及使用 Git 进行版本控制。

任务目标：

1. 成功在各自的系统上安装上述三个平台，在每个平台上创建一个新项目，并运行一段简单的代码，例如打印“Hello World”。

2. 在 Jupyter 中创建一个笔记本，并在笔记本中加入 Markdown 文本，解释代码段。

3. 使用 Jupyter Notebook 的命令管理工作目录和文件路径，在 Visual Studio Code 中设置 Git，完成代码的版本控制。

任务准备：

1. 下载编辑器安装包：获取 PyCharm、Visual Studio Code 和 Jupyter Notebook 的最新安装包或安装命令。
2. 学习基本操作：了解这三个编辑器的基本功能和界面布局，学习如何在每个编辑器中创建项目、编写和运行代码。
3. 了解文件和路径管理：学习如何在 Jupyter Notebook 中管理文件路径，以及如何在 Visual Studio Code 中进行版本控制。

本部分旨在通过三个具体的任务让学生掌握多种 Python 编辑环境的使用，并了解它们在实际编程和数据分析中的应用。学生将完成 PyCharm、Visual Studio Code 和 Jupyter Notebook 的安装与配置，探索它们的基本功能，并在不同平台上实践代码编写和运行。此外，学生还将重点学习使用 Jupyter Notebook 进行交互式编程和文档撰写，以及在 Visual Studio Code 中进行版本控制，从而提高他们的项目管理能力和协作效率。这些任务将帮助学生在不同的开发环境中灵活工作，为未来的软件开发或数据科学项目打下坚实的基础。

1. 任务设计

● 框架规划：

对于编辑平台的安装与探索，学生需要安装 PyCharm、Visual Studio Code 和 Jupyter Notebook，并熟悉每个平台的界面和基本功能。

对于交互式编程练习，学生需在 Jupyter Notebook 中创建一个包含 Markdown 文档和代码的笔记本，用以演示 Python 在数据分析中的应用。

对于路径管理和版本控制，学生将学习在 Jupyter 和 VS Code 中进行文件路径管理和使用 Git 进行版本控制的技能。

● 资料收集：

收集有关三种编辑平台的安装和使用教程。

收集 Markdown 语法指南和 Python 数据科学库的文档。

收集关于 Git 的基本操作和版本控制的教程。

● 初步操作：

在三个平台上各自运行简单的“Hello World！”程序来验证是否安装成功。

在 Jupyter Notebook 中创建初步的笔记本，包括基础数据操作和图表绘制。

设置 Git 环境，并在 VS Code 中进行简单的提交和推送操作。

● 小组讨论：

分享各自在安装和使用新平台过程中的经验和问题，讨论路径管理和版本控制的最佳实践。

2. 任务实施

● 绘制和撰写：

对比在不同编辑器上编写和运行代码的体验，撰写总结。

完成 Jupyter Notebook 中的练习，结合数据分析的案例展示 Markdown 和代码的协同作用。

在实际项目中应用 Git 进行版本控制，记录操作过程。

● 细节调整：

根据实际操作中遇到的问题，更新安装指南和使用说明，优化操作流程。

完善 Notebook 内容，确保数据分析流程清晰，结果准确无误。

● 小组评审：

展示在不同平台上编写的代码和 Jupyter Notebook 的项目，收集小组成员的反馈。

3. 任务检查

● 自我审核：

检查所有平台的安装步骤，确认运行的“Hello World！”代码无误。

确保 Jupyter Notebook 中的分析流程完整，Markdown 和代码单元格格式正确。

● 小组互评：

在小组内展示 Jupyter Notebook 项目，进行评价，关注项目的完整性和表达的清晰度。

- 教师评审：

将完成的任务提交给教师，接受专业的评价和建议，对照任务要求自我反思。

4. 任务评价

- 成果展示：

展示在各编辑平台上的操作经验和 Jupyter Notebook 项目，与同学分享学习成果。

- 评价标准：

准确性（30 分）：评价操作步骤的正确性，包括平台安装、代码执行及版本控制。

清晰度（25 分）：考察指南的易懂性及项目展示的清晰度。

创意（20 分）：评估学生在解决过程中遇到问题时的创造性思维和解决策略。

逻辑性（15 分）：检查笔记本的逻辑流程是否清晰、合理。

展示与反思（10 分）：基于学生的口头展示质量、项目的总结深度及对操作流程的反思。

- 小组和个人反思：

组织讨论，反思整个学习过程，识别成功的策略和改进空间。

- 总结和教师反馈：

根据教师反馈，完成项目的总结报告，包括学习成果和对未来学习计划的展望。

任务 1.3 微课

1.3.4 任务测评

任务测评表

效果测评要素	具体评价内容	评价等级
知识点 1	安装并熟悉 PyCharm、Visual Studio Code 和 Jupyter Notebook 的基本使用	优秀/良好/中等/及格/不及格
知识点 2	在 PyCharm 和 Visual Studio Code 中创建项目，并在 Jupyter Notebook 中创建和运行 Notebook	优秀/良好/中等/及格/不及格
知识点 3	掌握使用 Jupyter Notebook 进行 Markdown 文档编写的基本技巧	优秀/良好/中等/及格/不及格
综合测评 1	对编辑平台特性的理解及选择最适合的工具来完成给定任务的能力	优秀/良好/中等/及格/不及格
综合测评 2	完成跨平台环境下 Python 代码的编写和运行，展现灵活运用各平台功能的能力	优秀/良好/中等/及格/不及格
薄弱项记录		
没学懂的知识		
没掌握的技能		
我想提升的素养		
教师签字		

项目总结

该项目的目标是为学习 Python 做好准备。主要包含三个任务。

任务 1.1：认识 Python

这一任务介绍了 Python 的历史和优势，以及 Python 在数据处理中的应用。Python 具有简洁而清晰的语法，易于学习和上手。它拥有丰富的库和生态系统，可以应用于广泛的领域，包括数据分析和科学计算、Web 开发、人工智能和机器学习、自动化和脚本编程等。

任务 1.2：安装 Python 环境

该任务介绍了 Python 解释器和如何在不同操作系统上下载和安装 Python 解释器。根据不同的操作系统，可以选择适合的 Python 解释器进行安装，包括 Windows 系统、macOS 系统和 Linux 系统。

任务 1.3：Python 编辑平台的选择

本任务引导学生熟悉和掌握三个主流的 Python 编辑平台：PyCharm、Visual Studio Code 和 Jupyter Notebook。每个平台都有其独特的功能和优势，适用于不同的开发需求。PyCharm 是专门为 Python 设计的 IDE，提供了强大的代码编辑、调试和测试工具，非常适合进行大规模项目开发。Visual Studio Code 是一个轻量级但功能强大的编辑器，支持多种编程语言，通过安装插件可以高度定制化，适合各种项目规模。Jupyter Notebook 则以其独特的交互式编程环境特别适合数据分析和科学计算，允许用户将代码、文本和图像组合在一起，以笔记本的形式组织。通过本任务，学生将能够根据自己的具体需求，选择并有效使用最合适的编辑环境，以优化他们的编程工作流。

课后练习

1. Python 的跨平台性是什么意思？为什么这对于开发者来说很重要？
2. 举例说明 Python 在数据分析和统计领域的应用场景。
3. 为什么 Jupyter Notebook 能成为数据科学工作中常用的编辑平台？

课后练习答案

项目 2　提取目标信息

项目 2 课件

学习目标

◎ 知识目标

理解变量的概念，包括变量的命名规则和约定；

学习变量的赋值操作，将数据存储到变量中；

了解备注的用法，用于对代码进行注释和解释；

掌握数据切片的概念，以及如何在字符串中使用切片操作。

◎ 能力目标

能够创建变量并正确进行赋值操作；

能够使用备注来提高代码的可读性和可维护性；

能够理解和应用数据切片的概念，提取字符串中的指定部分。

◎ 素养目标

培养良好的编程风格和习惯，包括变量命名的规范性和代码注释的准确性；

培养对代码细节的关注和理解能力，确保正确理解和应用变量和数据切片的概念；

培养解决问题的能力，通过提取公民身份号码中的目标信息，实现对用户输入的处理和输出结果的生成。

思维导图

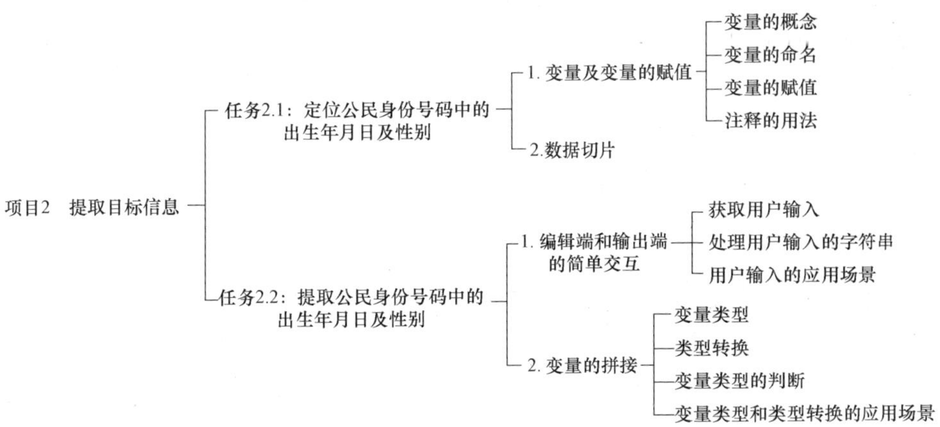

项目描述

在项目“学习 Python 前的准备”中，我们着重于通过实践引导学生深入探索 Python 语言。此项目不仅涵盖了 Python 基础知识，如变量、数据类型、字符串处理和数据切片，而且通过结合这些基础知识进行具体的编程任务，学生能够对Python的实用性有更加直观的理解。通过分析和处理真实数据，例如身份证信息提取，学生将学会如何在 Python 中实现数据的读取、处理和输出，为处理更复杂的数据分析任务打下坚实的基础。

项目要求

在本项目中，学生将通过两个具体的编程任务来深入学习和实践 Python 的基本操作，包括数据处理、字符串操作及交互式编程。这些任务旨在加强学生对 Python 编程的理解，并提升他们使用这门语言解决实际问题的能力。通过完成这些任务，学生将能够处理真实世界的数据，如身份证号码，从中提取有用信息，并通过编程实现数据的实时输入和输出。

任务 2.1：定位公民身份号码中的出生年月日及性别

学生需要编写 Python 程序来自动识别和提取公民身份号码中的出生年月日及性别信息。这要求学生掌握字符串的索引和切片操作，以及条件语句来判断性别。

任务 2.2：提取公民身份号码中的出生年月日及性别

在任务 2.1 的基础上，学生需改进程序使之能够通过用户输入获取公民身份号码，并实时输出处理结果。这不仅测试学生对前面任务的理解，还需使用 input( )函数进行数据输入和 print( )函数格式化输出结果，从而实践交互式编程。

案例导入

诚信经营与创新发展——阿里巴巴的数据驱动策略

阿里巴巴集团，作为全球最大的电子商务平台之一，每天处理来自数亿用户的庞大数据量。为了有效管理这些数据并从中提取有价值的商业信息，阿里巴巴广泛地使用 Python 及其数据科学相关的库，尤其是 pandas 和 SciPy。这些工具帮助阿里巴巴在促销活动（如“双 11”购物节）期间优化其市场策略，改善客户服务，并提升用户体验。

数据清洗与准备

在巨大的“双 11”销售活动中，阿里巴巴首先面对的挑战是如何高效地处理和准备数据。使用 pandas 库，数据科学家可以快速执行数据清洗操作，包括去除不完整或错误的数据记录，标准化处理各种数据格式，以及处理缺失值。例如，订单数据中的时间戳需要统一转换为标准格式，以便进行时间序列分析。

数据分析与用户行为洞察

数据清洗后，接下来的步骤是深入分析这些数据以提供商业洞察。阿里巴巴的数据科学团队使用 Pandas 进行复杂的数据聚合操作，如计算用户的平均购买频率，商品的回购率，以及进行市场篮分析来识别常被一起购买的商品组合。

用户个性化推荐和营销策略

进一步地，阿里巴巴使用机器学习模型来预测用户的购买行为和偏好，从而提供个性化的产品推荐。SciPy 和 scikit-learn 库在这里发挥了重要作用，使阿里巴巴能够构建复杂的预测模型，如随机森林和梯度提升机，以及进行 A/B 测试来优化推荐算法。

通过这些精细化的数据操作和分析步骤，阿里巴巴不仅能够提高其业务效率和盈利能力，还能通过数据驱动的决策极大地提升用户满意度和忠诚度。Python 及其库在这一过程中提供了必不可少的工具，使数据科学团队能够快速响应市场变化，实施有效的商业策略。

任务 2.1 定位公民身份号码中的出生年月日及性别

2.1.1 变量及变量的赋值

1. 任务知识

1）变量的概念

在 Python 编程中，变量是用于存储数据的容器。它们可以存储不同类型的数据，如数字、字符串、布尔值等，并且可以在程序中进行读取和修改。

2）变量的命名

在给变量命名时，需要遵循一些命名规则和约定，以提高代码的可读性和可维护性。

变量名只能包含字母、数字和下划线，不能以数字开头。

变量名区分大小写，如 name 和 Name 是不同的变量。

变量名应具有描述性，能够清楚地表达变量所代表的含义。

变量名应尽量避免使用 Python 内置关键字，如 print、for 等。

3）变量的赋值

在 Python 中，使用赋值操作符（=）将数据存储到变量中。赋值的语法格式为：

```
variable_name=value
```

其中，variable_name 是变量的名称，value 是要存储的数据。通过赋值操作，可以在程序中创建新的变量或更新已存在的变量。

```
x=10  # 创建一个整数变量 x,并赋值为 10
name="王盼" # 创建一个字符串变量 name,并赋值为"王盼"
is_valid=False # 创建一个布尔变量 is_valid,并赋值为 False
# 更新变量的值
x=x+5  # 将 x 的值加 5,并将结果重新赋值给 x
name="李华" # 更新 name 变量的值为"Bob"
is_valid=True # 更新 is_valid 变量的值为 True
```

4）注释的用法

在 Python 中，可以使用注释（comments）来添加对代码的解释、说明或备注。注释是在代码中添加的文本，它们不会被解释器执行，仅作为开发者的参考。注释对于提高代码的可读性、维护性和交流非常有用，Python 中有两种类型的注释。

（1）单行注释：以井号符号（#）开始，后面跟随注释内容。单行注释用于在代码的同一行添加简短的解释或说明。

```
# 这是一个单行注释
```

（2）多行注释：也称为块注释，以三个单引号（'''）或三个双引号（"""）开始和结束，可以跨越多行。多行注释用于添加详细的解释、函数或类的文档字符串（docstring）等。

```
'''
这是一个多行注释
可以跨越多行
'''
"""
```

```
这也是一个多行注释
"""
```

注释的作用是帮助他人（包括自己）理解代码的意图、功能和实现细节。它们可以提供代码的背景信息、算法说明、重要变量的解释、函数的使用方法等。在编写代码时，良好的注释习惯可以使代码更易读、易于维护和共享。

2. 练一练

（1）假设你正在编写一个程序，需要保存一个学生的姓名和年龄信息。请创建两个变量，一个用于存储学生的姓名，另一个用于存储学生的年龄，并为它们赋予适当的值。

```
# 学生姓名
student_name="王梅"
# 学生年龄
student_age=18
# 打印学生姓名和年龄信息
print("学生姓名:",student_name)
print("学生年龄:",student_age)
```

输出结果为：

```
学生姓名:王梅
学生年龄:18
```

（2）正方形的面积和周长计算，编写一个程序，正方形的边长为 2，计算并输出正方形的面积和周长。

```
# 输入正方形的边长
side_length=2
# 计算正方形的面积
area=side_length ** 2
# 计算正方形的周长
perimeter=4 * side_length
# 输出结果
print("正方形的面积:",area)
print("正方形的周长:",perimeter)
```

输出的结果为：

```
正方形的面积:27.04
正方形的周长:20.8
```

（3）在一个商店中，某商品的原价为 100 元。现在进行了打折促销，打折后的价格是原价的 80%。请计算打折后的价格，并将结果存储在一个变量中，然后输出结果。

```
# 商品原价
original_price=100
# 打折后的价格
discounted_price=original_price * 0.8
# 输出结果
print("打折后的价格:",discounted_price)
```

输出的结果为：

```
打折后的价格:80.0
```

3. 案例讲解

任务要求：从输入的公民身份号码中自动提取出生年月日和性别信息。具体目标包括：

准确提取关键信息（包括地区信息、出生年月日、性别）根据公民身份号码的固定格式，提取其中的出生年月日信息，并确保提取的信息准确无误。

根据任务需要，第一步我们需要先确定待提取信息的公民身份号码。

```
ID_card=530102198703111803
ID_card
```

输出的结果为：

```
530102198703111803
```

完成后续任务需继续往后学习数据切片。

2.1.2 数据切片

1. 任务知识

数据切片（Slicing）是指从序列（如字符串、列表、元组等）中获取子序列的操作。通过切片，可以选择性地提取序列中的一部分元素，以创建新的序列。Python 中的切片操作非常灵活，可以通过指定起始位置、结束位置和步长来定义切片范围。

在 Python 中，数据切片使用方括号（[]）和冒号（:）来指定切片的范围和步长。切片的语法形式为：[start:stop:step]。下面是对切片语法中各部分的详细介绍：

start（起始位置）：切片的起始位置索引（包含在切片结果中）。如果未指定 start，默认为序列的起始位置（索引为 0）。

stop（结束位置）：切片的结束位置索引（不包含在切片结果中）。如果未指定 stop，默认为序列的结束位置（即序列的长度）。

step（步长）：切片的步长或间隔，默认为 1。它表示每隔多少个元素取一个值，可以是正整数或负整数。正整数表示从左向右取值，负整数表示从右向左取值。

2. 练一练

给定公民身份号码 '530102198703111814'，请使用切片操作提取以下子序列：

（1）从索引 2 到索引 5 的子序列（不包含索引 5）

（2）从索引 0 到索引 6 的子序列（不包含索引 6），步长为 2

（3）从索引 3 到结束的子序列

（4）整个公民身份号码的副本

（5）逆向切片，从索引 8 到索引 3 的子序列（不包含索引 3），步长为−1

```
id_number='530102198703111814'
# 切片 1:从索引 2 到索引 5 的子序列(不包含索引 5)
slice1=id_number[2:5]
# 切片 2:从索引 0 到索引 6 的子序列(不包含索引 6),步长为 2
slice2=id_number[0:6:2]
# 切片 3:从索引 3 到结束的子序列
slice3=id_number[3:]
# 切片 4:整个公民身份号码的副本
slice4=id_number[:]
# 切片 5:逆向切片,从索引 8 到索引 3 的子序列(不包含索引 3),步长为-1
slice5=id_number[8:3:-1]
# 输出结果
print("切片 1 的结果:",slice1)
```

```
print("切片 2 的结果:",slice2)
print("切片 3 的结果:",slice3)
print("切片 4 的结果:",slice4)
print("切片 5 的结果:",slice5)
```

输出的结果为：

```
切片 1 的结果:010
切片 2 的结果:500
切片 3 的结果:102198703111814
切片 4 的结果:530102198703111814
切片 5 的结果:9120
```

3. 案例讲解

任务要求：确定性别信息，根据公民身份号码中指定的位数（通常为倒数第二位），确定持有人的性别，如男性或女性。在公民身份号码的编排中，存在校验码为“X”的情况，由于本任务主要要求学生学习数据的切片，故只考虑以数字结尾的情况，不考虑校验码为“X”的情况。

根据任务，我们需要提取目标公民身份号码中的出生年月日及性别，根据我国公民身份号码的校验规则，以公民身份号码“530102198703111814”为例，具体数字所代表的含义如下：

530102 表示行政区划码，其中“53”表示省级行政单位（省、自治区、直辖市）的代码，“01”表示地级行政单位的市（地区、自治州）的代码，“02”表示区县市（县级市）的代码。

19870311 表示出生日期，按照年（4 位）+月（2 位）+日（2 位）的格式表示。这个例子中的日期是 1987 年 3 月 11 日。

181 表示顺序码，用于标识同一地区、同一出生日期的人的顺序，通常偶数表示女性，奇数表示男性。

4 为校验码。

根据上述信息，公民身份号码“530102198703111814”的含义可以解读为：

地区：530102 表示云南省昆明市盘龙区。

出生日期：1987 年 3 月 11 日。

顺序码：181，根据末位的 1 为奇数，可以推断为男性。

因此，根据这个公民身份号码，可以判断该人为男性。

我们现在只需要提取出生年月日和性别，则具体代码如下：

```
id_card="530102198703111814"
# 提取出生年月日
birth_year=id_card[6:10]
birth_month=id_card[10:12]
birth_day=id_card[12:14]
# 判断性别
gender_code=int(id_card[-2])# 倒数第 2 位为性别代码
gender="女性" if gender_code%2==0 else "男性"
#输出结果
print("出生年份:",birth_year)
print("出生月份:",birth_month)
print("出生日期:",birth_day)
print("性别:",gender)
```

输出结果为：

```
出生年份:1987
出生月份:03
出生日期:11
性别:男性
```

通过以上代码，可以顺利完成任务 2.1 定位公民身份号码中的出生年月日及性别。

任务 2.1 微课

2.1.3 任务实操

任务 2.1 任务工单

任务名称	静态账本处理	专业		班级	
学生姓名		学生学号		任务成绩	
任务准备		任务场地		完成日期	
任务描述	创建一个程序来处理预设的一串交易数据，通过数据切片技术提取特定的信息，并使用注释来说明代码的每个部分				

任务提出：设计一个处理静态账本数据的任务，通过这个任务，学生可以练习如何从一串预设的格式化字符串中提取交易日期和金额。

任务目标：

1. 使用字符串切片从预设数据中提取每笔交易的日期和金额。

2. 编写适当的注释来增强代码的可读性。

3. 根据自己所学专业领域，思考本任务所学知识还有哪些应用场景，要实现具体的应用，还需要继续学习哪些知识。

任务准备：

1. 学习如何定义字符串变量并对其赋值。
2. 理解字符串切片的语法及其用法。
3. 学习如何编写有意义的代码注释。

1. 任务设计

● 框架规划：此任务旨在让学生使用预设的格式化字符串数据来提取特定信息，即交易的日期和金额。通过这一活动，学生将练习字符串切片的技术，这是 Python 中处理字符串的一种基本方法。

● 资料收集：教师需要提前准备好格式化的交易数据字符串，并且确保数据符合实际账本记录的格式，如日期、金额。

● 预设数据和示例解释提供 5 组预设数据，每组数据都是一个交易记录的字符串，格式为 "日期，金额"。以下是示例数据和对应的解释，以便学生更好地理解如何进行切片：

"2024-04-26，+50"

"2024-04-27，-20"

"2024-04-28，+30"

"2024-04-29，-15"

"2024-04-30，+25"

● 数据解释：

每条记录由一个日期和一个金额组成，日期和金额之间用逗号分隔。

日期：位于每条记录的开始直到第一个逗号之前。例如，在第一条记录 "2024-04-26，+50" 中，日期是 "2024-04-26"。

金额：位于逗号后面到记录结束。在第一条记录中，金额是 "+50"。

● 设计引导：教师将向学生展示如何通过字符串切片来提取日期和金额，并解释每个部分的数据结构和切片的逻辑。

2. 任务实施

● 编写代码：学生需要根据教师的指导和示例，编写自己的代码来提取每笔交易的日期和金额。

● 细节调整：学生应根据输出结果检查切片是否准确，调整代码以确保正确提取所有所需数据。

● 小组讨论：学生在小组内展示自己的代码，讨论各自的解决方案，从中学习如何改进自己的代码。

3. 任务检查

● 自我审核：学生需要检查自己的代码，确认切片正确，没有遗漏或错误提取信息。

● 小组互评：学生们相互检查对方的代码，提出建议和改进意见。

● 教师评审：教师最终检查每个学生的代码，确保每个学生都正确理解和应用字符串切片技术。

4. 任务评价

● 成果展示：学生展示自己的代码和提取结果，说明自己是如何实现切片的。

● 评价说明：根据代码的正确性、切片的准确性以及代码的清晰度进行评分。

● 评分标准：

任务 2.1 评价标准见表 2.1。

表 2.1　任务 2.1 评价标准

评分项	分值（权重）
代码准确性评分	30 分
● 每条记录的日期和金额是否正确提取	10 分
● 每条记录的提取是否与预期结果一致	20 分
切片技术应用	40 分
● 是否正确使用了字符串切片	20 分
● 切片操作的准确性和高效性	20 分
代码清晰度评分	30 分
● 代码结构清晰易懂，有良好的注释	10 分
● 变量命名符合规范，代码符合 PEP 8 等编码规范	20 分

2.1.4 任务测评

任务测评表

效果测评要素	具体评价内容	评价等级
知识点 1：变量的使用与赋值	学生是否能正确使用变量存储数据，并进行操作	优秀/良好/中等/及格/不及格
知识点 2：数据切片技术	学生是否能准确使用切片技术从字符串中提取指定数据	优秀/良好/中等/及格/不及格
知识点 3：条件语句的应用	学生是否能使用条件语句正确判断并输出性别	优秀/良好/中等/及格/不及格
综合测评 1：代码实现	代码是否正确实现功能，且无逻辑错误	优秀/良好/中等/及格/不及格
综合测评 2：代码风格与注释	代码是否整洁且包含必要的注释，以提高可读性	优秀/良好/中等/及格/不及格
薄弱项记录		
没学懂的知识		
没掌握的技能		
我想提升的素养		
教师签字		

任务 2.2　提取公民身份号码中的出生年月日及性别

2.2.1　编辑端和输出端的简单交互

1. 任务知识

1）获取用户输入

在编程中，经常需要与用户进行交互，获取用户输入是一种常见的操作。Python 提供了 input( )函数用于获取用户的输入，并将其作为字符串返回。

以下是使用 input( )函数获取用户输入的示例：

```
name=input("请输入您的姓名:")
print("您的姓名是:",name)
```

在上述示例中，我们使用 input( )函数获取用户的姓名输入，并将其赋值给变量 name。然后，通过 print( )函数将用户的姓名打印出来。

2）处理用户输入的字符串

获取到的用户输入是字符串类型的数据，我们可以对其进行各种处理操作，如去除空格、切割字符串等。以下是对用户输入字符串的常见处理示例：

```
# 去除字符串两端的空格
input_str=input("请输入一个字符串:")
input_str=input_str.strip( )
# 切割字符串为列表
input_str=input("请输入多个数值(用空格分隔):")
input_list=input_str.split( )
```

在上述示例中，我们使用 strip( )函数去除字符串两端的空格，使用 split( )函数将字符串切割为列表。

3）用户输入的应用场景

用户输入在程序中的应用场景广泛，常见的应用包括：

- 实现与用户的交互功能，如问答、输入个人信息等。
- 获取用户的选择，如菜单选择、选项设置等。
- 处理动态的输入数据，如计算、统计、搜索等。

2. 练一练

（1）编写一个程序，要求用户输入姓名，然后输出一个包含姓名的问候语。例如，如果用户输入姓名为"王梅"，则程序应输出："Hello，王梅！"

```
name=input("请输入您的姓名:")
greeting="Hello,"+name
print(greeting)
```

输出结果为：

```
请输入您的姓名:王梅
Hello,王梅
```

（2）编写一个程序，要求用户输入两个数字，然后计算并输出它们的和、差、积和商。用户输入第一个数字后，使用 input( )函数获取用户输入的值，并使用 int( )函数将输入的字符串转换为整数类型。同样地，获取用户输入的第二个数字并进行相应的计算，最后输出结果。

例如，如果用户输入的两个数字分别为"10"和"5"，则程序应输出：

```
num1=int(input("请输入第一个数字:"))
num2=int(input("请输入第二个数字:"))
sum_result=num1+num2
difference_result=num1-num2
product_result=num1 * num2
quotient_result=num1/num2
print("Sum:",sum_result)
print("Difference:",difference_result)
print("Product:",product_result)
print("Quotient:",quotient_result)
```

输出结果为：

```
请输入第一个数字:2
请输入第二个数字:3
Sum:5
Difference:-1
Product:6
Quotient:0.6666666666666666
```

3. 案例讲解

任务要求：提示用户输入公民身份号码，根据用户输入的公民身份号码，提取其中的出生年月信息，根据公民身份号码的最后一位数字判断性别，并提取性别信息。

在任务 2.1 的基础上，我们可以将给定的公民身份号码，改为用户自己数据的公民身份号码，具体的代码如下所示：

```
id_card=input("请输入您的公民身份号码:")
# 提取出生年月日
birth_year=id_card[6:10]
birth_month=id_card[10:12]
birth_day=id_card[12:14]
# 提取性别
gender_code=int(id_card[-2])# 倒数第 2 位为性别代码
gender="女"
gender_mapping={0:"女",1:"男"}
gender=gender_mapping[gender_code%2]
# 输出结果
print("出生年份:",birth_year)
print("出生月份:",birth_month)
print("出生日期:",birth_day)
print("性别:",gender)
```

输出结果为：

```
请输入您的公民身份号码:530102198703111811
出生年份:1987
出生月份:03
出生日期:03
性别:男性
```

结合第一部分学习的知识，我们已实现用户自由输入公民身份号码查询出生年月日及性别的功能。

2.2.2　变量的拼接

1. 任务知识

1）变量类型

在 Python 中，变量具有不同的类型，表示不同的数据和含义。常见的变量类型包括：

- 整数（int）：表示整数值，如 1、2、100 等。
- 浮点数（float）：表示带有小数点的数值，如 3.14、2.718 等。
- 字符串（str）：表示文本或字符序列，如"Hello" "Python"等。
- 布尔值（bool）：表示真（True）或假（False）的逻辑值。

在 Python 中，可以使用赋值操作将数据赋给变量，并且变量的类型会根据赋值的数据自动确定。例如：

```
# 整数类型
x=10
# 浮点数类型
y=3.14
# 字符串类型
name="王盼"
# 布尔值类型
is_true=True
```

任务 2.1 微课

2）类型转换

有时候，我们需要将某一个类型的数据转换为另一个类型，以满足特定的需求。Python 提供了内置函数来进行类型转换。

以下是常见的类型转换示例：

```
# 将整数转换为浮点数
x=10
y=float(x)
# 将浮点数转换为整数
a=3.14
b=int(a)
# 将字符串转换为整数或浮点数
num_str="100"
num_int=int(num_str)
num_float=float(num_str)
# 将布尔值转换为整数
is_true=True
num=int(is_true)
```

在上述示例中，我们使用 float( )函数将整数转换为浮点数，使用 int( )函数将浮点数或字符串转换为整数，使用 float( )函数将字符串转换为浮点数，使用 int( )函数将布尔值转换为整数。

3）变量类型的判断

我们可以使用 type( )函数来判断一个变量的类型。

以下是变量类型判断的示例：

```
x=10
y=3.14
name="王盼"
is_true=True

print(type(x))# 输出：<class 'int'>
print(type(y))# 输出：<class 'float'>
print(type(name))# 输出：<class 'str'>
print(type(is_true))# 输出：<class 'bool'>
```

在上述示例中，我们使用 type( )函数获取变量的类型，并使用 print( )函数将类型打印出来。

4）变量类型和类型转换的应用场景

变量类型和类型转换在数据处理和算法实现中起着重要的作用。常见的应用场景包括：

- 处理数值计算和逻辑运算。
- 进行字符串处理和操作。
- 进行数据的输入、输出和存储。

2. 练一练

（1）编写一个程序，要求用户输入一个整数，然后将其转换为浮点数，并输出结果。

代码如下：

```
# 输入一个整数,并将其转换为浮点数输出
num=input("请输入一个整数:")
float_num=float(num)
print("转换后的浮点数为:",float_num)
```

如果输入 10，运行结果如下：

```
请输入一个整数:10
转换后的浮点数为:10.0
```

（2）请编写一个程序，要求用户输入一个字符串，然后将其转换为大写字母，并输出结果。

代码如下：

```
# 输入一个字符串,并将其转换为大写字母输出
string=input("请输入一个字符串:")
upper_string=string.upper( )
print("转换后的字符串为:",upper_string)
```

如果输入“hello world”，运行结果如下：

```
请输入一个字符串:hello world
转换后的字符串为:HELLO WORLD
```

（3）请编写一个程序，要求用户输入一个布尔值（True/False），然后将其转换为整数（1 表示 True，0 表示 False），并输出结果。

代码如下：

```
# 输入一个布尔值,并将其转换为整数输出
boolean=input("请输入一个布尔值(True/False):")
int_value=int(boolean)
print("转换后的整数值为:",int_value)
```

如果输入“True”，运行结果如下：

```
请输入一个布尔值(True/False):True
转换后的整数值为:1
```

3. 案例讲解

任务目标：将出生年月和性别信息使用变量拼接起来，将拼接后的结果输出给用户。

如果我们想要将输出结果调整为“××先生/女士，根据您输入的信息，您的出生日期为：××××年××月××日。”

```
Name=input("请输入您的姓名:")
id_card=input("请输入您的公民身份号码:")
# 提取出生年月日
birth_year=str(id_card[6:10])
birth_month=str(id_card[10:12])
birth_day=str(id_card[12:14])
# 提取性别
gender_code=int(id_card[-2])# 倒数第 2 位为性别代码
gender="先生"
gender_mapping={0:"女士",1:"先生"}
gender=gender_mapping[gender_code%2]
# 输出结果
print(Name+gender+",根据您输入的信息,您的出生日期为:"+birth_year+"年"+birth_month+"月"+birth_day+"日。")
```

通过以上代码，可以顺利完成任务 2.2 的所有目标，根据用户输入的公民身份号码，提取其中的出生年月日及性别，并根据规定样式，输出结果。

2.2.3 任务实操

任务 2.2 任务工单

任务名称	简单账本查询	专业		班级	
学生姓名		学生学号		任务成绩	
任务准备		任务场地		完成日期	
任务描述	在任务 2.1 的基础上，扩展程序以处理用户输入的交易记录，使用字符串处理来验证输入格式的正确性，并输出结果				

任务提出：在完成基础数据切片处理后，让学生尝试获取用户输入的交易数据，通过字符串操作来确保数据格式的正确性，从而进一步巩固他们对字符串操作的理解。

任务目标：

1. 接收用户输入的交易数据，并通过字符串操作检查其格式。

2. 对基本字符串进行操作，输出交易信息。

3. 处理和响应用户输入。

4. 根据自己所学专业领域，思考本任务所学知识还有哪些应用场景，要实现具体的应用，还需要继续学习哪些知识。

任务准备：

1. 学习如何使用简单的 print 和 input 函数来交互。
2. 理解字符串的基本操作，如索引和切片。
3. 重温如何使用注释和变量赋值。

1. 任务设计

● 框架规划：此任务旨在让学生实践如何从用户那里接收输入，并处理字符串数据，确保输入数据的格式正确，并能够适当地展示给用户。

● 资料收集：教师需要准备指导材料，解释如何获取用户输入、如何检查和验证输入数据的格式，以及如何使用字符串方法来格式化输出。

● 设计引导：教师将演示一个简单的用户输入和数据处理的流程，包括如何使用 input( ) 获取数据，以及如何使用字符串的切片和拼接方法进行数据处理。

2. 任务实施

● 编写代码：学生编写代码以接收用户输入的交易记录，例如日期和金额，并对这些输入的内容进行格式化和验证。

● 细节调整：学生根据输出结果检查输入处理的逻辑是否正确，调整代码以确保正确处理格式错误的输入或转换数据类型。

● 小组讨论：学生在小组内展示他们的解决方案，讨论如何改进数据验证方法和用户交互体验。

3. 任务检查

● 自我审核：学生检查代码中的数据输入、处理和输出部分，确保所有功能正常运行，且能有效处理异常输入。

● 小组互评：组内学生相互评审对方的项目，特别是输入验证和错误处理机制。

● 教师评审：教师检查每个学生的项目，确保输入处理逻辑正确，用户交互设计得当。

4. 任务评价

● 成果展示：学生演示他们的交互式账本输入器，展示如何从用户接收数据，处理并反馈结果。

● 评价说明：根据代码的错误处理、用户交互的友好度和代码清晰度进行评分。

● 评价标准：

任务 2.2 评价标准见表 2.2。

表 2.2 任务 2.2 评价标准

评分项		分值（权重）	
输入数据处理准确性评分	是否正确处理了用户输入的交易记录	10 分	25 分
	是否能够正确验证和格式化输入数据	15 分	
用户交互体验评分	交互式账本输入器是否友好易用	15 分	30 分
	是否提供了清晰的指导和错误处理机制	15 分	
代码鲁棒性评分	是否有效处理了异常输入，如格式错误的日期或金额	15 分	25 分
	代码的健壮性和错误处理机制	10 分	
项目功能完整度评分	是否实现了任务要求中的所有功能，如用户输入、数据处理和结果展示等	20 分	20 分

2.2.4 任务测评

任务测评表

效果测评要素	具体评价内容	评价等级
知识点 1：交互式输入输出	学生是否能通过 input( )和 print( )函数实现交互式数据输入输出	优秀/良好/中等/及格/不及格
知识点 2：字符串操作	学生是否能灵活运用字符串操作检查和格式化输出结果	优秀/良好/中等/及格/不及格
知识点 3：复杂逻辑的实现	学生是否能在代码中实现更复杂的逻辑，例如性别的计算和转换	优秀/良好/中等/及格/不及格
综合测评 1：代码实现	代码是否正确实现功能，且无逻辑错误	优秀/良好/中等/及格/不及格
综合测评 2：用户体验	程序是否提供清晰的用户指示，确保用户能正确输入数据	优秀/良好/中等/及格/不及格
薄弱项记录		
没学懂的知识		
没掌握的技能		
我想提升的素养		
教师签字		

项目总结

在本项目中，我们学习了如何从公民身份号码中提取出生年月日和性别信息。通过使用变量、数据切片和字符串处理等技术，我们成功地实现了目标提取。

首先，我们了解了变量的概念，学习了变量的命名规则和变量的赋值方法。我们使用变量存储公民身份号码的不同部分，如出生年月日和性别代码。

然后，我们使用数据切片技术从公民身份号码中提取出生年月日。通过指定切片的起始位置和结束位置，我们获取了出生年份、月份和日期的信息。

接下来，我们进行了编辑端和输出端的简单交互，使用 input 函数获取用户输入的姓名和公民身份号码。我们对用户输入的公民身份号码进行了字符串处理，提取了出生年月日和性别信息。

最后，我们学习了变量的拼接技术。通过将不同的变量进行拼接，我们生成了最终的输出结果，包括姓名、性别和出生日期的完整信息。

本项目主要涉及的知识点如下：

（1）输入函数：使用 input( )函数获取用户输入的姓名和公民身份号码。

（2）字符串索引和切片：使用索引和切片操作提取公民身份号码中的出生年月日。

（3）类型转换：使用 int( )将公民身份号码的最后两位字符转换为整数类型。

（4）字典：创建性别的映射字典，根据性别代码获取对应的性别字符串。

（5）字符串拼接：使用+操作符将字符串拼接在一起，生成最终的输出结果。

（6）输出函数：使用 print( )函数将结果打印到控制台。

这些知识和技能对于处理公民身份号码等信息提取任务非常有用，也为我们进一步学习和应用 Python 编程打下了坚实的基础。

课后练习

一、单选题

1. 下面（　　）函数可以用于获取用户输入。

A. print( )　　B. input( )　　C. str( )　　D. int( )

2. 字符串索引从哪个位置开始？（　　）

A. 0　　B. 1　　C. −1　　D. −2

3. 使用（　　）函数可以将字符串转换为整数类型。

A. str( )　　B. int( )　　C. float( )　　D. bool( )

4. 下面哪个运算符用于字符串拼接？（　　）

A. +　　B. −　　C. *　　D. /

5. 使用（　　）函数可以将结果输出到控制台？

A. input( )　　B. print( )　　C. str( )　　D. int( )

6. 字符串切片操作可以提取字符串的（　　）。

A. 开头字符　　B. 结尾字符　　C. 中间字符　　D. 所有字符

7.（　　）可以将整数转换为字符串类型。

A. str( )　　B. int( )　　C. float( )　　D. bool( )

8.（　　）可以用于判断两个字符串是否相等。

A. ==　　B. >　　C. <　　D. ! =

9. 输入函数返回的是（　　）类型的数据。

A. 整数　　B. 字符串　　C. 浮点数　　D. 布尔值

10. 在 Python 中，用于表示真值的关键字是（　　）。

A. true　　B. false　　C. yes　　D. no

二、简答题

1. 请解释输入函数和输出函数的作用及用法。

2. 什么是字符串索引和切片？如何使用它们提取字符串的部分内容？

3. 请说明类型转换在 Python 中的作用，并举例说明。

4. 字符串拼接是什么意思？如何将多个字符串拼接在一起？

5. 请解释代码中的注释（注解）的作用和用法。

三、实操题

1. 实操案例：字符串反转

2. 任务描述：编写一个程序，接收用户输入的一个字符串，然后将字符串反转，并输出反转后的结果。

3. 任务提示：通过本实训案例，练习和巩固以下知识点。

- 使用 input 函数获取用户输入。
- 使用字符串切片实现字符串反转。
- 使用 print 函数输出结果。

项目 2 课后练习答案　　项目 2 代码及数据

项目 3　推断关键信息

项目 3 课件

学习目标

◎ 知识目标

理解元组、列表、字典和布尔值等基本数据结构的特点和用法；

学习如何创建、访问、修改和操作元组、列表和字典中的元素；

理解布尔值的概念及其在条件判断和逻辑运算中的作用。

◎ 能力目标

能够根据实际需求选择合适的数据结构，包括使用元组存储不可变数据、使用列表存储可变数据、使用字典存储键值对等；

能够熟练使用索引、切片、迭代和内置函数等操作元组、列表和字典；

能够使用 if 条件判断语句根据不同的条件执行不同的代码块，实现逻辑控制和决策。

◎ 素养目标

培养对数据的组织和处理能力，能够有效地存储和操作不同类型的数据；

培养良好的逻辑思维能力，能够根据条件判断进行合理的决策和控制流程；

提高编程的准确性和效率，能够选择合适的数据结构和控制结构，编写清晰、可读性强的代码。

思维导图

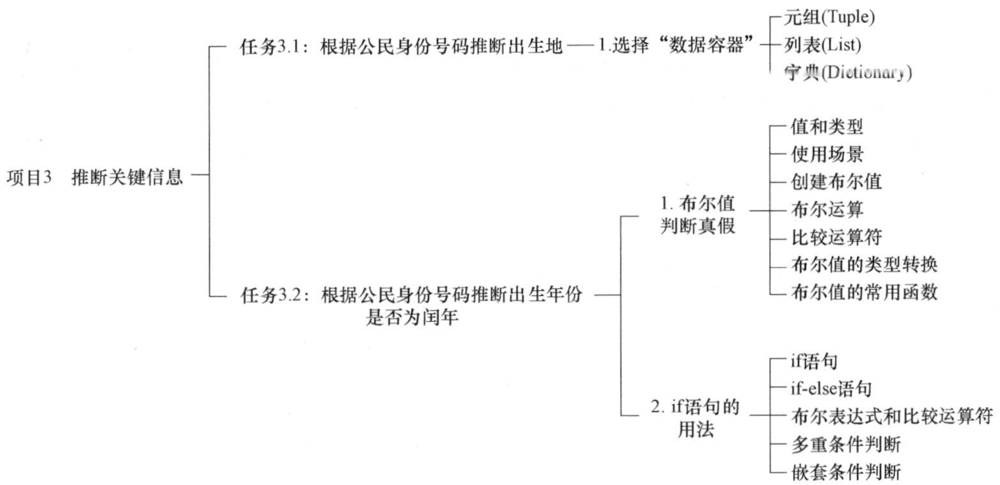

项目描述

在本项目中，我们将深入探索 Python 中常用的数据结构（如元组、列表、字典）和布尔值的概念及其应用。通过设计具体的编程任务，学生将全面了解如何使用这些数据结构来存储和处理数据，以及如何通过条件判断来控制程序的逻辑流程。本项目旨在通过实际的编程练习，加强学生对 Python 编程语言在数据处理和逻辑判断中的应用理解。

项目要求

任务 3.1：根据公民身份号码推断出生地

学生将通过编写程序创建三种数据结构：元组、列表和字典，以存储和管理省份编码与省份名称。通过这个任务，学生不仅要理解这些数据结构的定义和用法，还需评估它们在不同情境下的优缺点，选择最合适的结构来实现省份编码与名称的存储。

任务 3.2：根据公民身份号码推断出生年份是否为闰年

根据用户输入的身份号码推断显示其出生年份，并判断该年份是否为闰年。这要求学生应用 if 语句和布尔逻辑来进行条件判断，提高他们在实际编程中处理逻辑问题的能力。完善并测试程序——学生将对已编写的程序进行测试和优化，确保其在各种情况下都能稳定运行并准确输出结果。这个过程包括代码优化、错误处理和同伴评审，旨在培养学生的问题解决能力和代码审查技能。

案例导入

公历闰年计算与中国历法智慧——百年不闰四百年闰

中国文化中，对历法的研究历史悠久且博大精深。在农历中，也有复杂的闰月计算方法。通过理解公历闰年的计算规则，能够更好地理解中国历法中蕴含的智慧。古人通过精确的天文观测和数学计算，制定出适应农业生产和社会生活的历法，展现了非凡的科学精神和实践能力。

在我们的日常生活中，公历（格里高利历）广泛用于纪年，但并不是每一年都有 365 天。为了更好地协调地球绕太阳一周的时间（约 365.242 2 天），我们引入了闰年。普通年份有 365 天，而闰年有 366 天。判断某一年是否为闰年的规则并不简单，涉及“百年不闰，四百年闰”的概念：每四年为一闰，但凡逢百年者，若不能被 400 整除，则不是闰年。

这一规则不仅影响着我们的日历和节日安排，还在许多技术和计算领域中得到应用。例如，编写程序进行日期计算时，需要考虑这些规则以确保日期的准确性。这就需要掌握条件判断和逻辑运算，并能够高效地处理和存储相关数据。

在本项目中，学生将学习如何使用 Python 编写程序，判断某一年是否为闰年，以及基于公民身份号码提取出生年份并进行相应判断。通过这些任务，学生将了解如何使用基本数据结构（如元组、列表和字典）来存储和管理数据，并学习如何应用条件判断语句进行逻辑控制。这不仅是编程技能的培养，也是对中国文化和科学精神的致敬。

任务 3.1　根据公民身份号码推断出生地

3.1.1　选择“数据容器”

1. 任务知识

Python 提供了几种常用的数据结构，包括元组、列表和字典。下面将详细介绍这三种数据结构。

1）元组（Tuple）

- 元组是不可变的有序序列，用圆括号( )表示。
- 元组中的元素可以是不同的数据类型，如整数、浮点数、字符串等。
- 元组的长度和元素值一旦确定就不能改变。
- 元组可以通过索引访问元素，索引从 0 开始。
- 元组适合用于存储不可变的数据，如一组常量值或函数的返回值。

例题 3.1

假设有一个元组 grades=(90, 85, 92, 78, 88)，表示学生的五门课程成绩，其中第一门课程是数学。我们可以通过索引获取某门课程的成绩，并计算平均成绩。

```
grades=(90,85,92,78,88)
math_grade=grades[0]# 获取数学成绩
average_grade=sum(grades)/len(grades)# 计算平均成绩
print("数学成绩:",math_grade)
print("平均成绩:",average_grade)
```

输出结果为：

```
数学成绩:90
平均成绩:86.6
```

2）列表（List）

- 列表是可变的有序序列，用方括号［］表示。
- 列表中的元素可以是不同的数据类型，如整数、浮点数、字符串等。
- 列表的长度和元素值可以随意改变。
- 列表可以通过索引访问元素，索引从 0 开始。
- 列表提供了多种方法用于操作和修改列表中的元素，如添加、删除、排序等。
- 列表适合用于存储可变的数据集合，如一组数据、记录或对象。

例题 3.2

假设有一个列表 numbers=［5，2，7，1，8，3］，表示一组数字。我们可以利用列表的方法对数字进行排序，并计算列表中的最大值和最小值。

```
numbers=[5,2,7,1,8,3]
sorted_numbers=sorted(numbers)# 对列表进行排序
max_number=max(numbers)# 计算最大值
min_number=min(numbers)# 计算最小值
print("排序后的列表:",sorted_numbers)
print("最大值:",max_number)
print("最小值:",min_number)
```

输出结果为：

```
排序后的列表:[1,2,3,5,7,8]
最大值:8
最小值:1
```

在这个例子中，我们使用了列表的 sorted( )函数对列表进行排序，并使用 max( )和 min( )函数分别计算列表的最大值和最小值。这些列表方法和函数提供了便捷的方式来操作和处理列表中的元素。

Python 列表是一个有序的集合，可以随时添加和删除元素。以下是添加和删除 Python 列表元素的方法。

添加元素有以下方法。

（1）使用 append( )方法：该方法将元素添加到列表的末尾。

```
list=[1,2,3]
list.append(4)# 在列表最后插入元素 4
print(list)
```

输出结果为：

```
[1,2,3,4]
```

（2）使用 insert( )方法：该方法在指定索引处插入元素。

```
list=[1,2,3]
list.insert(1,4)# 在索引 1 处插入元素 4
print(list)
```

输出结果为：

```
[1,4,2,3]
```

删除元素：

（1）使用 remove( )方法：该方法根据值删除元素。

```
list=[1,2,3,7]
list.remove(2)# 删除值为 2 的元素
print(list)
```

输出结果为：

```
[1,3,7]
```

（2）使用 pop( )方法：该方法根据索引或值删除元素，并返回该元素。

```
list=[1,2,3,2]
element=list.pop(1)# 删除索引 1 处的元素,并返回该元素
print(element)
```

输出结果为：

```
2
print(list)
```

输出结果为：

```
[1,3,2]
```

（3）使用 del 语句：该语句可以删除列表中的元素或整个列表。

```
list=[1,2,3,2]
del list[1]# 删除索引 1 处的元素
print(list)
```

输出结果为：

```
[1,3,2]
del list # 删除整个列表
print(list)
```

输出结果为：

```
报错:NameError:name 'list' is not defined
```

综上所述，Python 列表提供了多种方法来添加和删除元素。使用这些方法可以方便地操作列表，实现各种不同的功能。

3）字典（Dictionary）

- 字典是无序的键—值对集合，用花括号 {}表示。
- 字典中的元素是通过键（Key）和值（Value）相对应的。
- 字典中的键必须是唯一的，且不可变的数据类型，如字符串、数字或元组。
- 字典中的值可以是任意数据类型，如整数、浮点数、字符串、列表、字典等。
- 字典中的元素没有固定顺序，通过键来访问值。
- 字典提供了多种方法用于操作和修改字典中的元素，如添加、删除、更新等。
- 字典适合用于存储具有键—值关系的数据，如字典、配置信息、数据库记录等。

例题 3.3

假设有一个字典 person={"name"："John"，"age"：25，"city"："Yun nan"，"occupation"："Engineer"}，表示一个人的个人信息。我们可以利用字典的元素提取方式获取该人的某些信息。

```
person={"name":"王华","age":25,"city":"云南","occupation":"工程师"}
name=person["name"]# 获取姓名
occupation=person.get("occupation")# 获取职业
print("姓名:",name)
print("职业:",occupation)
```

输出结果为：

```
姓名:王华
职业:工程师
```

在这个例子中，我们使用字典的键来提取相应的值，例如 person［"name"］获取人的姓名。使用 get( )方法可以避免在键不存在时引发的 KeyError 异常，并且可以提供一个默认值。通过字典的元素提取方式，我们可以轻松地获取字典中特定键的对应值。这在访问和处理字典中的数据时非常有用。

添加元素：使用下标操作符［］直接添加或修改字典中的元素。

如果键已经存在于字典中，那么它的值将被更新为新的值。

```
# 创建一个空字典
dict={}
# 添加元素
dict['name']='Tom'
dict['age']=20
print(dict)
```

输出结果为：

```
{'name':'Tom','age':20}
```

如果键已经存在于字典中，那么它的值将被更新为新的值；如果键不存在于字典中，那么将添加一个新的键值对。

```
# 修改元素
dict['age']=21
print(dict)
```

输出结果为：

```
{'name':'Tom','age':21}
```

如果键不存在于字典中，那么将添加一个新的键值对。使用 update( )方法添加或修改字典中的元素。这个方法可以接受一个字典作为参数，将其添加到当前字典中。

```
# 使用 update( )方法添加元素
dict={'age':21}
dict.update({'gender':'male','city':'Beijing'})
print(dict)
```

输出结果为：

```
{'age':21,'gender':'male','city':'Beijing'}
```

删除元素：

使用 del 关键字删除字典中的元素。del 关键字后面跟着要删除的字典元素的键。

```
# 创建一个空字典
dict={'name':'Tom','age':20}
# 删除元素
del dict['name']
print(dict)
```

输出结果为：

```
{'age':21}
```

使用 pop( )方法删除字典中的元素。pop( )方法接受一个键作为参数，并返回该键对应的值。然后，它从字典中删除该键值对。

```
# 使用 pop( )方法删除元素
dict={'gender':'male','city':'Beijing','age':21}
age=dict.pop('age')
print(age)
print(dict)
```

输出结果为：

```
21
{'gender':'male','city':'Beijing'}
```

2. 练一练

（1）numbers=（5，2，7，1，8，3），请编写代码，计算元组 numbers 中的最大值和最小值，并将结果分别存储在 max_value 和 min_value 中。（题目说明：给定一个元组 numbers，请编写代码计算元组中的最大值和最小值，并将结果分别存储在变量 max_value 和 min_value 中，并输出结果。）

```
# 计算元组中的最大值和最小值
numbers=(5,2,7,1,8,3)
max_value=max(numbers)
min_value=min(numbers)
print("最大值:",max_value)
print("最小值:",min_value)
```

运行结果为：

```
最大值:8
最小值:1
```

解答：通过使用内置函数 max( )和 min( )，我们可以轻松地找到元组 numbers 中的最大值和最小值，并将结果分别存储在变量 max_value 和 min_value 中。最后，使用 print( )函数将结果打印输出。

（2）编写代码提取列表 strings= ["apple"，"banana"，"orange"] 中第一个字符串的第一个字符，并将其输出。

```
# 提取列表中第一个字符串的第一个字符
strings=["apple","banana","orange"]
first_char=strings[0][0]
print("第一个字符:",first_char)
```

运行结果为：

```
第一个字符:a
```

解答：在这个案例中，我们首先使用索引运算符 [0] 提取列表 strings 中的第一个字符串，然后再使用索引运算符 [0] 提取该字符串的第一个字符，并将结果存储在变量 first_char 中。最后，我们使用 print( )函数将变量 first_char 打印输出。

（3）编写代码提取字典 student={"name"："李华"，"age"：18，"grades"：[85，92，78，90]，"major"："Computer Science"}中的“李华”，并将其输出。

```
student={
"name":"李华",
"age":18,
"grades":[85,92,78,90],
"major":"Computer Science"
}
# 提取字典中的一个值
extracted_value=student["name"]
# 输出提取的值
print("提取的值:",extracted_value)
```

运行结果为：

```
提取的值:李华
```

解答：在这个案例中，我们使用字典的键作为索引，通过索引运算符[ ]提取字典 student 中特定键对应的值。在这个例子中，我们提取了键"name"对应的值"Alice"，并将其存储在变量 extracted_value 中，最后使用 print( )函数将其打印输出。

3. 案例讲解

任务目标：编写程序，通过公民身份号码推断出持有人的出生地省区市。

在中国，公民身份号码的前两位数字表示省份编码，这些编码可以映射到具体的省、自治区、直辖市。公民身份号码与出生地对应表见表 3.1。

表 3.1　公民身份号码与出生地对应表

公民身份号码前两位	省区市	公民身份号码前两位	省区市
11	北京市	32	江苏省
12	天津市	33	浙江省
13	河北省	34	安徽省
14	山西省	35	福建省
15	内蒙古自治区	36	江西省
21	辽宁省	37	山东省
22	吉林省	41	河南省
23	黑龙江省	42	湖北省
31	上海市	43	湖南省
44	广东省	61	陕西省
45	广西壮族自治区	62	甘肃省
46	海南省	63	青海省
50	重庆市	64	宁夏回族自治区
51	四川省	65	新疆维吾尔自治区
52	贵州省	71	台湾省
53	云南省	81	香港特别行政区
54	西藏自治区	82	澳门特别行政区

我们可以先考虑使用字典这个“数据容器”来达成任务目标，具体代码及注释如下：

```
# 省份编码示例
province_codes = {
    "11": "北京市",
    "12": "天津市",
    "31": "上海市",
    "44": "广东省",
    # 更多省份编码...
}

# 获取用户输入的公民身份号码
id_number = input("请输入公民身份号码: ")
# 提取前两位作为省份编码
province_code = id_number[:2]
# 根据省份编码推断出生地省区市
birth_place = province_codes.get(province_code, "未知省份")
# 输出结果
print(f"根据公民身份号码判断该人的出生地是: {birth_place}")
```

通过用户输入的公民身份号码前两位数字，推断并显示该人的出生地省区市。学生需要创建一个字典来存储省份编码与地名的映射关系，并利用字典的查找功能，实现省份推断的功能。

当然我们也可以考虑使用列表配合元组这两个“数据容器”来达成任务目标，具体代码及注释如下：

```
# 省份编码列表
province_codes = [
    ("11", "北京市"),
    ("12", "天津市"),
    ("31", "上海市"),
    ("44", "广东省"),
    # 更多省份编码...
]
# 获取用户输入的公民身份号码
id_number = input("请输入公民身份号码: ")
# 提取前两位作为省份编码
province_code = id_number[:2]
# 根据省份编码推断出生地省区市
birth_place = "未知省份"
for code, name in province_codes:
    if code == province_code:
        birth_place = name
        break
# 输出结果
print(f"根据公民身份号码判断该人的出生地是: {birth_place}")
```

在这个实现中，province_codes 是一个包含元组的列表，每个元组包含省份编码和对应的省区市名称。通过遍历这个列表查找与输入的省份编码匹配的省区市名称。如果找到匹配的编码，就将对应的省区市名称赋值给 birth_place，并终止循环（循环的相关知识会在项目 4 具体介绍，在这里使用第二种方式达成目标，旨在告诉学生达成目标的路径并非唯一）。如果没有找到匹配的编码，则默认输出“未知省份”。这样就实现了与之前字典存储数据相同的功能。

这个任务帮助学生掌握字典、列表和元组数据结构的创建、存储和查询操作，同时培养其解决实际问题的编程能力。

任务 3.1 微课

3.1.2 任务实操

任务 3.1 任务工单

任务名称	出生地推断工具	专业		班级	
学生姓名		学生学号		任务成绩	
任务准备		任务场地		完成日期	
任务描述	设计一个程序，使用字典存储并管理每个省区市的名称及其相关编码，并允许用户通过公民身份号码前 4 位查询出生地省区市的详细信息				

任务提出：学生需要使用 Python 的数据结构来创建一个通过公民身份号码查询出生地省区市的工具。这个工具在任务 3.1 的案例讲解基础上，需要学生将查询信息由“省区”拓展到“区市”，学生需要查阅各“区市”编码，然后选择使用字典来实现这一系统，其中以编码作为键，而省区市存储在一个列表或另一个字典中作为值。

任务目标：

1. 实现一个字典，每个键编码对应一个值，该值是一个省区市的名称的数据结构。

2. 设计一个功能，允许用户输入一个有效的公民身份号码，程序返回持有人的出生地省区市信息。

3. 根据自己所学专业领域，思考本任务所学知识还有哪些应用场景，要实现具体的应用，还需要继续学习哪些知识。

任务准备：

1. 需提前查询记录我国各省区市对应编码。
2. 学习如何嵌套使用字典和列表。

1. 任务设计

框架规划：本任务旨在让学生使用 Python 字典创建一个地区编码与地名映射的系统，帮助学生实践数据结构的应用，并加深对键值与数据管理的关系的理解。

资料收集：教师需要预先收集有关全国各地区的编码信息，并整理成适合的数据格式，例如通过查阅相关文献或网站收集信息。

● 预设数据和示例解释：

```
area_codes = {
    "110000": "北京市",
    "120000": "天津市",
    "310000": "上海市",
    "440100": "广东省广州市",
    # 更多地区编码...
}
```

● 数据解释：每个地区编码键对应一个地名字符串。

2. 任务实施

● 编写代码：学生根据提供的地区编码信息，自行编写代码来实现根据公民身份号码推断出生地的功能。

● 细节调整：学生应检查自己的数据结构是否可以有效存储和查询信息，调整数据结构和访问方式以确保程序的效率和准确性。

● 小组讨论：学生在小组内展示自己的实现方法，讨论不同的数据结构选择和实现策略，学习如何优化和改进代码。

3. 任务检查

● 自我审核：学生应确保所有地区编码信息都被正确录入且能通过代码准确访问。

● 小组互评：学生相互检查对方的实现，提出改进建议，确保组内每个成员的程序都能正确运行。

● 教师评审：教师检查每个学生的程序，确保数据结构的正确使用和信息的准确提取。

4. 任务评价

● 成果展示：学生展示自己的程序和查询结果，说明数据结构的选择和实现逻辑。

● 评价标准：任务 3.1 评价标准见表 3.2。

表 3.2　任务 3.1 评价标准

评分项	分值	详细标准
代码正确性和功能实现	30 分	省区市名称及编码的准确录入（10 分）；功能完整性（20 分）
数据结构的适用性和效率	40 分	数据结构选择（20 分）；查询效率（20 分）
代码清晰度和文档说明	30 分	代码注释（10 分）；编码规范（20 分）

3.1.3 任务测评

任务测评表

效果测评要素	具体评价内容	评价等级
技能点 1：数据检索能力	学生是否能根据公民身份号码有效检索对应的省市名称	优秀/良好/中等/及格/不及格
技能点 2：数据组织能力	学生是否能正确地使用字典存储省市名称	优秀/良好/中等/及格/不及格
技能点 3：用户交互能力	学生是否能基于用户输入实现交互式查询，且结果输出清晰准确	优秀/良好/中等/及格/不及格
综合测评 1：代码实现	学生的代码实现是否满足了数据检索的需求，并正确无误地显示了查询结果	优秀/良好/中等/及格/不及格
综合测评 2：代码风格与注释	学生的代码是否整洁、有条理，并且包含了充分的注释来提高可读性	优秀/良好/中等/及格/不及格
薄弱项记录		
没学懂的知识		
没掌握的技能		
我想提升的素养		
教师签字		

任务 3.2　根据公民身份号码推断出生年份是否为闰年

3.2.1　布尔值判断真假

1. 任务知识

在 Python 中，布尔值（Boolean）是一种基本的数据类型，用于表示真（True）和假（False）两种逻辑值。布尔值在条件判断、循环控制等方面发挥着重要的作用。下面详细介绍一下 Python 中的布尔值。

1）值和类型

布尔值有两个可能的取值，分别是 True 和 False。它们是 Python 中的关键字，表示真和假。布尔值属于布尔类型（bool）。

例题 3.4

```
x=True
y=False
print(type(x))# 输出:<class 'bool'>
```

2）使用场景

布尔值通常用于条件判断，例如在 if 语句、while 循环、逻辑运算中等。根据条件的真假，布尔值可以决定程序的执行路径。

例题 3.5

```
age = 25
if age >= 18:
    print("成年人")
else:
    print("未成年人")
```

3）创建布尔值

布尔值可以直接赋值给变量，也可以作为条件表达式的结果。

例题 3.6

```
is_raining=True
is_sunny=False
```

4）布尔运算

Python 提供了三种布尔运算符来对布尔值进行逻辑操作：

–与运算（and）：只有当所有操作数都为 True 时，结果才为 True。

–或运算（or）：只要有一个操作数为 True，结果就为 True。

–非运算（not）：将 True 转为 False，将 False 转为 True。

例题 3.7

```
x=True
y=False
print(x and y)# 输出:False
print(x or y)# 输出:True
print(not x)# 输出:False
```

5）比较运算符

比较运算符可以用于比较两个值，并返回布尔值。常见的比较运算符包括：

–等于（==）：判断两个值是否相等。

–不等于（！=）：判断两个值是否不相等。

–大于（>）、小于（<）、大于等于（>=）、小于等于（<=）：用于数值之间的大小比较。

例题 3.8

```
x=10
y=5
print(x>y)# 输出:True
print(x<y)# 输出:False
print(x==y)# 输出:False
```

6）布尔值的类型转换

布尔值可以与其他数据类型进行相互转换。在布尔值与整数类型之间的转换中，True 转为 1，False 转为 0；而在布尔值与字符串类型之间的转换中，True 转为字符串"True"，False 转为字符串 "False"。

例题 3.9

```
x=True
y=False
print(int(x))# 输出:1
print(int(y))# 输出:0
print(str(x))# 输出:"True"
print(str(y))# 输出:"False"
```

7）布尔值的常用函数

：Python 内置了一些用于处理布尔值的常用函数，例如：

–bool( )：用于将给定的值转换为布尔值。

–all( )：接受一个可迭代对象，并返回是否所有元素都为 True。

–any( )：接受一个可迭代对象，并返回是否存在任何一个元素为 True。

例题 3.10

```
values=[True,True,False,True]
print(all(values))# 输出:False
print(any(values))# 输出:True
```

布尔值在 Python 编程中具有重要的作用，可以通过条件判断和逻辑运算实现复杂的控制流程。熟练掌握布尔值的概念和用法，对于编写可靠的程序至关重要。

任务 3.2 微课

还有几种特殊情况下的布尔值。特殊情况下的布尔值见表3.3。

表3.3　特殊情况下的布尔值

值	布尔值	值	布尔值
0	False	非空列表（例如：[1，2，3]、["apple"，"banana"]）	True
非零整数（例如：1、-1、100）	True	空元组（例如：()）	False
空字符串	False	非空元组（例如：(1，2，3)、("apple"，"banana")）	True
非空字符串（例如："hello"、"world"）	True	空字典（例如：{}）	False
空列表（例如：[]）	False	非空字典（例如：{"name"："李华"，"age"：25}）	True

2. 练一练

（1）判断一个数是否为正数。

```
num=-10
is_positive=num>0
print("该数是否为正数:",is_positive)# 输出结果:False
```

（2）判断一个数是否为偶数。

```
num=6
is_even=num%2==0
print("该数是否为偶数:",is_even)# 输出结果:True
```

（3）判断一个字符串是否以特定的子字符串开头。

```
string="Hello,world!"
prefix="Hello"
starts_with=string.startswith(prefix)
print("该字符串是否以特定子字符串开头:",starts_with)# 输出结果:True
```

（4）判断一个字符串是否为空字符串。

```
string="Hello"
is_empty=len(string)==0
print("该字符串是否为空字符串:",is_empty)# 输出结果:False
```

（5）判断一个列表是否为空列表。

```
lst=[1,2,3]
is_empty=len(lst)==0
print("该列表是否为空列表:",is_empty)# 输出结果:False
```

3.2.2　if语句的用法

1. 任务知识

1）if语句

if语句用于根据条件判断执行不同的代码块。其基本语法为：

```
if 条件:
    # 执行的代码块
```

其中，条件是一个布尔表达式，当条件为真时，执行代码块中的代码；当条件为假时，跳过代码块。

例题 3.11

```
num=10
if num>0:
    print("num是正数")# 输出结果:num是正数
```

在上述示例中，我们使用 if 语句判断变量 num 是否大于 0，如果满足条件，则执行 print 语句打印"num 是正数"。

2）if-else 语句

if-else 语句用于在条件为真和条件为假时执行不同的代码块。其基本语法为：

```
if 条件:
    # 执行条件为真时的代码块
else:
    # 执行条件为假时的代码块
```

其中，条件是一个布尔表达式，当条件为真时，执行 if 语句后面的代码块；当条件为假时，执行 else 语句后面的代码块。

例题 3.12

```
num=-5
if num>0:
    print("num是正数")
else:
    print("num是负数"))# 输出结果:num是负数
```

在上述示例中，我们使用 if-else 语句判断变量 num 是否大于 0，如果满足条件，则执行 if 语句后面的代码块；如果不满足条件，则执行 else 语句后面的代码块。

3）布尔表达式和比较运算符

条件判断中使用的布尔表达式是由比较运算符组成的，用于比较两个值之间的关系。常用的比较运算符包括：

>：大于

<：小于

>=：大于等于

<=：小于等于

==：等于

！=：不等于

例题 3.13

```
x=5
y=10
print(x>y)# 输出 False
print(x<=y)# 输出 True
print(x==y)# 输出 False
print(x!=y)# 输出 True
```

在上述示例中，我们使用比较运算符对变量 x 和 y 进行比较，并打印结果。

4）多重条件判断

在实际编程中，我们常常需要根据多个条件判断执行不同的代码块。可以使用 if-elif-else

语句实现多重条件判断，其中 elif 表示"else if"，用于添加额外的条件。

例题 3.14

```
score=85

if score>=90:
    print("优秀")
elif score>=80:
    print("良好")
elif score>=70:
    print("中等")
elif score>=60:
    print("及格")
else:
    print("不及格")
```

在上述示例中，根据变量 score 的值，使用 if–elif–else 语句判断成绩的等级，并打印相应的结果。

5）嵌套条件判断

条件判断语句可以进行嵌套，即在一个条件语句中嵌套另一个条件语句。这样可以根据更复杂的条件判断执行不同的代码块。

例题 3.15

```
x = 10
y = 5

if x > y:
    if x % y == 0:
        print("x 是 y 的倍数")
    else:
        print("x 不是 y 的倍数")
else:
    print("x 小于等于 y")
```

在上述示例中，我们先判断 x 是否大于 y，如果满足条件，则进一步判断 x 是否是 y 的倍数，根据判断结果打印相应的结果；如果不满足条件，则直接打印"x 小于等于 y"。

2. 练一练

（1）根据用户输入的年龄判断是否可以购买酒精饮料。

```
age = int(input("请输入您的年龄："))

if age >= 18:
    can_buy_alcohol = True
else:
    can_buy_alcohol = False

print("是否可以购买酒精饮料:", can_buy_alcohol)  # 输出结果根据用户输入的年龄而定
```

（2）判断 2004 年是否为闰年。

```
year = 2024
```

```
if (year % 4 == 0 and year % 100 != 0) or (year % 400 == 0):
    is_leap_year = True
else:
    is_leap_year = False

print("该年份是否为闰年:", is_leap_year)  # 输出结果:True
```

3. 案例讲解

任务目标：使用 if 条件判断语句来进行逻辑判断，实现根据用户输入的有效的公民身份号码推断其出生年份是否为闰年，并反馈给用户。

根据本项目所学的布尔值和 if 条件判断的知识，我们已经可以完成任务目标了（公民身份号码的第七到第十位表示出生年份），学生将学习如何提取年份信息，并使用条件判断语句判断该年份是否为闰年。具体代码如下：

```
# 获取用户输入的公民身份号码
id_number = input("请输入公民身份号码: ")

# 提取出生年份
birth_year = int(id_number[6:10])

# 判断是否为闰年
if (birth_year % 4 == 0 and birth_year % 100 != 0) or (birth_year % 400 == 0):
    leap_year = True
else:
    leap_year = False

# 输出结果
if leap_year:
    print(f"根据公民身份号码判断该人的出生年份{birth_year}是闰年。")
else:
    print(f"根据公民身份号码判断该人的出生年份{birth_year}不是闰年。")
```

至此我们完成了该任务的学习目标，随着我们学习的 Python 知识越来越多，我们可以做的事情也越来越丰富，下面我们将通过任务工单，完成更为多样的任务。

3.2.3 任务实操

任务 3.2 任务工单

任务名称	闰年统计工具	专业		班级	
学生姓名		学生学号		任务成绩	
任务准备		任务场地		完成日期	
任务描述	为进一步理解闰年的计算方法和数据处理，设计以下三个拓展练习任务，让学生通过编程任务加深对闰年判断、数据统计和验证的理解				

任务提出：在本次拓展练习中，学生将进一步探索和应用闰年计算与数据处理的相关知识。这些练习将帮助学生深化对日期处理和数据结构的理解，并提升编程技能。

首先，学生需要编写一个程序，能够生成并打印给定年份范围内的所有闰年。闰年的判定遵循特定规则，如能被 4 整除且不能被 100 整除，或者能被 400 整除。学生需要设计一个数据结构来存储这些符合条件的年份，并有效地输出结果。

其次，学生将编写另一个程序，统计给定年份范围内的闰年数量。此任务要求学生不仅要判断年份是否为闰年，还要进行计数和统计，以输出准确的结果。这部分练习将考查学生对循环和条件判断的掌握情况。

最后，学生需要编写一个程序，验证多个公民身份号码的出生年份是否为闰年。每个公民身份号码包含出生年份信息，学生需要提取该信息并判断其是否为闰年。该任务要求学生处理批量数据输入，并对每个输入进行独立的验证和输出。

这些拓展练习不仅涉及基本的闰年计算，还要求学生处理用户输入、多重条件判断和数据的批量处理等编程技能，旨在全面提升学生的编程能力和解决实际问题的能力。

任务目标：

1. 编写一个程序，生成并打印给定年份范围内的所有闰年。

2. 编写一个程序，统计并输出给定年份范围内的闰年数量。

3. 编写一个程序，验证多个公民身份号码的出生年份是否为闰年，并输出结果。

4. 根据自己所学专业领域，思考本任务所学知识还有哪些应用场景，要实现具体的应用，还需要继续学习哪些知识。

任务准备：

1. 学习闰年计算方法：理解闰年的判定规则，包括年份整除规则。
2. 处理输入输出：熟悉如何接收用户输入并处理多个数据项。
3. 数据验证与处理：学习如何验证和处理身份信息中的年份数据。

1. 任务设计

- 框架规划：本任务旨在通过编写程序，实现闰年计算和数据处理的多个功能。学生将学习如何设计和实现复杂的数据判断和处理逻辑。主要任务包括生成闰年列表、统计闰年数量以及验证公民身份号码中的出生年份是否为闰年。学生需要掌握闰年的判定规则、循环和条件判断结构，以及如何有效处理批量数据输入和输出。
- 资料收集：教师提供闰年的计算规则，包括能被 4 整除且不能被 100 整除，或者能被 400 整除。还需介绍如何从公民身份号码中提取出生年份的信息，以及批量处理多个数据项的技巧。
- 预设数据和示例解释：

```
# 闰年判定规则示例
def is_leap_year(year):
    return (year % 4 == 0 and year % 100 != 0) or (year % 400 == 0)
# 示例公民身份号码列表
id_numbers = ["123456199202295678", "234567198811119876", "345678200002297654"]
```

- 数据解释：

闰年判定规则：函数 is_leap_year 用于判定给定年份是否为闰年，返回布尔值。

公民身份号码列表：id_numbers 是多个公民身份号码的列表，每个公民身份号码包含 18 位数字，其中第 7 到 10 位表示出生年份。学生需要从这些数据中提取年份信息并进行闰年判断。

2. 任务实施

- 编写代码：学生根据任务描述实现各自的功能。
- 测试功能：对编写的代码进行测试，确保程序的正确性和稳定性。
- 小组讨论：学生小组展示和讨论各自的实现方法，分享经验和优化策略。

3. 任务检查

- 自我审核：学生检查代码逻辑的正确性，确保所有配对都能得到正确的兼容性结果。
- 小组互评：学生互相检查并提供反馈，确保程序的逻辑无误。
- 教师评审：教师对学生的代码进行最终审核，确保逻辑判断的准确性和代码的有效性。

4. 任务评价

- 成果展示：学生展示他们的分析结果，并解释代码的逻辑。
- 评价标准：任务 3.2 评价标准见表 3.4。

表 3.4　任务 3.2 评价标准

评分项	分值	详细标准
拓展功能的实现	30 分	生成闰年列表（10 分）；统计闰年数量（10 分）；验证公民身份号码年份（10 分）
数据处理和输出准确性	40 分	数据处理的正确性（20 分）；输出结果的准确性（20 分）
代码清晰度和文档说明	30 分	代码注释与说明（10 分）；编码规范（20 分）

3.2.4　任务测评

任务测评表

效果测评要素	具体评价内容	评价等级
技能点 1：数据检索能力	学生是否能根据输入的年份范围有效生成闰年列表	优秀/良好/中等/及格/不及格
技能点 2：数据分析能力	学生是否能准确统计指定年份范围内的闰年数量	优秀/良好/中等/及格/不及格
技能点 3：数据验证能力	学生是否能正确验证多个公民身份号码的出生年份是否为闰年	优秀/良好/中等/及格/不及格
综合测评 1：代码实现	学生的代码是否满足生成闰年列表、统计闰年数量和验证出生年份的需求	优秀/良好/中等/及格/不及格
综合测评 2：代码风格与注释	学生的代码是否整洁、有条理，并且包含了充分的注释来提高可读性	优秀/良好/中等/及格/不及格
薄弱项记录		
没学懂的知识		
没掌握的技能		
我想提升的素养		
教师签字		

项目总结

在本项目中，我们学习了元组、列表、字典、布尔值和 if 条件判断等多个重要的 Python 知识点。这些知识点在实际编程中非常常见，对于处理和组织数据、进行条件判断和控制流程至关重要。

- 元组（tuple），它是一种不可变的有序序列，用于存储多个值。元组的特点是不可修改，适用于存储固定的数据集合，例如坐标点、日期等。
- 列表（list），它是一种可变的有序序列，用于存储多个值。列表可以进行增删改查等操作，非常灵活，常用于存储和处理多个相关的数据项。
- 字典（dictionary），它是一种无序的键—值对集合，用于存储和获取具有关联性的数据。字典通过键来访问对应的值，适用于存储和查找具有唯一标识的数据。
- 布尔值（boolean），它表示真（True）或假（False）的逻辑值。布尔值常用于条件判断和逻辑运算，用于控制程序的流程和决策。
- if 条件判断语句，它允许根据条件的真假来执行不同的代码块。if 条件判断是编程中非常常用的控制结构，用于根据不同情况采取不同的操作。

通过本项目的学习，我们掌握了使用元组、列表、字典和布尔值的基本操作和用法，了解了如何使用 if 条件判断来根据不同条件进行逻辑控制。这些知识点在日常的编程工作中非常实用，为我们处理和操作数据提供了强大的工具。综上所述，本项目的学习使我们对 Python 中的数据结构和逻辑判断有了更深入的了解，为进一步探索和应用 Python 编程打下了坚实的基础。

课后练习

一、单选题

1. 元组和列表的主要区别是（　　）。
   A. 元组是不可变的，列表是可变的
   B. 元组可以存储不同类型的元素，列表只能存储相同类型的元素
   C. 元组可以扩展长度，列表长度固定
   D. 元组和列表没有区别
2. （　　）是正确的布尔值表示真和假的方式
   A. True 和 False　　B. 1 和 0
   C. 是和否　　D. 是和不是
3. 在 Python 中，使用（　　）关键字来定义一个条件判断语句。
   A. if　　B. else　　C. elif　　D. all
4. （　　）运算符可以用于多个条件的逻辑与操作。
   A. and　　B. or　　C. not　　D. xor
5. 布尔值 True 可以转换为整数类型时的值是（　　）。
   A. 1　　B. 0　　C. True　　D. False
6. 在 Python 中，（　　）会被解释为布尔值 False。
   A. 0　　B. 1　　C. 空字符串　　D. 非空字符串 'Hello'
7. （　　）运算符用于判断两个值是否相等。

A. ==　　B. ! =　　C. >　　D. <

8. (　　) 运算符用于判断两个值是否不相等。

A. ==　　B. ! =　　C. >　　D. <

9. 在 if 语句中，如果条件为 False，那么会执行 (　　)。

A. if 块中的代码　　B. else 块中的代码

C. elif 块中的代码　　D. 不执行任何代码

10. (　　) 用于检查一个元素是否存在于列表中。

A. in　　B. not　　C. exists　　D. contains

11. 在 Python 中，(　　) 用于定义一个空的函数体。

A. empty　　B. pass　　C. none　　D. void

12. (　　) 用于在列表末尾添加一个元素。

A. add( )　　B. append( )

C. insert( )　　D. extend( )

13. (　　) 用于从列表中移除指定位置的元素。

A. remove( )　　B. pop( )

C. delete( )　　D. discard( )

14. 在字典中，键值对是以 (　　) 形式存储的。

A. 列表　　B. 元组　　C. 集合　　D. 无序

15. 在 Python 中，(　　) 用于获取字典中的所有键。

A. keys( )　　B. values( )　　C. items( )　　D. get( )

16. 下面 (　　) 运算符用于逻辑与操作。

A. &&　　B. ||　　C. &　　D. |

17. 下面 (　　) 用于获取字符串的长度。

A. length( )　　B. size( )　　C. count( )　　D. len( )

18. 在布尔运算中，(　　) 表示逻辑非操作。

A. and　　B. or　　C. not　　D. xor

19. 在 if 语句中，可以使用多个 elif 块来检查多个条件，这种结构被称为 (　　)。

A. if–else 语句　　B. 嵌套 if 语句

C. 多重条件判断　　D. 条件表达式

20. 下面 (　　) 用于判断两个值是否完全相同（包括类型和值）。

A. ==　　B. ! =　　C. is　　D. is not

二、简答题

1. 请解释元组和列表的主要区别，并给出一个适合使用元组和列表的例子。

2. 什么是布尔运算符？列举布尔运算符的几种类型，并给出一个使用布尔运算符的例子。

3. 请解释 if–else 语句的作用和语法结构，并给出一个实际应用的例子。

4. 如何进行多重条件判断？请给出一个使用多重条件判断的例子。

5. 什么是嵌套条件判断？为什么在某些情况下需要使用嵌套条件判断？请给出一个嵌套条件判断的例子。

三、实操题

1. 实操案例：季节判断器。

2. 任务描述：根据用户输入的月份判断对应的季节，并输出结果。

3. 任务提示：

提示用户输入一个月份（1—12）。

使用 if-elif-else 条件判断语句判断输入月份所属的季节。

根据判断结果，将季节信息存储在变量中。

使用字符串格式化将结果输出给用户。

4. 注意事项：

确保用户输入的月份在合法范围内（1—12）。

考虑边界情况，例如，如果用户输入的是 12 月，需要将其判断为冬季。

可以根据需要添加其他季节的判断条件和输出结果。

完成这个任务后，你将学会如何使用 if-elif-else 条件判断语句根据不同条件执行相应的代码块，并根据用户输入的数据做出相应的判断和输出。

项目 3 课后练习答案

项目 3 代码及数据

项目 4　制作简易的成绩管理工具

项目 4 课件

学习目标

◎ 知识目标

理解列表和字典的常用操作，包括创建、访问、修改以及常用方法的使用；

掌握 for 循环和 while 循环的语法和用法，能够通过循环简化重复性的操作；

熟悉常见异常的类型和产生的原因，能够处理常见异常，避免程序的异常终止；

理解常用函数的概念和用法，能够调用常用函数进行成绩统计和处理；

熟悉函数的定义和调用方式；

掌握函数参数的使用方法，包括位置参数、关键字参数和默认参数。

◎ 能力目标

能够使用列表和字典进行数据的存储和管理，实现成绩录入和定级功能；

能够利用循环结构简化重复性的工作，提高工作效率；

能够处理常见异常，保证程序的正常运行，并给出相应的错误提示；

能够调用常用函数进行成绩统计，计算描述性统计量；

能够根据需求设计和定义合适的函数，提高代码的结构性和可读性。

◎ 素养目标

培养良好的数据管理和处理能力，能够设计简单的数据结构和算法；

培养良好的异常处理能力，能够预测和处理可能出现的错误情况；

培养对数据分析和统计的兴趣，了解常用的描述性统计量的计算方法；

培养解决问题的能力，能够将问题拆解并使用合适的方法解决；

培养良好的代码组织和管理能力，将复杂的问题分解成小的函数模块，提高代码的可维护性；

培养解决问题的能力，通过函数封装实现代码的重用，提高开发效率和质量。

思维导图

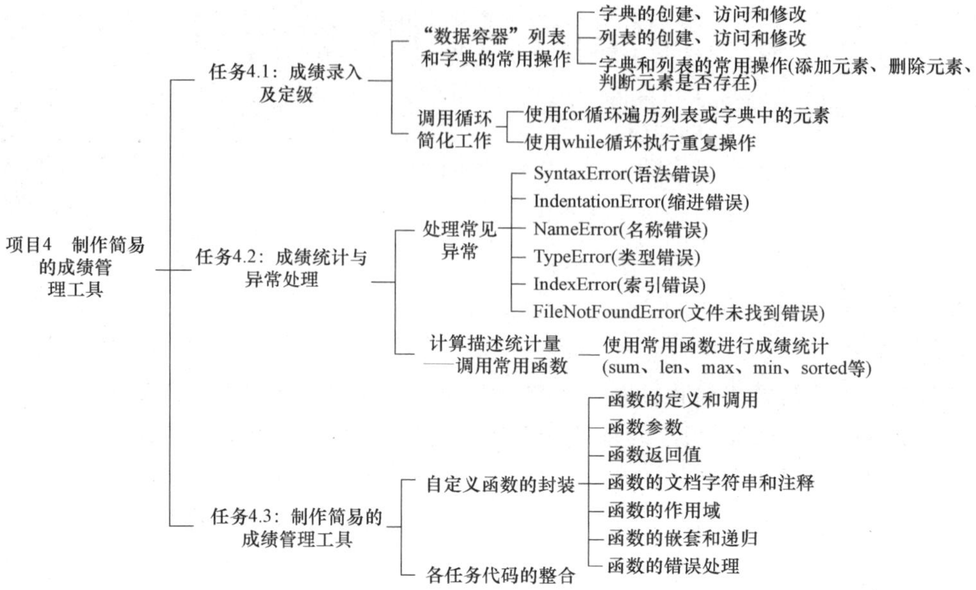

项目描述

本项目旨在通过制作一个简易的成绩管理工具，帮助学生深入理解和应用 Python 中的高级数据结构、控制流、异常处理及函数封装。学生们将设计和开发一个功能完备的系统，该系统能够进行学生成绩的录入、查询、修改、统计和评级。通过这个项目，学生们不仅能够巩固 Python 的基础编程技能，还能学习到如何将这些技能综合运用来解决实际问题，提高数据处理和软件开发的能力。

项目要求

任务 4.1：成绩录入及定级

学生需要编写一个程序，允许管理员连续录入学生的姓名和成绩。程序应该不仅仅在每次输入后结束，而是在管理员输入“exit”之前可以不断添加新的成绩记录。此外，每次成绩录入后，程序还需要根据成绩将学生的表现自动分类到“优秀”“良好”“中等”“及格”“不及格”中。

任务 4.2：成绩统计与异常处理

在录入数据的基础上，学生需要扩展程序以计算所有学生的平均成绩，并输出最高分和最低分。此任务中，学生还需添加异常处理逻辑，以确保所有输入的成绩数据的正确性和合理性，如处理非法字符或超出正常成绩范围的输入。

任务 4.3：制作简易的成绩管理工具

学生将对整个成绩管理系统进行封装和整合。这包括创建自定义函数来处理数据录入、成绩等级判断、统计信息计算等，以简化操作流程并提升代码的可维护性。学生需要考虑如何通过合理的函数分解，使得系统更为模块化，便于未来的维护和升级。

这些任务将帮助学生综合运用 Python 编程的各种核心技能，包括数据结构的选择、控制流程的设计、异常的处理以及函数的封装和调用，最终形成一个具备初步功能的成绩管理系统。

案例导入

公平公正的教育评估——大学智能评分系统

我国很多大学都引进了“智能评分系统”的先进教学工具。这个系统利用 Python 的高级数据结构和控制流来管理和分析学生的成绩数据。大学的教师和学生通过这个平台不仅能够实现成绩的快速录入和查询，还能对学生的表现进行深入的统计分析。

系统功能与实现：

成绩录入与自动分类：教师可以通过一个简单的界面输入学生成绩，系统会自动根据设定的阈值将成绩分类为“优秀”“良好”“中等”“及格”“不及格”。这一功能是通过 Python 的列表和字典结构实现的，其中列表用于存储学生的成绩数据，字典用于关联学生信息和其成绩。

异常处理机制：为了提高系统的健壮性，开发团队在数据录入模块加入了异常处理机制。当输入的成绩不符合规定格式（如非数字或超出合理范围）时，系统会捕获这些异常并提示用户进行修正。这利用了 Python 的 try–except 语句来处理潜在的输入错误。

成绩统计分析：系统提供了一个统计分析功能，自动计算全班或指定学生的平均成绩、最高成绩和最低成绩。此外，系统还能生成成绩分布图和进步曲线，帮助教师和学生更好地了解学习进度和成效。这些统计功能是通过 Python 的控制流结构如循环和条件判断来实现的。

功能封装与代码复用：所有的功能模块如成绩录入、成绩分类、异常处理和数据分析都被封装在独立的函数中，以提高代码的可维护性和复用性。此外，通过模块化设计，系统可以轻松扩展新的功能，如添加新的数据分析工具或成绩预测模型。

教育影响与前景：

大学的智能评分系统极大地提高了教学管理的效率和质量，使教师可以把更多时间用于教学和研究，而不是烦琐的成绩管理事务。学生们也能通过实时反馈更好地了解自己的学习状况，及时调整学习策略。随着人工智能技术的进一步发展，未来这种智能评分系统有望整合更多的个性化学习分析和预测功能，成为高等教育领域不可或缺的工具。

任务 4.1　成绩录入及定级

4.1.1 “数据容器”列表和字典的常用操作

1. 任务知识

1）字典

字典是一种可变的、无序的数据结构，用于存储键值对。它具有以下特点。

- 使用花括号 {} 创建字典，每个键值对之间用冒号分隔。
- 键（Key）必须是唯一的、不可变的数据类型（通常是字符串或数字），值（Value）可以是任意数据类型。
- 可以通过键来访问和修改对应的值。
- 字典中的元素没有固定的顺序。

2）列表

列表是一种可变的、有序的数据结构，用于存储多个元素。它具有以下特点。

- 使用方括号 [ ] 创建列表，多个元素之间用逗号分隔。
- 列表中的元素可以是任意数据类型，甚至可以是其他列表。
- 列表中的元素按照添加顺序存储，并可以根据索引访问和修改对应的元素。
- 列表中的元素可以通过切片（Slice）操作获取子列表。

3）字典和列表的常用操作

字典和列表都支持常用的操作方法，如添加、修改、删除和排序。

字典的常用操作如下。

（1）添加键值对：字典名 [键] =值

例题 4.1

```
# 创建一个空字典
fruits={}

# 添加键值对
fruits["apple"]="red"
fruits["banana"]="yellow"
fruits["orange"]="orange"

# 打印字典
print(fruits)
```

输出结果：

```
{'apple':'red','banana':'yellow','orange':'orange'}
```

在上面的例子中，我们首先创建了一个空字典 fruits。然后，我们使用赋值操作将键"apple"与值"red"关联起来，将键"banana"与值"yellow"关联起来，将键"orange"与值"orange"关联起来。通过打印字典，你可以看到所有的键值对已成功添加到字典中。我们也可以使用 dict( )构造函数来创建字典并添加键值对，例如：

```
fruits=dict(apple="red",banana="yellow",orange="orange")
```

这样也可以得到相同的结果。

（2）修改值：字典名［键］=新值

例题 4.2

```
# 创建一个字典
fruits = {"apple": "red", "banana": "yellow", "orange": "orange"}

# 同时修改多个键的值
fruits["apple"] = "green"
fruits["orange"] = "orange-red"

# 打印字典
print(fruits)
```

输出结果：

```
{'apple':'green','banana':'yellow','orange':'orange-red'}
```

（3）删除键值对：del 字典名［键］

例题 4.3

```
# 创建一个字典
fruits = {"apple": "red", "banana": "yellow", "orange": "orange"}

# 删除键值对
del fruits["banana"]

# 打印字典
print(fruits)-获取所有键的列表:字典名.keys()
```

输出结果：

```
{'apple':'red','orange':'orange'}
```

在上面的例子中，我们首先创建了一个字典 fruits，其中包含了三个键值对。然后，使用 del 关键字删除了键"banana"对应的键值对。通过打印字典，你可以看到键"banana"对应的键值对已经成功删除。

（4）获取所有值的列表：字典名.values( )

例题 4.4

```
# 创建一个字典
fruits = {"apple": "red", "banana": "yellow", "orange": "orange"}

# 获取所有的值并存储到列表
values_list = list(fruits.values())

# 打印列表
print(values_list)
```

输出结果：

```
['red','yellow','orange']
```

在上面的例子中，我们首先创建了一个字典 fruits，其中包含了三个键值对。然后，使用 values( )方法获取字典中的所有值，并通过 list( )函数将其转换为列表类型，最后将结果存储到 values_list 列表中。通过打印列表，你可以看到所有的值已经成功存储到了列表中。需要注意的是，字典中的值的顺序是无序的，所以在生成的列表中，值的顺序可能与字典中的顺序不完全一致。

（5）检查键是否存在：键 in 字典名

例题 4.5

```
# 创建一个字典
fruits = {"apple": "red", "banana": "yellow", "orange": "orange"}

# 检查键是否存在
if "apple" in fruits:
    print("苹果的键存在于字典中")
else:
    print("苹果的键不存在于字典中")

if "grape" in fruits:
    print("葡萄的键存在于字典中")
else:
print("葡萄的键不存在于字典中")
```

输出结果：

```
苹果的键存在于字典中
葡萄的键不存在于字典中
```

在上面的例子中，我们创建了一个字典 fruits，其中包含了三个键值对。然后，我们使用 in 关键字检查键"apple"是否存在于字典中。由于"apple"是字典中的一个键，所以第一个检查结果为 True，输出"苹果的键存在于字典中"。接着，我们检查键"grape"是否存在于字典中。由于"grape"不是字典中的一个键，所以第二个检查结果为 False，输出"葡萄的键不存在于字典中"。通过使用 in 关键字，你可以轻松地检查一个键是否存在于字典中，从而根据检查结果进行相应的处理。

（6）获取键对应的值（不存在时返回默认值）：字典名.get（键，默认值）

例题 4.6

```
# 创建一个字典
fruits = {"apple": "red", "banana": "yellow", "orange": "orange"}

# 获取键对应的值(不存在时返回默认值)
apple_color = fruits.get("apple", "unknown")
grape_color = fruits.get("grape", "unknown")

# 打印结果
print("苹果的颜色:", apple_color)
print("葡萄的颜色:", grape_color)
```

输出结果：

```
苹果的颜色:red
葡萄的颜色:unknown
```

在上面的例子中，我们首先创建了一个字典 fruits，其中包含了三个键值对。然后，我们使用 get( )方法来获取键"apple"对应的值。由于"apple"是字典中的一个键，所以对应的值为"red"。接着，我们获取键"grape"对应的值，但由于"grape"不是字典中的一个键，所以使用了默认值"unknown"。通过使用 get( )方法，你可以安全地获取字典中指定键对应的值，即使键不存在时也能返回一个默认值，避免引发 KeyError 异常。

列表的常用操作如下。

（1）添加元素：列表名.append（元素）

例题 4.7

```
# 创建一个空列表
numbers = []

# 添加元素到列表
numbers.append(10)
numbers.append(20)
numbers.append(30)

# 打印列表
print(numbers)
```

输出结果：

```
# 创建一个空列表
numbers = []

# 添加元素到列表
numbers.append(10)
numbers.append(20)
numbers.append(30)

# 打印列表
print(numbers)
```

在上面的例子中，我们首先创建了一个空列表 numbers。然后，使用 append( )方法向列表中添加了三个元素：10、20 和 30。通过打印列表，你可以看到所有的元素已经成功添加到了列表中。append( )方法将新元素添加到列表的末尾。

（2）插入元素：列表名.insert（索引，元素）

例题 4.8

```
# 创建一个列表
fruits = ["apple", "banana", "orange"]

# 在指定位置插入元素
fruits.insert(1, "grape")
fruits.insert(3, "kiwi")

# 打印列表
print(fruits)
```

输出结果：

```
['apple','grape','banana','kiwi','orange']
```

在上面的例子中，我们首先创建了一个列表 fruits，其中包含了三个元素："apple" "banana" "orange"。然后，我们使用 insert( )方法在索引位置 1 插入元素"grape"，在索引位置 3 插入元素"kiwi"。通过打印列表，你可以看到所有的元素已经成功插入到了指定的位置。需要注意的是，索引从 0 开始计数，所以索引位置 1 表示在第二个位置插入元素，索引位置 3 表示在第四个位置插入元素。如果指定的索引超出了列表的范围，那么元素将被插入到列表的末尾。

（3）修改元素：列表名［索引］=新值

例题 4.9

```
# 创建一个列表
fruits = ["apple", "banana", "orange"]

# 修改指定索引位置的元素
fruits[1] = "grape"

# 打印列表
print(fruits)
```

输出结果：

```
['apple', 'grape', 'orange']
```

在上面的例子中，我们首先创建了一个列表 fruits，其中包含了三个元素："apple" "banana" "orange"。然后，我们通过索引操作将索引位置 1 的元素值修改为"grape"。通过打印列表，你可以看到元素值已经成功被修改。需要注意的是，列表的索引从 0 开始计数。在这个例子中，索引位置 1 表示第二个元素。通过直接对列表的指定索引位置进行赋值操作，可以修改该位置的元素值。

（4）删除元素：del 列表名［索引］或列表名.remove（元素）

例题 4.10

```
# 创建一个列表
fruits = ["apple", "banana", "orange"]

# 删除指定元素
fruits.remove("banana")

# 打印列表
print(fruits)
```

输出结果：

```
['apple','orange']
```

在这个例子中，我们同样创建了一个列表 fruits。然后，使用 remove( )方法指定要删除的元素"banana"，该方法会在列表中查找并删除第一个匹配的元素。通过打印列表，你可以看到元素"banana"已经成功删除。需要注意的是，使用 del 关键字删除元素时，如果指定的索引超出了列表的范围，会引发 IndexError 异常。而使用 remove( )方法删除元素时，如果指定的元素不存在于列表中，会引发 ValueError 异常。

（5）获取子列表：列表名［start：end］

例题 4.11

```
# 创建一个列表
numbers = [1, 2, 3, 4, 5, 6, 7, 8, 9, 10]

# 获取子列表
sublist = numbers[2:6]

# 打印子列表
print(sublist)
```

输出结果：

```
[3,4,5,6]
```

在上面的例子中，我们创建了一个列表 numbers，其中包含了从 1 到 10 的整数。然后，我们使用切片操作［2：6］获取从索引位置 2 到索引位置 5 的子列表。通过打印子列表，你可以看到包含了索引位置 2 到 5 的元素：3、4、5 和 6。需要注意的是，切片操作时起始索引是包含在结果中的，而结束索引是不包含在结果中的。在这个例子中，索引位置 2 表示第三个元素，索引位置 5 表示第六个元素。如果不指定起始索引，默认从列表的第一个元素开始。如果不指定结束索引，默认到列表的最后一个元素结束。

（6）列表排序：列表名.sort( )（升序）或列表名.sort（reverse=True）（降序）

例题 4.12

```
# 创建一个列表
numbers = [5, 2, 8, 1, 9, 3]

# 对列表进行升序排序
numbers.sort()

# 打印排序后的列表
print(numbers)
```

输出结果：

```
[1,2,3,5,8,9]
```

在上面的例子中，我们创建了一个列表 numbers，其中包含了一些整数。然后，我们使用 sort( )方法对列表进行升序排序。通过打印排序后的列表，你可以看到列表中的元素已按照升序排列。

```
# 创建一个列表
numbers = [5, 2, 8, 1, 9, 3]

# 对列表进行降序排序
numbers.sort(reverse=True)

# 打印排序后的列表
print(numbers)
```

输出结果：

```
[9,8,5,3,2,1]
```

在这个例子中，我们同样创建了一个列表 numbers，然后使用 sort（reverse=True）对列表进行降序排序。通过打印排序后的列表，你可以看到列表中的元素已按照降序排列。需要注意的是，sort( )方法会直接修改原始列表，而不会创建一个新的排序后的列表。

4）字典和列表的应用场景

- 字典适用于存储具有键值关系的数据，如学生-信息、商品-属性等。
- 列表适用于存储多个元素的有序集合，如学生姓名、商品列表等。
- 字典和列表常常在数据处理、算法实现、Web 开发等领域得到广泛应用。

2. 练一练

（1）计算列表［4，7，2，9，5，1，8］中数字的平均值。

解答：

```
# 定义一个列表
numbers=[4,7,2,9,5,1,8]
# 计算列表中数字的平均值
total=sum(numbers)
average=total/len(numbers)
# 输出结果
print("列表中数字的平均值为:",average)
```

在这个例子中，我们定义了一个列表 numbers，其中包含了一些数字。然后，我们使用 sum( )函数计算列表中所有数字的总和，然后除以列表的长度（元素个数）来计算平均值。

输出结果：

```
列表中数字的平均值为:5.0
```

（2）查找列表［8，3，6，2，9，1，5］中的最大值和最小值。

解答：

```
# 定义一个列表
numbers=[8,3,6,2,9,1,5]
# 查找列表中的最大值和最小值
max_value=max(numbers)
min_value=min(numbers)
# 输出结果
print("列表中的最大值为:",max_value)
print("列表中的最小值为:",min_value)
```

在这个例子中，我们定义了一个列表 numbers，其中包含了一些数字。然后，我们使用 max( )函数和 min( )函数分别查找列表中的最大值和最小值。

输出结果：

```
列表中的最大值为:9
列表中的最小值为:1
```

（3）合并 dict1={"apple"：2，"banana"：3，"orange"：1}和 dict2={"grape"：4，"kiwi"：2}两个字典。

解答：

```
# 定义两个字典
dict1={"apple":2,"banana":3,"orange":1}
dict2={"grape":4,"kiwi":2}
# 合并两个字典
merged_dict=dict1.copy( )
merged_dict.update(dict2)
```

```
# 输出合并后的字典
print("合并后的字典:",merged_dict)
```

在这个例子中，我们定义了两个字典 dict1 和 dict2，分别包含了一些键值对。然后，我们使用 copy( )方法创建一个副本字典，然后使用 update( )方法将第二个字典中的键值对合并到副本字典中。通过打印合并后的字典，你可以看到两个字典的键值对已经成功合并到一个字典中。

输出结果：

```
合并后的字典:{'apple':2,'banana':3,'orange':1,'grape':4,'kiwi':2}
```

（4）计算字典 prices={"apple"：2.5，"banana"：1.8，"orange"：3.2，"grape"：4.5}中值的总和。

解答：

```
# 定义一个字典
prices={"apple":2.5,"banana":1.8,"orange":3.2,"grape":4.5}
# 计算字典中值的总和
total_price=sum(prices.values( ))
# 输出结果
print("字典中值的总和为:",total_price)
```

在这个例子中，我们定义了一个字典 prices，其中包含了水果的名称和价格。然后，我们使用 values( )方法获取字典中所有的值，并使用 sum( )函数计算这些值的总和。通过打印结果，你可以看到字典中值的总和已经计算出来。

输出结果：

```
字典中值的总和为:12.0
```

4.1.2　调用循环简化工作

1. 任务知识

1）for 循环

（1）for 循环的用法。

for 循环是一种常见的循环结构，用于遍历序列类型的数据或执行固定次数的循环。其基本语法为：

```
for 变量 in 序列:
# 执行的代码块
```

其中，变量是用于遍历序列元素的变量名，序列可以是列表、字符串、元组等可迭代对象。

例题 4.13

```
names=['王盼','李华','袁爽']
for name in names:
    print(name)
```

在上述示例中，我们使用 for 循环遍历列表 names 中的元素，并将每个元素打印出来。

输出结果：

```
王盼
李华
袁爽
```

（2）for 循环的优缺点。

优点：

- for 循环适用于已知循环次数的情况，可以遍历序列类型的数据或执行固定次数的循环。

- for 循环语法简洁明了，易于理解和编写。

缺点：

- for 循环在循环次数确定的情况下，不适用于需要根据条件动态改变循环次数的场景。

（3）适用场景。

当需要遍历列表、字符串、元组等可迭代对象的元素时，适合使用 for 循环。

当需要执行固定次数的循环时，例如遍历指定范围的数字、重复执行某个操作等，适合使用 for 循环。

2）while 循环

（1）while 循环的用法。

while 循环是另一种常见的循环结构，用于根据条件重复执行代码块。其基本语法为：

```
while 条件:
    # 执行的代码块
```

其中，条件是一个布尔表达式，当条件为真时，执行代码块；当条件为假时，退出循环。

例题 4.14

```
count=0
while count<5:
    print(count)
    count+=1
```

在上述示例中，我们使用 while 循环打印变量 count 的值，当 count 小于 5 时，继续循环；当 count 达到 5 时，退出循环。

输出结果：

```
0
1
2
3
4
```

（2）while 循环的优缺点。

优点：

- while 循环适用于当条件不确定或需要动态控制循环的情况。循环条件可以根据需要灵活地改变。
- while 循环可以执行无限次数的循环，只要条件为真，循环就会一直执行下去。

缺点：

- 在使用 while 循环时，需要额外注意循环条件的控制，否则可能导致无限循环，造成程序的死循环。

（3）适用场景。

当循环的终止条件不确定或需要根据运行时的动态情况决定时，适合使用 while 循环。

当需要处理无限循环的场景，例如实时数据的处理、游戏循环等，可以使用 while True 来创建无限循环。

表 4.1 列出了两个循环的优缺点及适用场景。

表 4.1　两个循环的优缺点及适用场景

循环类型	优点	缺点	适用场景
while	适用于不确定循环次数的情况	可能导致无限循环	循环条件不确定或需要根据动态情况改变
	可以执行无限次数的循环		实时数据处理、游戏循环等
for	适用于已知循环次数的情况	不适用于需要动态改变循环次数的情况	遍历可迭代对象的元素
	语法简洁明了		遍历列表、字符串、元组等
			执行固定次数的循环，如遍历指定范围的数字、重复执行某个操作等

2. 练一练

（1）for 循环习题：计算列表［1，3，2，5，4，7，6，9，8］中所有偶数的平均值。

```
# 定义一个列表
numbers = [1, 3, 2, 5, 4, 7, 6, 9, 8]

# 初始化变量
count = 0
total = 0

# 遍历列表中的每个元素
for num in numbers:
    # 判断元素是否为偶数
    if num % 2 == 0:
        total += num
        count += 1

# 计算平均值
average = total / count

# 输出结果
print("列表中所有偶数的平均值为:", average)
```

输出结果：

```
列表中所有偶数的平均值为:5.0
```

在这个例子中，我们定义了一个列表 numbers，其中包含了一些数字。然后，我们使用 for 循环遍历列表中的每个元素，通过判断元素是否为偶数来计算偶数的总和并记录个数。最后，我们计算平均值并输出结果。

（2）while 循环习题：计算 1 到 10 的累加和。

```
# 初始化变量
num = 1
total = 0

# 使用 while 循环计算累加和
while num <= 10:
```

```
    total += num
    num += 1

# 输出结果
print("1 到 10 的累加和为:", total)
```

输出结果：

```
1 到 10 的累加和为: 55
```

在这个例子中，我们使用 while 循环计算 1 到 10 的累加和。通过初始化变量 num 和 total，然后在循环中累加 num 的值到 total，同时每次循环结束后将 num 的值增加 1。最后，我们输出计算得到的累加和。

4.1.3 案例讲解

每一次输入成绩，都要点一次运行，才能在原有的成绩中进行新成绩的添加，这样重复的操作，让管理员录入成绩非常费劲，我们的第一个目标是运行一次代码，只要有新成绩需要录入就可以一直添加，直到管理员输入 exit 结束成绩录入，同时再将输入的成绩进行等级判断（将百分制调整为五级制）。

该任务需要用到很多上一个场景所学的知识，所以我们将任务进行拆解，并一步一步通过指引达到任务目标。

（1）我们可以考虑先将第一位同学的成绩信息录入系统。

```
name="潘文杰" # 存储一个人的姓名
number=5 # 存储一个人的学号
score=80 # 存储一个人的成绩
course=“Python” # 存储课程名称
```

（2）我们可以考虑利用字典和列表信息，将多位同学的成绩录入系统。

```
Students=[]
Students_name=[“王盼”,“李华”,“袁爽”,“王立伟”,“潘文杰”]
Students_info={“姓名”:“王盼”,“学号“:1,“成绩”:85,”课程”:“Python”}
Students.append({“姓名”:“王盼”,“学号“:1,“成绩”:85,”课程”:“Python”})
Students.append({“姓名”:“李华”,“学号“:2,“成绩”:84,”课程”:“Python”})
Students.append({“姓名”:“袁爽”,“学号“:3,“成绩”:74,”课程”:“Python”})
Students.append({“姓名”:“王立伟”,“学号“:4,“成绩”:60,”课程”:“Python”})
Students.append({“姓名”:“潘文杰”,“学号“:5,“成绩”:77,”课程”:“Python”})
```

（3）我们可以优化信息录入方式，利用 input( )在输出端录入信息，形成编辑端和输出端的有效交互，这样的录入方式显得更加清晰明了。

```
name=input("请输入学生姓名:")#name 录入具体的学生姓名
score=input("请输入学生成绩:")#score 录入具体的学生成绩
course=input("请输入学生课程:")#coures 录入具体的学生课程名称
students.append({'name':name,'score':score,'course':course})#并且把录入的信
息添加到字典中
```

（4）因为涉及变量的拼接，要求输入的数据类型一致，所以我们需要查询 input( )输入的内容是什么类型的变量。

```
name=input("请输入学生姓名:")
score=float(input("请输入学生成绩:"))
```

```
course=input("请输入学生课程:")
print(type(name))# 输出:<class 'str'>
print(type(score))# 输出:<class 'str'>
print(type(course))# 输出:<class 'str'>
```

通过输出结果，我们可以发现用 input( )输入的内容的变量类型都是 str–字符串，姓名和课程变量好像是符合要求的，但是学生成绩，后面我们可能需要计算平均成绩，或者对成绩进行评级，最好将成绩的变量类型改为浮点型。

```
score=float(input("请输入学生成绩:"))
```

（5）我们需要对录入的每一位同学的成绩进行评级，再考虑评级需要以“五级制”来进行。

我们需要思考两个问题：

① 我们需要使用到哪一类条件判断；

② 这类条件判断和任务 4.1 学生成绩录入之间的关系是什么。

解决第一个问题：

```
if score >= 90:
    return '优秀'
elif score >= 80:
    return '良好'
elif score >= 60:
    return '及格'
else:
    return '不及格
```

要解决第二个问题，可能我们就要插入一个小的知识点——缩进。

在 Python 中，缩进是非常重要的，它用于表示代码块的层次结构。Python 使用缩进来标识代码块，而不是使用花括号或关键字来界定。

缩进的原则是相同层次的代码要保持相同的缩进量，一般使用四个空格或一个制表符进行缩进。缩进的方式可以根据个人喜好进行选择，但在同一个代码块中要保持一致。

下面是几个需要注意的缩进规则：

- 在代码块内部，每一行代码都要缩进，缩进量一致。
- if 语句、循环语句、函数定义等后面的代码块要有缩进。
- if–else 语句中的 else 要和前面的 if 对齐。
- 嵌套的代码块应该有适当的缩进增加，以显示层次结构。
- 缩进的作用域结束时，需要减少缩进量。

以下是一个示例代码，展示了缩进的使用：

```
if condition:
    statement1
    statement2
    if nested_condition:
        nested_statement1
        nested_statement2
    statement3
else:
    statement4
    statement5
```

在上述示例中，if 语句和 else 语句后面的代码块都进行了缩进。嵌套的 if 语句中的代码块也有适当的缩进增加。

正确的缩进可以使代码更加清晰易读，因此在编写 Python 代码时，请务必注意缩进的正确使用。

回到之前的第二个问题上，因为学生成绩录入和成绩判断两个任务是并列关系，并不是隶属关系，所以两个任务在代码书写上是同级的，以下是较为良好的条件判断示例：

```
# 任务 1:学生成绩录入
students = []
while True:
    name = input("请输入学生姓名(输入 exit 结束录入):")
    if name == 'exit':
        break
    score = float(input("请输入学生成绩:"))
    course = input("请输入学生课程:")
    students.append({'name': name, 'score': score, 'course': course})

# 任务 2:成绩判断
score = float(input('请输入您的成绩:'))
if 100>=score >=90:
    print('优秀')
elif 90>score >= 80:
    print('良好')
elif 80>score >= 70:
    print('中等')
elif 70>score >= 60:
    print('及格')
else:
    print('不及格')
```

我们可以根据之前录入的学生的成绩，对他们的成绩进行判断，并评级。

任务 4.1 微课

4.1.4　任务实操

任务 4.1　任务工单

任务名称	销售数据录入系统	专业		班级	
学生姓名		学生学号		任务成绩	
任务准备		任务场地		完成日期	
任务描述	开发一个系统，允许用户输入商品名称、数量和单价，并将这些数据存储在适当的数据结构中				

任务提出：本任务的目标是创建一个用户友好的界面，允许用户动态输入商品的名称、数量和单价，并将这些信息有效地存储在合适的数据结构中。这将帮助学生练习如何使用列表和字典，以及如何设计一个能持续接收和存储用户输入的系统。

任务目标：

1. 创建一个循环，允许用户不断输入商品信息，直到输入特定结束命令。

2. 对每次输入的商品名称、数量和单价进行基础验证（非空，非负数）。

3. 根据自己所学专业领域，思考本任务所学知识还有哪些应用场景，要实现具体的应用，还需要继续学习哪些知识。

任务准备：

1. Python 基础知识中列表和字典的操作。
2. 理解用户输入函数和基本的循环结构。

1. 任务设计

● 框架规划：设计一个系统，使用户能够输入商品名称、数量和单价，并存储这些信息。通过这一活动，学生将练习如何使用字典和列表存储结构化数据。

● 资料收集：教师需要提前准备一个示例格式，指导学生如何输入数据。

● 数据和示例解释：提供一些示例输入以帮助学生理解期望的数据格式，例如："商品名称，数量，单价"，如表 4.2 所示。

表 4.2　商品名称、数量、单价表

序号	商品名称	数量/件	单价/元
1	苹果	30	3.5
2	牛奶	20	12
3	面包	25	6
4	鸡蛋	50	1.5
5	洗发水	15	29.9
6	牙膏	20	14.5
7	纸巾	40	10
8	方便面	60	4.5
9	咖啡	10	32
10	矿泉水	100	2

● 设计引导：教师将向学生展示如何创建数据结构并录入数据，解释每个部分的数据结构。

2. 任务实施

● 编写代码：学生根据教师的指导和示例，开发代码来动态接收和存储用户输入的商品数据。

● 细节调整：学生应确保所有输入数据正确存储到预定的数据结构中，并进行基本的输入验证。

● 小组讨论：学生在小组内分享并讨论自己的解决方案，学习改进方法。

3. 任务检查

● 自我审核：学生需要检查自己的代码，确保数据正确录入无误。

● 小组互评：学生们相互检查对方的代码，提出改进意见。

● 教师评审：教师最终检查每个学生的实现情况，确保每个学生都能正确操作数据结构和输入验证。

4. 任务评价

● 成果展示：学生展示自己的数据录入系统，并解释数据存储的逻辑。

● 评价说明：基于代码的功能性、数据结构的正确使用和代码的整洁性进行评分。

● 评价标准：任务 4.1 评价标准见表 4.3。

表 4.3　任务 4.1 评价标准

分项	分值（权重）	详细说明
数据准确性	30 分	每条记录的商品名称、数量和单价录入正确各得 10 分
数据结构应用	40 分	正确使用字典存储单条数据，使用列表存储所有数据得 40 分
代码清晰度	30 分	包括代码注释、变量命名、遵守编码规范等

详细评分细则如下。

- 数据准确性：

商品名称、数量和单价都必须正确无误，数量和单价必须为有效数字。

- 数据结构应用：

使用字典来存储每个商品的名称、数量和单价。

使用列表来聚合所有商品的字典，确保数据组织逻辑清晰。

- 代码清晰度：

注释完整性：代码中包含必要的注释，解释关键步骤和逻辑。

变量命名合理性：变量命名应直观反映其用途，易于理解。

代码格式：代码布局整洁，符合 PEP 8 等编程规范，提高代码的可读性和可维护性。

4.1.5 任务测评

任务测评表

效果测评要素	具体评价内容	评价等级
知识点 1：列表和字典的使用	学生是否能正确使用列表和字典存储数据，并进行操作	优秀/良好/中等/及格/不及格
知识点 2：循环控制结构	学生是否能准确使用循环控制结构来处理用户输入	优秀/良好/中等/及格/不及格
知识点 3：输入验证	学生是否能使用条件语句和异常处理来验证和处理输入数据	优秀/良好/中等/及格/不及格
综合测评 1：功能实现	代码是否正确无误地实现了数据录入和存储的功能	优秀/良好/中等/及格/不及格
综合测评 2：代码风格与注释	代码是否整洁，逻辑是否清晰，并且包含必要的注释以提高可读性	优秀/良好/中等/及格/不及格
薄弱项记录		
没学懂的知识		
没掌握的技能		
我想提升的素养		
教师签字		

任务 4.2 成绩统计与异常处理

4.2.1 处理常见异常

1. 任务知识

常见异常和处理方法：

在 Python 中，代码的报错通常被称为异常（Exception）。当代码遇到错误或异常情况时，Python 解释器会抛出异常并终止程序的执行。了解常见的异常类型和如何处理异常是编写健壮代码的重要部分。

以下是一些常见的异常类型和如何处理异常的方法。

（1）SyntaxError（语法错误）：当代码违反了 Python 的语法规则时，会引发 SyntaxError 异常。这通常是因为拼写错误、缺少冒号、括号不匹配等问题。

处理方法：检查代码中的语法错误，并修复错误的语法。

例题 4.15

```
print("Hello,World!"
```

这个例题中，缺少了一个闭合的右括号，正确的形式应该是：

```
print("Hello,World!")
```

在 Python 中，括号必须成对出现，每个左括号都需要有一个相应的右括号进行闭合。在这个案例中，缺少了右括号，因此会导致语法错误。

（2）IndentationError（缩进错误）：当代码的缩进不正确时，会引发 IndentationError 异常。这通常是由于缩进不一致或缺少缩进引起的。

处理方法：检查代码的缩进，并确保缩进正确、一致。

例题 4.16

```
if 5 > 3:
print("5 is greater than 3")
```

这个案例中，print("5 is greater than 3")的缩进不正确。在 Python 中，缩进是非常重要的，它用于表示代码块的开始和结束。正确的形式应该是：

```
if 5 > 3:
   print("5 is greater than 3")
```

在这个案例中，print（"5 is greater than 3"）的缩进增加了一个制表符或四个空格，使其成为 if 语句的代码块的一部分。缩进错误可能会导致语法错误或逻辑错误，因此在编写 Python 代码时要特别注意缩进的正确性。

（3）NameError（名称错误）：当使用一个未定义的变量或函数名时，会引发 NameError 异常。

处理方法：检查变量或函数名是否正确定义，并确保它们在使用之前已被正确赋值或定义。

例题 4.17

```
message="Hello,World!"
print(mesage)
```

在这个案例中，变量 message 在第一行被正确地定义并赋值。然而，在第二行的 print 语句中，变量名被错误地写成了 mesage，缺少了一个 s。正确的形式应该是：

```
message="Hello,World!"
print(message)
```

在这个案例中，修正后的代码能够正确打印出变量 message 的值。名称错误可能会导致变量未定义或引用错误的情况，因此在编写 Python 代码时要确保变量名的拼写和大小写与其定义一致。

（4）TypeError（类型错误）：当使用不兼容的类型执行操作时，会引发 TypeError 异常。例如，将不同类型的对象相加、使用错误类型的参数调用函数等。

处理方法：检查操作涉及的对象类型，并确保它们相容。可以使用类型转换函数来将对象转换为所需的类型。

例题 4.18

```
num1=5
num2="2"
sum=num1+num2
print(sum)
```

在这个案例中，变量 num1 被赋值为整数 5，而变量 num2 被赋值为字符串"2"。然后，试图将它们相加并将结果赋给变量 sum。然而，整数和字符串之间不能直接相加，会导致类型错误。正确的形式应该是：

```
num1=5
num2=2
sum=num1+num2
print(sum)
```

在这个修正后的案例中，变量 num2 被赋值为整数 2，使得整数相加的操作变为有效。类型错误可能会发生在不兼容的数据类型之间的操作，因此在编写 Python 代码时要确保进行相容的数据类型操作。

（5）IndexError（索引错误）：当尝试访问列表、字符串或其他可索引对象的不存在索引时，会引发 IndexError 异常。

处理方法：确保使用有效的索引访问对象，并注意索引从 0 开始计数的规则。

例题 4.19

```
my_list=[1,2,3,4,5]
print(my_list[5])
```

在这个案例中，my_list 是一个包含 5 个元素的列表，索引从 0 到 4。然而，在 print 语句中，试图访问索引为 5 的元素，这会导致索引错误。在 Python 中，索引是从 0 开始的，因此最后一个元素的索引是 len（my_list）-1。修正后的代码如下：

```
my_list=[1,2,3,4,5]
print(my_list[4])
```

在这个修正后的案例中，使用了正确的索引 4 来访问 my_list 中的最后一个元素。索引错误通常发生在试图访问超出列表范围的索引或负数索引的情况下，因此在编写 Python 代码时要确保索引值的有效性。

（6）FileNotFoundError（文件未找到错误）：当尝试打开不存在的文件时，会引发 FileNotFoundError 异常。

处理方法：确保文件路径正确，并检查文件是否存在。

例题 4.20

```
file_path="path/to/nonexistent_file.txt"
with open(file_path,"r")as file:
    contents=file.read( )
    print(contents)
```

在这个案例中，使用 open( )函数尝试打开一个名为 nonexistent_file.txt 的文件，但该文件实际上不存在。因此，会引发文件未找到错误。要避免这种错误，应确保提供的文件路径正确且文件存在。修正后的代码可能如下：

```
file_path="path/to/existing_file.txt"
with open(file_path,"r")as file:
    contents=file.read( )
    print(contents)
```

在这个修正后的案例中，提供了一个正确的文件路径，指向了一个实际存在的文件，这样就可以成功打开并读取文件的内容。文件未找到错误通常发生在尝试打开或读取不存在的文件时，因此在编写 Python 代码时要确保文件路径和文件名的准确性。

以上仅是一些常见的异常类型和处理方法示例。在实际编写代码时，还可能遇到其他异常类型。处理异常的方法包括使用 try-except 语句捕获异常，并根据需要执行适当的处理代码。

以下是使用 try-except 语句捕获异常的示例：

例题 4.21

```
try:
    # 可能引发异常的代码块
    # ...
except ExceptionType1:
    # 处理特定类型的异常
    # ...
except ExceptionType2:
    # 处理另一种类型的异常
    # ...
else:
    # 如果没有发生异常,执行的代码块
    # ...
finally:
    # 无论是否发生异常,都会执行的代码块
    # ...
```

在上述示例中，try 后面的代码块是可能引发异常的部分。如果发生了某个特定类型的异常，对应的 except 块将会执行相应的处理代码。如果没有发生异常，else 块中的代码将被执行。无论是否发生异常，finally 块中的代码始终会被执行。

合理地处理异常可以提供更好的用户体验。在编写代码时，应该预见可能出现的异常情况，并为其提供适当的处理。

2. 练一练

1）除零错误（ZeroDivisionError）

编写代码，将整数 10 除以整数 0，并处理可能发生的除零错误。

```
a = 10
b = 0

try:
    result = a / b
    print(result)
except ZeroDivisionError:
    print("除数不能为零")
```

我们可以使用 try-except 块来捕获 ZeroDivisionError 异常。在 try 块中，我们进行除法操作，并将结果赋给变量 result。如果除数为零，会引发 ZeroDivisionError 异常。在 except 块中，我们打印错误信息 "除数不能为零"。

除零错误会在尝试将一个数除以零时发生。在数学中，除以零是未定义的。通过使用 try-except 块，我们可以在程序中检测和处理除零错误，避免程序异常终止。

2）键错误（KeyError）

给定一个字典 my_dict，尝试获取键为 "city" 的值，并处理可能发生的键错误。

```
my_dict = {"name": "John", "age": 30}

try:
    value = my_dict["city"]
    print(value)
except KeyError:
    print("键不存在")
```

我们可以使用 try-except 块来捕获 KeyError 异常。在 try 块中，我们尝试从字典中获取键为 "city" 的值，并将结果赋给变量 value。如果键不存在，会引发 KeyError 异常。在 except 块中，我们打印错误信息 "键不存在"。

键错误会在尝试使用一个字典中不存在的键时发生。通过使用 try-except 块，我们可以在程序中检测和处理键错误，避免程序异常终止。

3）类型错误（TypeError）

将字符串 "Hello" 和整数 123 进行拼接，并处理可能发生的类型错误。

```
string1 = "Hello"
string2 = 123

try:
    result = string1 + string2
    print(result)
except TypeError:
    print("参数必须是字符串")
```

我们可以使用 try-except 块来捕获 TypeError 异常。在 try 块中，我们尝试将字符串 "Hello" 和整数 123 进行拼接，并将结果赋给变量 result。由于字符串和整数类型不兼容，会引发 TypeError 异常。在 except 块中，我们打印错误信息 "参数必须是字符串"。

类型错误会在尝试对不兼容的数据类型进行操作时发生。通过使用 try-except 块，我们可以在程序中检测和处理类型错误，避免程序异常终止。

4）索引错误（IndexError）

给定一个列表 my_list 和一个索引 10，尝试获取列表中对应索引的元素，并处理可能发生的索引错误。

```
my_list = [1, 2, 3, 4, 5]
index = 10

try:
    element = my_list[index]
    print(element)
except IndexError:
    print("索引超出范围")
```

我们可以使用 try-except 块来捕获 IndexError 异常。在 try 块中，我们尝试从列表中获取索引为 10 的元素，并将结果赋给变量 element。如果索引超出列表范围，会引发 IndexError 异常。在 except 块中，我们打印错误信息 "索引超出范围"。

索引错误会在尝试使用一个超出列表范围的索引时发生。通过使用 try-except 块，我们可以在程序中检测和处理索引错误，避免程序异常终止。

5）属性错误（AttributeError）

给定一个字符串变量 my_string，尝试调用其不存在的方法，并处理可能发生的属性错误。

```
my_string = "Hello"

try:
    my_string.nonexistent_method()
except AttributeError:
    print("属性不存在")
```

我们可以使用 try-except 块来捕获 AttributeError 异常。在 try 块中，我们尝试调用字符串变量 my_string 的一个不存在的方法。如果方法不存在，会引发 AttributeError 异常。在 except 块中，我们打印错误信息 "属性不存在"。

属性错误会在尝试访问或调用一个不存在的属性或方法时发生。通过使用 try-except 块，我们可以在程序中检测和处理属性错误，避免程序异常终止。

3. 案例讲解

随着代码越写越长，异常和报错发生的频率也越来越高，我们可以回顾之前完成的任务，把常见的异常和报错进行整理，并归纳解决办法，大家一起进行分享。

根据任务要求，我们需要制作一个循环去遍历学生列表，因为循环对象是固定的所以我们选择 for 循环，以下为 for 循环代码示例：

```
for student in students:
    total_score+=student['score']
```

在该示例里，我们设置了 student 变量去游历 students 这个列表，并且将 student 中的每一个 score 逐一加总到 total_score 变量中，代码中：total_score+=student［'score'］的全写为 total_score= total_score+student［'score'］，我们可以结合任务 4.1 和任务 4.2 的代码，将其完全呈现为：

```
# 任务 1:学生成绩录入
students = []
while True:
    name = input("请输入学生姓名(输入 exit 结束录入):")
    if name == 'exit':
        break
```

```
    score = float(input("请输入学生成绩:"))
    course = input("请输入学生课程:")
    students.append({'name': name, 'score': score, 'course': course})

# 任务 2:成绩判断
if score >= 90:
    return '优秀'
elif score >= 80:
    return '良好'
elif score >= 60:
    return '及格'
else:
    return '不及格'

# 任务 3:成绩统计
for student in students:
total_score += student['score']
```

运行后，大家可以发现，上述代码存在异常，请各位同学根据本阶段所学知识，找出异常，并进行适当处理。

4.2.2 计算描述性统计量——调用常用函数

1. 任务知识

在之前的任务中，我们使用过一部分系统函数，在这个部分我们将简单总结和介绍一部分系统常用函数，方便我们学习和后期的应用。

常用的系统函数如表 4.4 所示。

表 4.4 常用的系统函数

函数名	描述	函数名	描述
len( )	返回容器对象中元素的个数（长度）	type( )	返回对象的类型
str( )	将对象转换为字符串表示形式	int( )	将对象转换为整数
float( )	将对象转换为浮点数	list( )	将可迭代对象转换为列表
tuple( )	将可迭代对象转换为元组	dict( )	创建一个字典对象
set( )	创建一个集合对象	max( )	返回给定参数的最大值
min( )	返回给定参数的最小值	sum( )	返回给定参数的总和
abs( )	返回给定参数的绝对值	round( )	将给定参数四舍五入到指定的小数位数
input( )	接收用户输入的内容	range( )	创建一个整数序列

这些函数在处理数据、类型转换和用户输入等方面非常常见。它们提供了方便的方法来处理和转换数据，进行数学运算以及与用户进行交互。

2. 练一练

（1）编写代码，接收用户输入的字符串，并计算字符串的长度。

```
string=input("请输入一个字符串:")
length=len(string)
print("字符串的长度为:",length)
```

在这个练习中，我们使用了内置函数 len( )来计算字符串 string 的长度。用户输入的字符串通过 input( )函数获取，然后使用 len( )函数获取其长度，并将结果存储在变量 length 中进行输出。

（2）检查变量类型编写代码，接受用户输入的一个变量，并判断其类型。

```
value=input("请输入一个变量:")
data_type=type(value)
print("变量的类型为:",data_type)
```

在这个练习中，我们使用了内置函数 type( )来获取变量 value 的类型。用户输入的变量通过 input( )函数获取，然后使用 type( )函数获取其类型，并将结果存储在变量 data_type 中进行输出。

（3）将数字转换为字符串，编写代码，将数字 123 转换为字符串，并输出其类型。

```
number=123
string=str(number)
data_type=type(string)
print("转换后的字符串:",string)
print("字符串的类型为:",data_type)
```

在这个练习中，我们使用了内置函数 str( )来将数字 123 转换为字符串。将数字作为参数传递给 str( )函数后，会得到一个表示该数字的字符串。然后，使用 type( )函数获取字符串的类型，并将结果存储在变量 data_type 中进行输出。

（4）将字符串转换为整数，编写代码，将字符串 "123" 转换为整数，并输出其类型。

```
string="123"
number=int(string)
data_type=type(number)
print("转换后的整数:",number)
print("整数的类型为:",data_type)
```

在这个练习中，我们使用了内置函数 int( )来将字符串 "123" 转换为整数。将字符串作为参数传递给 int( )函数后，会得到一个表示该数字的整数。然后，使用 type( )函数获取整数的类型，并将结果存储在变量 data_type 中进行输出。

（5）将列表转换为元组，编写代码，将列表［1，2，3］转换为元组，并输出其类型。

```
my_list=[1,2,3]
my_tuple=tuple(my_list)
data_type=type(my_tuple)
print("转换后的元组:",my_tuple)
print("元组的类型为:",data_type)
```

在这个练习中，我们使用了内置函数 tuple( )来将列表［1，2，3］转换为元组。将列表作为参数传递给 tuple( )函数后，会得到一个包含列表元素的元组。然后，使用 type( )函数获取元组的类型，并将结果存储在变量 data_type 中进行输出。

3. 案例讲解

根据成绩统计的需要，简单进行统计描述，根据描述计算最高分、最低分和平均成绩。

本阶段的任务思考，我们需要计算最高分、最低分和平均成绩。结合前面完成的任务，以下是较为良好的代码示例：

```
# 任务 1:学生成绩录入
students = []
```

```
while True:
    name = input("请输入学生姓名(输入 exit 结束录入):")
    if name == 'exit':
        break
    score = float(input("请输入学生成绩:"))
    course = input("请输入学生课程:")
    students.append({'name': name, 'score': score, 'course': course})

# 任务 2:成绩判断
score = float(input('请输入您的成绩:'))
if 100>=score >=90:
    print('优秀')
elif 90>score >= 80:
    print('良好')
elif 80>score >= 70:
    print('中等')
elif 70>score >= 60:
    print('及格')
else:
print('不及格')

# 任务 3:成绩统计
total_score = 0
max_score = float('-inf')
min_score = float('inf')

for student in students:
    total_score += student['score']
    max_score = max(max_score, student['score'])
    min_score = min(min_score, student['score'])

average_score = total_score / len(students)
print(total_score)
print(max_score)
print(min_score)
print(average_score)
```

在上述代码中，我们在计算最高分和最低分的时候用的是 float（'-inf'）和 float（'inf'），查阅资料并自学这两段代码是什么意思，同时可以尝试用之前所学的系统常用函数将其替换，看看结果怎么样。

任务 4.2 微课

4.2.3　任务实操

任务 4.2　任务工单

任务名称	销售数据异常处理与统计	专业		班级	
学生姓名		学生学号		任务成绩	
任务准备		任务场地		完成日期	
任务描述	在数据录入的基础上，添加功能来识别并处理数据输入中的异常，如不合逻辑的数量或价格，同时实现销售总额和平均销售额的计算				

任务提出：在数据录入的基础上，此任务进一步要求学生实现异常检测和处理功能，自动识别并纠正不合逻辑的销售记录，例如异常的销售数量或价格。此外，学生还需要实现计算和输出销售总额和平均销售额的功能，增强他们对数据处理和数学运算的理解。

任务目标：

1. 开发异常检测功能，自动过滤或修正异常销售记录（如销售数量或单价为负值）。

2. 计算所有有效销售记录的总销售额和平均销售额并输出。

3. 根据自己所学专业领域，思考本任务所学知识还有哪些应用场景，要实现具体的应用，还需要继续学习哪些知识。

任务准备：

1. 理解和应用 Python 的异常处理机制（try–except）。
2. 进行简单的数学计算和数据聚合。

1. 任务设计

- 框架规划：在将数据录入系统的基础上，添加异常数据检测和统计计算的功能。
- 资料收集：教师准备包含异常数据的示例。异常数据示例如表 4.5 所示。

表 4.5　异常数据示例

序号	商品名称	数量/件	单价/元	异常说明
1	香蕉	−5	2.5	数量为负数
2	洗衣液	20	−10	单价为负数
3	牙刷	−5	0	单价为零
4	蜂蜜	3	300	单价异常高
5	方便面	100	0.1	单价异常低
6	矿泉水	9999	1	数量异常高
7	啤酒	30	999	单价异常高
8	毛巾	50	−5	单价为负数
9	纸巾	−100	3	数量为负数
10	手机充电器	10	1500	单价异常高

- 设计引导：教师示范如何使用条件语句和循环来检测和处理异常数据，以及如何计算销售统计信息。

2. 任务实施

- 编写代码：学生扩展其销售数据录入系统，加入异常处理和数据统计功能。
- 细节调整：确保异常处理逻辑正确，并能准确计算总销售额和平均销售额。
- 小组讨论：学生展示其处理异常和统计计算的代码，讨论优化方案。

3. 任务检查

- 自我审核：学生检查自己的代码，确保异常处理正确，统计信息准确。
- 小组互评：学生们互相检查统计和异常处理功能。
- 教师评审：教师确认学生正确实现了异常处理和统计功能。

4. 任务评价

- 成果展示：学生展示如何通过代码识别和处理数据异常，并计算统计数据。
- 评价说明：根据异常处理的准确性、统计数据的正确性和代码的可读性进行评分。
- 评分标准：任务 4.2 评价标准见表 4.6。

表 4.6　任务 4.2 评价标准

评分项	分值（权重）	详细说明
数据准确性	30 分	每条记录的商品名称、数量和单价录入正确各得 10 分
异常处理能力	40 分	准确识别并处理异常数据（如负数或不合理的数值）得 40 分
统计能力	30 分	正确计算销售总额和平均销售额得 30 分

详细评分细则如下。

（1）数据准确性：

商品名称必须为文本，且非空。

销售数量必须为非负整数。

单价必须为非负数值。

（2）异常处理能力：

识别能力：能否准确标识出数据中的异常情况。

处理决策：对于识别的异常数据，采取了哪些措施（如忽略、删除、修正）。

（3）统计能力：

总销售额：所有有效数据的销售数量乘以单价的总和。

平均销售额：有效销售额的平均值计算是否准确。

4.2.4 任务测评

任务测评表

效果测评要素	具体评价内容	评价等级
技能点 1：异常数据识别	学生是否能准确识别异常数据（如负数、异常高或低的值）	优秀/良好/中等/及格/不及格
技能点 2：异常数据处理	学生是否能有效处理异常数据，包括修正或删除异常记录	优秀/良好/中等/及格/不及格
技能点 3：统计计算	学生是否能正确计算销售总额和平均销售额	优秀/良好/中等/及格/不及格
综合测评 1：代码实现	代码是否正确无误地实现了统计和异常处理功能	优秀/良好/中等/及格/不及格
综合测评 2：代码风格与注释	代码是否整洁、逻辑是否清晰，并且包含必要的注释以提高可读性	优秀/良好/中等/及格/不及格
薄弱项记录		
没学懂的知识		
没掌握的技能		
我想提升的素养		
教师签字		

任务 4.3　制作简易的成绩管理工具

4.3.1　自定义函数的封装

1. 任务知识

1）函数的定义和调用

函数是一段可重复使用的代码块，用于完成特定的任务。函数通过关键字 def 进行定义，并且可以根据需要接收参数，执行特定的操作，并返回结果。

```
# 定义一个函数
def greet( ):
    print("Hello,World!")
# 调用函数
greet( )
```

代码解释：

- 在这个示例中，我们定义了一个名为 greet 的函数，它没有参数。
- 函数的定义以 def 关键字开始，后面跟着函数名和括号。
- 函数体中的代码被缩进，是函数的执行逻辑。
- 调用函数时，使用函数名和括号。

2）函数参数

函数可以接受参数，以便在函数内部使用。参数可以是位置参数或关键字参数，用于传递数据给函数。

```
# 定义一个带有参数的函数
def greet(name):
    print("Hello,",name)
# 调用函数并传递参数
greet("王盼")
```

代码解释：

- 在这个示例中，我们定义了一个名为 greet 的函数，它接受一个参数 name。
- 调用函数时，我们传递了一个字符串参数"Alice"，它将被赋值给函数中的 name 参数。
- 函数内部可以使用参数 name 来执行特定的操作。

3）函数返回值

函数可以通过 return 语句返回结果给调用者。返回值可以是任意数据类型，包括数字、字符串、列表、字典等。

```
# 定义一个带有返回值的函数
def add_numbers(a,b):
    return a+b
# 调用函数并接收返回值
result=add_numbers(3,5)
print(result)
```

代码解释：

- 在这个示例中，我们定义了一个名为 add_numbers 的函数，它接受两个参数 a 和 b，并返回它们的和。

- 调用函数时，传递了参数 3 和 5，并将函数的返回值赋给了变量 result。

最后，我们打印出了变量 result 的值。

4）函数的文档字符串和注释

函数的文档字符串用于描述函数的作用、参数和返回值等信息。注释用于解释函数中的代码和提供额外的说明。

```
# 定义一个带有文档字符串和注释的函数
def greet(name):
    """
    这个函数用于向指定的人打招呼
    参数:
        name (str): 人的名字
    """
    print("Hello,", name)
# 调用函数
greet("Bob")
```

代码解释：

- 在这个示例中，我们定义了一个名为 greet 的函数，并使用三引号包裹的文本字符串作为函数的文档字符串。
- 文档字符串提供了函数的描述和参数信息，有助于其他人理解和使用该函数。

注释以#符号开头，可以在代码中提供额外的解释和说明。

5）函数的作用域

函数的作用域是指变量的可访问范围。在函数内部定义的变量属于局部作用域，只能在函数内部访问。在函数外部定义的变量属于全局作用域，可以在整个程序中访问。

```
# 全局变量
global_var = 5
# 定义一个函数
def func():
    # 局部变量
    local_var = 10
    print(global_var, local_var)
# 调用函数
func()
```

代码解释：

- 在这个示例中，我们定义了一个全局变量 global_var 和一个函数 func。
- 函数内部的变量 local_var 属于函数的局部作用域，只能在函数内部访问。
- 在函数内部，我们可以访问全局变量 global_var 并打印它的值。

6）函数的嵌套和递归

函数可以嵌套在其他函数中，形成函数的嵌套结构。嵌套函数可以访问外部函数的变量。

```
# 定义一个函数
def outer_func():
    print("Outer function")
    # 定义一个嵌套函数
```

```
    def inner_func():
        print("Inner function")
    # 调用嵌套函数
    inner_func()
# 调用外部函数
outer_func()
```

代码解释：

- 在这个示例中，我们定义了一个外部函数 outer_func 和一个嵌套函数 inner_func。
- 外部函数 outer_func 中调用了嵌套函数 inner_func。
- 嵌套函数可以访问外部函数的变量和执行逻辑。

7）函数的错误处理

在函数中，我们可以使用错误处理机制来捕获和处理异常情况。通过使用 try-except 语句，可以在出现异常时执行特定的代码块。

```
# 定义一个除法函数，处理除零错误
def divide(a, b):
    try:
        result = a / b
        print("Result:", result)
    except ZeroDivisionError:
    print("Error: Division by zero")
# 调用函数
divide(10, 2)
divide(5, 0)
```

代码解释：

- 在这个示例中，我们定义了一个名为 divide 的函数，它执行除法操作。
- 在 try 代码块中，我们进行除法计算并打印结果。
- 如果除法操作出现除零错误（ZeroDivisionError），则会触发 except 代码块中的异常处理逻辑。

2. 案例讲解

引入函数封装是为了提高代码的复用性、可读性和可维护性，减少代码冗余，结合我们之前所做的任务，我们可以考虑将学生信息和描述性统计内容进行函数封装，原因是这两个部分会被重复调用，封装后提高代码的复用性和可读性，以下是较为良好的代码示例：

```
# 任务 1:学生成绩录入
students = []
while True:
    name = input("请输入学生姓名(输入 exit 结束录入):")
    if name == 'exit':
        break
    score = float(input("请输入学生成绩:"))
    course = input("请输入学生课程:")
    students.append({'name': name, 'score': score, 'course': course})

# 任务 2:成绩判断
def get_grade(score):
```

```
    if 100>=score >= 90:
        print('优秀')
    elif 90>score >= 80:
        print('良好')
    elif 80>score >= 70:
        print('及格')
    elif 70>score >= 60:
        print('及格')
    elif 60>score :
        print('不及格')
    else:
        print('重新输入')

# 任务 3:成绩统计
total_score = 0
max_score = float('-inf')
min_score = float('inf')

for student in students:
    total_score += student['score']
    max_score = max(max_score, student['score'])
    min_score = min(min_score, student['score'])

average_score = total_score / len(students)

# 任务 4:函数封装
def print_student_info(student):
    print(f"姓名:{student['name']}")
    print(f"课程:{student['course']}")
    print(f"成绩:{student['score']}")
    print(f"等级:{get_grade(student['score'])}")
    print()

def print_statistics():
    print(f"平均成绩:{average_score}")
    print(f"最高分:{max_score}")
    print(f"最低分:{min_score}")
```

4.3.2 各任务代码的整合

1. 任务知识

在编写大型程序时，为了提高代码的可维护性和复用性，我们通常将代码分为多个模块。每个模块负责实现特定的功能，并且可以独立开发和测试。当所有的模块都完成后，我们需要将它们整合在一起以构建完整的应用程序。

以下是一些整合各模块代码常用的方法。

1）导入自编函数和模块

除了封装和导入我们前面所介绍的自编函数，Python 中的 import 语句用于导入其他模块的代码。通过导入模块，我们可以在当前模块中使用其他模块中定义的函数、类和变量。

2）模块之间的调用

在一个模块中，我们可以调用其他模块中定义的函数和类。这使得我们可以在不同的模块之间共享和重用代码。

3）设计良好的接口

当整合各模块代码时，一个重要的考虑因素是设计良好的接口。良好的接口定义清晰的输入和输出，使得模块之间的交互更加简单和可靠。在模块之间定义良好的接口可以提高代码的可维护性和可测试性。

4）测试和调试

在整合各模块代码之前，确保每个模块都经过充分的测试和调试是非常重要的。通过测试和调试，我们可以发现和修复模块中的错误，确保它们能够正常运行。

5）文档和注释

为每个模块编写清晰的文档和注释是整合各模块代码的关键。文档和注释应该描述模块的功能、输入输出及使用示例，以帮助其他开发人员理解和使用代码。

2. 案例讲解

整个项目到此，重要的基本功能我们都已经学习完毕，现在要做的就是实现我们的整体功能。经过整体测试和调试，下面是整个项目较为良好的代码示例：

```
# 任务 1:学生成绩录入
students = []
while True:
    name = input("请输入学生姓名(输入 exit 结束录入):")
    if name == 'exit':
        break
    score = float(input("请输入学生成绩:"))
    course = input("请输入学生课程:")
    students.append({'name': name, 'score': score, 'course': course})


# 任务 2:成绩判断
def get_grade(score):
    if 100 >= score >= 90:
        return '优秀'
    elif 90 > score >= 80:
        return '良好'
    elif 80 > score >= 70:
        return '及格'
    elif 70 > score >= 60:
        return '及格'
    elif 60 > score:
        return '不及格'
    else:
        return '重新输入'

# 任务 2:成绩判断
```

```
def get_grade(score):
    if 100 >= score >= 90:
        return '优秀'
    elif 90 > score >= 80:
        return '良好'
    elif 80 > score >= 70:
        return '中等'
    elif 70 > score >= 60:
        return '及格'
    elif 60 > score:
        return '不及格'
    else:
        return '重新输入'

# 任务 4:函数封装
def print_student_info(student):
    print(f"姓名:{student['name']}")
    print(f"课程:{student['course']}")
    print(f"成绩:{student['score']}")
    print(f"等级:{get_grade(student['score'])}")
    print()


def print_statistics():
    print(f"平均成绩:{average_score}")
    print(f"最高分:{max_score}")
    print(f"最低分:{min_score}")

# 输出学生信息和统计结果
for student in students:
    print_student_info(student)

print_statistics()
```

任务至此，基本已经完成。

任务 4.3 微课

4.3.3 任务实操

任务 4.3 任务工单

任务名称	销售数据分析工具	专业		班级	
学生姓名		学生学号		任务成绩	
任务准备		任务场地		完成日期	
任务描述	使用已录入的销售数据，开发一个分析工具，允许用户查询特定商品的销售细节，如销售总量和总销售额，以及生成销售报告的功能				

任务提出：最后一个任务聚焦于数据的深入分析和报告生成。学生将开发一个工具，允许用户基于商品名称查询具体的销售细节，并自动生成销售最佳及最差商品的报告。这一部分将帮助学生学习如何封装功能、处理复杂数据结构，并提取有价值的商业情报。

任务目标：

1. 实现一个查询接口，根据商品名称显示其销售数量和总额。

2. 根据销售数据，自动生成并显示销售最好和最差商品的报告。

3. 根据自己所学专业领域，思考本任务所学知识还有哪些应用场景，要实现具体的应用，还需要继续学习哪些知识。

任务准备：

1. 熟悉函数的封装和模块化编程。
2. 掌握列表和字典的高级应用。

1. 任务设计

- 框架规划：开发一个工具，允许用户根据商品名称查询销售详细信息，并自动生成销售性能报告。
- 资料收集：教师提供复杂的销售数据样本，包含多个商品的多次销售记录。复杂销售数据样本如表 4.7 所示。

表 4.7 复杂销售数据样本

商品名称	销售日期	销售数量	单价/元	总销售额/元
香蕉	2024-06-01	120	2	240
洗衣粉	2024-06-01	80	18	1440
牙膏	2024-06-02	150	9.5	1425
毛巾	2024-06-02	40	25	1000
啤酒	2024-06-03	200	3	600
方便面	2024-06-03	300	4.5	1350
矿泉水	2024-06-04	500	1.5	750
面包	2024-06-04	100	5	500
茶叶	2024-06-05	60	40	2400
咖啡粉	2024-06-05	70	55	3850

- 设计引导：展示如何查询特定数据并生成报告，包括使用排序和高级数据处理技术。

2. 任务实施

- 编写代码：学生开发一个查询和报告生成工具，可以提取和分析销售数据。
- 细节调整：调整查询逻辑以提高准确性和效率，确保报告格式正确且信息全面。
- 小组讨论：学生展示和讨论他们的数据分析工具，从中学习数据处理和报告制作。

3. 任务检查

- 自我审核：学生确认他们的工具能准确提供所需信息并生成正确的报告。
- 小组互评：学生相互检查分析工具的功能和报告的完整性。
- 教师评审：教师确保工具和报告达到了教学目的的要求。

4. 任务评价

- 成果展示：学生展示他们的分析工具和生成的销售报告。
- 评价说明：根据工具的功能性、报告的详细程度和代码的清晰度进行评分。
- 评价标准：任务 4.3 评价标准见表 4.8。

表 4.8 任务 4.3 评价标准

评分项	分值（权重）	详细说明
数据查询准确性	30 分	根据商品名称准确查询销售记录，每次正确查询得 3 分
报告生成能力	40 分	自动生成的销售情况报告的内容是否完整，格式是否正确
代码的清晰度	30 分	代码注释、变量命名和代码布局是否规范

详细评分细则如下。

（1）数据查询准确性：

对每个查询请求，正确返回相关的销售记录。

未能准确返回或有遗漏的记录将导致扣分。

（2）报告生成能力：

根据销售数据生成销售性能报告，包括总销售额和平均销售价格。

报告格式应清晰，易于理解，有适当的图表或文字描述。

（3）代码的清晰度：

代码中包含必要的注释，能解释程序的关键部分。

变量命名直观，便于他人理解程序的功能。

代码布局整洁，遵守一致的编码风格。

4.3.4 任务测评

任务测评表

效果测评要素	具体评价内容	评价等级
技能点 1：数据检索能力	学生是否能根据商品名称有效检索销售记录	优秀/良好/中等/及格/不及格
技能点 2：数据分析能力	学生是否能对销售记录执行准确的数据分析，如求得总销售额和平均销售额	优秀/良好/中等/及格/不及格
技能点 3：报告生成能力	学生是否能基于分析结果生成销售性能报告	优秀/良好/中等/及格/不及格
综合测评 1：代码实现	学生的代码实现是否满足了数据检索和分析的需求，并正确无误	优秀/良好/中等/及格/不及格
综合测评 2：代码风格与注释	学生的代码是否整洁、有条理，并且包含了充分的注释来提高可读性	优秀/良好/中等/及格/不及格
薄弱项记录		
没学懂的知识		
没掌握的技能		
我想提升的素养		
教师签字		

项目总结

该项目旨在制作一个简易的成绩管理工具，其中包含三个任务。

任务 4.1 涵盖了数据容器（列表和字典）的常用操作以及调用循环简化工作的方法。

对于数据容器，我们学习了字典和列表的创建、访问和修改操作，以及常用方法的使用。字典通过键值对的方式存储数据，列表则是有序的数据容器，可以存储不同类型的元素。我们还学习了如何添加、删除和判断元素是否存在于字典或列表中。在调用循环简化工作方面，我们掌握了 for 循环和 while 循环的用法。使用 for 循环可以遍历列表或字典中的元素，而 while 循环可以用于执行重复性的操作。

任务 4.2 着重于成绩统计与异常处理。我们学习了如何处理常见异常，包括 SyntaxError（语法错误）、IndentationError（缩进错误）、NameError（名称错误）、TypeError（类型错误）、IndexError（索引错误）和 FileNotFoundError（文件未找到错误）。通过合理的异常处理，我们可以避免程序异常终止，并给出相应的错误提示。另外，我们还使用常用函数进行成绩统计和计算描述性统计量。常用的函数包括 sum、len、max、min、sorted 等，它们可以帮助我们方便地进行数据处理和分析。

通过完成这个任务，我们学会了如何使用字典和列表进行数据的存储和管理，掌握了循环结构的用法，并熟悉了常见异常的处理方法。我们还了解了常用函数的概念和用法。我们可以利用学到的知识进行成绩录入和定级，使用循环结构简化重复性的工作，处理常见异常，保证程序的正常运行，并调用常用函数进行成绩统计和计算描述性统计量。培养了良好的数据管理和处理能力，能够设计简单的数据结构和算法。我们还培养了良好的异常处理能力，能够预测和处理可能出现的错误情况。同时，我们对数据分析和统计产生了兴趣，了解了常用的描述性统计量的计算方法。最后，我们培养了解决问题的能力，能够将问题拆解并使用合适的方法解决。我们可以更加熟练地处理数据、编写代码，并具备一定的数据分析和异常处理能力。

任务 4.3 着重于通过函数的封装，将各块代码进行有效拼接。通过函数封装，我们可以提高代码的可读性、可维护性和可重用性。学习函数封装的知识目标是理解函数的概念、定义和调用方式，掌握函数参数的使用方法和返回值的处理。能力目标是能够正确地使用函数，封装代码实现模块化和重用。素质目标是培养良好的代码组织和管理能力，注重代码规范和可读性，培养合作与分享的精神。函数封装在编程中起到重要作用，它帮助我们编写结构良好、可维护的代码，提高开发效率和质量，培养解决问题和团队协作能力。通过掌握函数封装，我们能够提升自己的编程能力，并为进一步的学习和实践打下基础。

课后习题

一、单选题

1.（　　）不是字典的创建方式。

A. my_dict={}　　B. my_dict=dict( )

C. my_dict={1：'apple'，2：'banana'}　　D. my_dict={'apple'：1，'banana'：2}

2. 列表是有序的数据容器，可以存储不同类型的元素。该说法是（　　）的。

A. 对　　B. 错

3. 函数（　　）可以向列表末尾添加一个元素。

A. append( )　　B. insert( )
C. remove( )　　D. pop( )

4. (　　) 循环语句用于遍历列表中的元素。
A. for　　B. while

5. 异常处理可以帮助我们处理程序运行中出现的错误情况，避免程序异常终止。该说法是（　　）的。
A. 对　　B. 错

6. (　　) 通常表示代码中的语法错误。
A. SyntaxError　　B. NameError
C. TypeError　　D. IndexError

7. 在列表中，索引从 0 开始。该说法是（　　）的。
A. 对　　B. 错

8. 函数（　　）可以计算列表中所有元素的和。
A. sum( )　　B. len( )
C. max( )　　D. min( )

9. 使用 for 循环可以实现无限循环。该说法是（　　）的。
A. 对　　B. 错

10. 函数（　　）可以将一个字符串转换为整数。
A. str( )　　B. int( )　　C. float( )　　D. list( )

11. 异常处理中的 try 块中的代码一定会被执行。该说法是（　　）的。
A. 对　　B. 错

12. 使用 while 循环时，循环条件通常在循环体的末尾进行判断。该说法是（　　）的。
A. 对　　B. 错

13. (　　) 通常表示变量或名称未定义的错误。
A. SyntaxError　　B. NameError
C. TypeError　　D. IndexError

14. 使用 len( )函数可以获取列表的长度。该说法是（　　）的。
A. 对　　B. 错

15. 函数（　　）可以计算列表中的最大值。
A. sum( )　　B. len( )　　C. max( )　　D. min( )

16. 在循环中，break 关键字可以用来提前结束整个循环。该说法是（　　）的。
A. 对　　B. 错

17. 函数（　　）可以将一个数字转换为字符串。
A. str( )　　B. int( )　　C. float( )　　D. list( )

18. 使用异常处理可以避免程序崩溃，但无法提供错误信息和提示。该说法是（　　）的。
A. 对　　B. 错

19. range( )函数返回一个指定范围的整数序列。该说法是（　　）的。
A. 对　　B. 错

20. 函数（　　）可以计算一个数的绝对值。
A. abs( )　　B. round( )　　C. input( )　　D. sum( )

二、操作题

1. 创建一个字典 student，包含学生的姓名和年龄，姓名为键，年龄为值。
2. 创建一个列表 numbers，包含数字 1 到 5。
3. 将列表 numbers 中的第一个元素改为 10。
4. 使用 for 循环遍历列表 numbers，并打印每个元素。
5. 输入一个数字，将其转换为整数并打印。

三、实操题

1. 实操任务名：购物清单管理系统

2. 任务描述

编写一个购物清单管理系统，能够实现商品的添加、查询和删除功能。

3. 任务提示

创建一个空的购物清单列表，用于存储添加的商品信息。

编写一个函数来添加商品，提示用户输入商品名称和价格，并将其添加到购物清单列表中。

编写一个函数来查询商品，提示用户输入要查询的商品名称，然后在购物清单列表中查找并输出该商品的信息。

编写一个函数来删除商品，提示用户输入要删除的商品名称，然后在购物清单列表中查找并将该商品删除。

在主程序中，通过循环展示菜单选项供用户选择操作，并根据用户的选择调用相应的函数。

注意进行异常处理，例如用户输入无效的商品名称或价格时给出错误提示。

4. 注意事项

确保代码的可读性，使用合适的变量命名和注释来提高代码的可维护性。

尽量使用函数封装功能模块，提高代码的复用性和可扩展性。

在编写代码之前，先规划好程序的整体逻辑和流程，这样可以更好地组织和实现代码。

测试代码时，可以尝试添加、查询和删除不同的商品，确保功能的正确性和稳定性。

如果需要，可以额外添加其他功能来扩展购物清单管理系统的功能。

项目 4 课后练习答案

项目 4 代码及数据

项目 5　自制工具在 Excel 中的精进

项目 5 课件

学习目标

◎ 知识目标

理解 pandas 库和 NumPy 库的基本概念和功能；

学习如何读取 Excel 中的数据并进行处理；

掌握 matplotlib 库的使用，能够绘制常见的可视化图表；

了解如何调用辅助视图元素，增强图表的可读性和表达能力；

学习数据清洗和整理的基本技巧，包括处理缺失值、重复值等；

理解描述性统计与分析的概念和方法，能够计算常见的统计量；

掌握 seaborn 库的使用，能够绘制各类统计图表和探索相关关系；

学习如何测度相关关系，包括相关系数和散点图。

◎ 能力目标

能够使用 pandas 库和 NumPy 库处理和分析 Excel 中的数据；

能够利用 matplotlib 库绘制各类常规可视化图表，展示数据的特征和趋势；

能够运用数据清洗和整理的技巧，使数据具备可分析和可视化的条件；

能够进行描述性统计与分析，从数据中获取有关中心趋势、离散程度和分布形态等方面的信息；

能够利用 seaborn 库绘制各类统计图表，深入挖掘数据背后的模式和关系；

能够测度相关关系，了解不同变量之间的相关性及其强度。

◎ 素养目标

具备良好的数据处理和分析思维，能够将实际问题转化为可操作的数据任务；

具备数据可视化能力，能够将分析结果以图表形式有效地传达给他人；

具备数据质量意识，能够进行数据清洗和整理，确保分析的准确性和可信度；

具备数据解读能力，能够理解统计分析的结果，并从中提取有用的见解和决策支持；

具备团队协作能力，能够与他人合作完成数据分析和可视化任务；

具备持续学习的意识，能够不断学习和掌握新的数据分析工具和技术。

思维导图

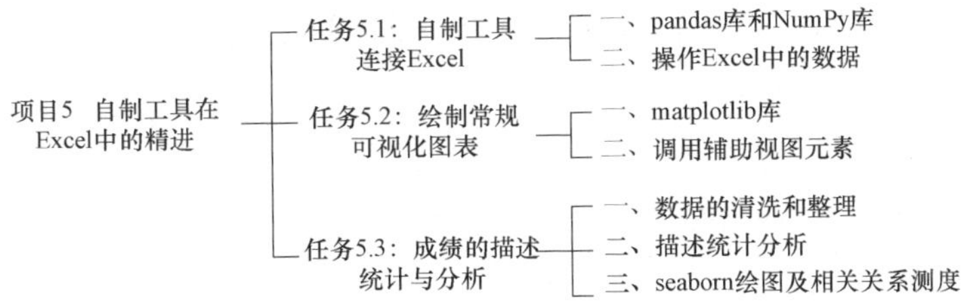

项目描述

本项目专注于提升学生使用 Python 处理 Excel 数据的技能，尤其是在数据分析和可视化方面。通过学习和应用 Python 的几个关键库——pandas、NumPy、matplotlib 和 seaborn，学生将能够从 Excel 文件读取数据，进行数据清洗、处理、统计分析，以及使用高级数据可视化技术。项目的核心在于使学生能够将理论知识应用于实际问题，从而解读和呈现数据背后的洞见。

项目要求

任务 5.1：自制工具连接 Excel

学生需要编写 Python 脚本来从 Excel 文件中导入数据。导入过程中要注意数据的初步清洗，包括处理缺失值、重复记录等问题，确保后续分析的数据质量。

任务 5.2：绘制常规可视化图表

利用 pandas 进行数据的探索性分析，包括计算描述性统计量（如平均值、中位数、标准差等）并使用 matplotlib 和 seaborn 库绘制数据图表，如柱状图、折线图、箱形图和散点图等，展现数据的分布和相关性。

任务 5.3：成绩的描述性统计与分析

进行更深入的数据分析，包括相关性测试和回归分析。学生将学习如何使用统计模型来解释数据，并将分析结果通过图表整合到报告中，使用清晰的视觉表现形式向非专业公众解释复杂的数据。

案例导入

多维评价与工匠精神——高职院校与企业合作

在中国某高职院校开展的校企合作项目中，学校与多家企业合作，共同设计了一套实践课程，旨在提高学生的职业技能并满足行业需求。为了评估这一合作模式的成效，学校决定对参与项目的学生成绩进行详细分析，特别关注学生在实践课程中的表现与企业反馈。

数据收集与整合

该项目的数据收集工作涵盖了学生在校学习成绩与企业实习表现的各方面数据。学校利用 Excel 存储和管理学生的课程成绩数据，合作企业也通过 Excel 提供学生在实习期间的评估报告。为了进行综合分析，学校需要将这些来自不同源的数据整合到一个统一的数据集中。

Excel 数据处理与可视化

通过 Python 的 pandas 库，学校的数据分析师能够高效地从多个 Excel 文件中读取数据，进行必要的数据清洗，如去除不完整记录和标准化评分标准。随后，使用 matplotlib 和 seaborn 等可视化工具，分析师为学校和企业合作伙伴制作了一系列直观的图表。这些图表包括学生在不同课程和实习项目中的成绩分布、班级和个人的成绩进步图，以及企业评价与学校评分的对比分析。

深入分析与政策制定

通过对可视化数据的深入分析，教育管理者可以清楚地看到哪些课程或实习项目与学生高绩效相关，哪些方面可能需要调整教学策略或实习安排。例如，数据显示那些在特定技术课程表现出色的学生，在相应的企业实习中也获得了更高的评价。此外，通过分析学生的成绩趋势和企业反馈，学校能够与企业更精准地定制课程内容，以满足行业的具体需求。

任务 5.1　自制工具连接 Excel

5.1.1　pandas 库和 NumPy 库

1. 任务知识

当涉及处理和分析数据时，pandas 和 NumPy 是两个非常常用的 Python 库。

1）pandas 库

pandas 是一个用于数据处理和分析的强大库，提供了高性能、易于使用的数据结构和数据分析工具。它建立在 NumPy 库之上，并为数据操作提供了更高级的抽象。

以下是 pandas 库的一些关键特点和功能。

（1）数据结构：pandas 引入了两种主要的数据结构——Series 和 DataFrame。

Series 是一个带有标签的一维数组，可以存储任意类型的数据。

例题 5.1　Series 的创建和访问

```
import pandas as pd

# 创建 Series
s=pd.Series([10,20,30,40,50])

# 访问 Series 中的元素
print(s[2])# 输出:30
```

DataFrame 是一个二维表格，由多个 Series 组成，类似于电子表格或 SQL 表。

例题 5.2　DataFrame 的创建和访问

```
import pandas as pd

# 创建 DataFrame
data = {'Name': ['John', 'Emma', 'Mike'],
        'Age': [25, 30, 35],
        'City': ['Kun Ming', 'London', 'Paris']}
df = pd.DataFrame(data)

# 访问 DataFrame 中的列
print(df['Name'])  # 输出: 0    John, 1    Emma, 2    Mike
```

（2）数据操作：pandas 提供了丰富的函数和方法来处理与操作数据。

- 可以轻松地对数据进行切片、索引、过滤、排序、合并等操作。
- 支持缺失数据的处理和填充，以及数据的重塑和透视。

例题 5.3　数据操作——切片、索引、过滤和合并

```
import pandas as pd

# 创建 DataFrame
data = {'Name': ['John', 'Emma', 'Mike', 'Lisa'],
        'Age': [25, 30, 35, 28],
```

```
        'City': ['Kun Ming', 'London', 'Paris', 'Tokyo'],
        'Gender': ['Lihua', 'FeLihua', 'Lihua', 'FeLihua']}
df = pd.DataFrame(data)

# 切片操作 - 获取前两行数据
subset1 = df[:2]

# 索引操作 - 获取指定列的数据
subset2 = df['Name']

# 过滤操作 - 筛选年龄大于 30 的数据
subset3 = df[df['Age'] > 30]

# 合并操作 - 将两个 DataFrame 按行合并
data2 = {'Name': ['Kate', 'David'],
        'Age': [27, 32],
        'City': ['Sydney', 'Berlin'],
        'Gender': ['FeLihua', 'Lihua']}
df2 = pd.DataFrame(data2)
merged_df = pd.concat([df, df2])

# 显示结果
print("切片操作结果:")
print(subset1)
print("\n 索引操作结果:")
print(subset2)
print("\n 过滤操作结果:")
print(subset3)
print("\n 合并操作结果:")
print(merged_df)
```

以上例题展示了常见的数据操作，包括切片、索引、过滤和合并操作。根据具体需求，我们可以使用这些操作对数据进行灵活处理。在实际应用中，应根据数据的结构和需求选择合适的操作来完成数据处理任务。

（3）数据读写：pandas 支持从多种数据源（如 CSV、Excel、数据库等）读取数据，并提供了简便的方法将数据写入这些数据源。

例题 5.4 数据读写

```
import pandas as pd

# 从 CSV 文件读取数据
```

```
data = pd.read_csv('data.csv')

# 显示前 5 行数据
print(data.head())
```

（4）数据分析：pandas 提供了统计和聚合函数，用于描述性统计、数据聚合、数据透视和数据分组操作。

例题 5.5　数据分析——描述性统计、数据聚合和数据分组

```
import pandas as pd

# 创建 DataFrame
data = {'Name': ['John', 'Emma', 'Mike', 'Lisa'],
        'Age': [25, 30, 35, 28],
        'City': ['Kun Ming', 'London', 'Paris', 'Tokyo'],
        'Gender': ['Lihua', 'FeLihua', 'Lihua', 'FeLihua']}
df = pd.DataFrame(data)

# 描述性统计 - 计算年龄的均值、最大值和最小值
age_mean = df['Age'].mean()
age_max = df['Age'].max()
age_min = df['Age'].min()

# 数据聚合 - 统计每个城市的人数
city_count = df.groupby('City')['Name'].count()

# 数据分组 - 按照性别分组计算年龄的平均值
gender_mean = df.groupby('Gender')['Age'].mean()

# 显示结果
print("描述性统计:")
print("年龄均值:", age_mean)
print("年龄最大值:", age_max)
print("年龄最小值:", age_min)
print("\n 数据聚合:")
print(city_count)
print("\n 数据分组:")
print(gender_mean)
```

以上例题展示了数据分析常见操作。通过描述性统计、数据聚合和数据分组，可以对数据进行整体分析和总结。根据具体需求，可以灵活运用这些操作来满足数据分析处理的要求。

（5）时间序列处理：pandas 具有强大的时间序列处理功能，可以轻松处理时间索引和频率转换等操作。

例题 5.6 时间序列处理——时间索引、频率转换和时间偏移

```
import pandas as pd

# 创建时间序列数据
date_rng = pd.date_range(start='2023-01-01', end='2023-12-31', freq='D')
data = {'Date': date_rng,
        'Value': range(len(date_rng))}
df = pd.DataFrame(data)

# 设置时间索引
df = df.set_index('Date')

# 频率转换 - 将数据转换为每月的平均值
monthly_mean = df.resample('M').mean()

# 时间偏移 - 将数据向后移动一周
df_shifted = df.shift(periods=7)

# 显示结果
print("频率转换结果:")
print(monthly_mean)
print("\n时间偏移结果:")
print(df_shifted)
```

以上例题展示了时间序列处理的常见操作。可以处理带有时间索引的数据，进行频率转换和时间偏移等操作。根据具体需求，可以灵活运用这些操作来满足时间序列处理的要求。

2）NumPy 库

NumPy（Numerical Python）是 Python 科学计算的核心库，提供了高性能的多维数组对象和各种用于处理数组数据的函数。

以下是 NumPy 库的一些关键特点和功能。

（1）多维数组：NumPy 提供了 ndarray（n-dimensional array）对象，用于存储和操作多维数组数据。

- ndarray 是一个固定大小的数组，可以容纳相同类型的元素。
- 支持高效的数组操作，如索引、切片、数学运算等。

例题 5.7 多维数组操作

```
import numpy as np

# 创建一个二维数组
arr = np.array([[1, 2, 3], [4, 5, 6]])

# 计算数组元素的平均值
mean = np.mean(arr)
print("数组的平均值:", mean)
```

```
# 对数组进行切片操作
slice_arr = arr[:, 1:]
print("切片后的数组:")
print(slice_arr)
```

输出结果：

```
数组的平均值：3.5
切片后的数组：
[[2 3]
[5 6]]
```

（2）数值计算：NumPy 提供了广泛的数学、逻辑和统计函数，用于执行各种数值计算操作。

- 可以进行元素级别的数学运算，如加法、减法、乘法、除法等。
- 支持向量化操作，可以通过一次操作处理整个数组，而不需要显式的循环。

例题 5.8　数值计算和向量化操作

```
import numpy as np

# 创建两个一维数组
arr1 = np.array([1, 2, 3])
arr2 = np.array([4, 5, 6])

# 数组元素级别的加法
result = arr1 + arr2
print("两个数组相加的结果:")
print(result)

# 数组的乘法
result = arr1 * 2
print("数组元素乘以 2 的结果:")
print(result)
```

输出结果：

```
两个数组相加的结果：
[5 7 9]
数组元素乘以 2 的结果：
[2 4 6]
```

（3）广播功能：NumPy 具有广播功能，使得不同形状的数组之间的运算成为可能。

- 在进行不同形状数组的运算时，NumPy 会自动调整数组的形状，使其兼容。

例题 5.9　广播功能

```
import numpy as np

# 创建一个二维数组和一个一维数组
arr1 = np.array([[1, 2, 3], [4, 5, 6]])
arr2 = np.array([1, 2, 3])

# 数组广播，将 arr2 的元素逐行与 arr1 相加
result = arr1 + arr2
```

```
print("广播后的结果:")
print(result)
```

输出结果：

```
广播后的结果:
[[2 4 6]
[5 7 9]]
```

（4）随机数生成：NumPy 提供了用于生成各种概率分布的随机数的函数，如正态分布、均匀分布等。

例题 5.10 随机数生成

```
import numpy as np

# 生成一个形状为(2, 3)的随机数数组
random_arr = np.random.rand(2, 3)
print("随机数数组:")
print(random_arr)
```

输出结果：

```
随机数数组:
[[0.29585811 0.87987095 0.07613197]
[0.84561681 0.62914079 0.38267154]]
```

（5）线性代数：NumPy 提供了线性代数运算的函数，如矩阵乘法、矩阵求逆、特征值计算等。

例题 5.11 线性代数运算

```
import numpy as np

# 创建一个二维数组
arr = np.array([[1, 2], [3, 4]])

# 计算数组的逆矩阵
inverse = np.linalg.inv(arr)
print("逆矩阵:")
print(inverse)

# 计算数组的特征值和特征向量
eigenvalues, eigenvectors = np.linalg.eig(arr)
print("特征值:")
print(eigenvalues)
print("特征向量:")
print(eigenvectors)
```

输出结果：

```
逆矩阵:
[[-2.   1. ]
 [ 1.5 -0.5]]
特征值:
[-0.37228132  5.37228132]
特征向量:
```

```
[[-0.82456484 -0.41597356]
 [ 0.56576746 -0.90937671]]
```

（6）性能优化：NumPy 的底层实现是用 C 语言编写的，因此在处理大规模数据时具有很高的性能。

例题 5.12　性能优化

```
import numpy as np

# 创建一个大规模的数组
large_arr = np.random.rand(10000, 10000)

# 使用循环计算数组元素的平方和
def compute_sum(arr):
    total = 0
    for row in arr:
        for element in row:
            total += element ** 2
    return total

# 使用向量化操作计算数组元素的平方和
def compute_sum_vectorized(arr):
    return np.sum(arr ** 2)

# 计算使用循环的版本的运行时间
%timeit compute_sum(large_arr)

# 计算使用向量化操作的版本的运行时间
%timeit compute_sum_vectorized(large_arr)
```

输出结果：

```
1 loop, best of 5: 3.77 s per loop
100 loops, best of 5: 8.09 ms per loop
```

在上述例子中，我们比较了使用循环和向量化操作两种不同的方式来计算一个大规模数组中元素的平方和。结果显示，使用 NumPy 的向量化操作可以显著提高计算效率。

通过%timeit 魔术命令，我们可以测量两种方法的运行时间。结果显示，使用循环的版本需要大约 3.77 s，而使用向量化操作的版本只需要约 8.09 ms。可以看到，向量化操作比循环更高效，并且在处理大规模数据时具有明显的性能优势。

这个例子展示了如何利用 NumPy 的向量化操作来优化计算性能，避免了显式的循环，并通过一次操作处理整个数组，从而提高了运行效率。

pandas 和 NumPy 两个库经常结合使用，能够为数据处理和分析任务提供强大的工具和功能。NumPy 提供了高性能的数组操作，而 pandas 提供了更高级的数据结构和数据处理功能，使得数据的处理、清洗、分析和可视化更加方便和高效。

2. 练一练

1）假设有一个名为 df 的 pandas DataFrame，包含以下数据

```
   Name  Age  Gender
0  Tom   25    Male
```

```
1  John   30   Male
2  Lisa   28  Female
3  Anna  35  Female
```

请编写代码回答以下问题：

a）输出 DataFrame 的前两行数据。

b）计算年龄的平均值。

c）选取所有性别为女性的行。

d）将年龄大于等于 30 的行的性别改为"Unknown"。

参考代码：

```
a）print（df.head（2））
```

解析过程：

head（2）函数用于返回 DataFrame 的前两行数据。

```
b）
average_age=df［'Age'］.mean( )
print（average_age）
```

解析过程：

mean( )函数用于计算 Series 或 DataFrame 中数值列的平均值。通过选择 df［'Age'］获取年龄列，并对其应用 mean( )函数，计算平均年龄。

```
c）
female_rows=df［df［'Gender'］=='Female'］
print（female_rows）
```

解析过程：

使用布尔索引，df［'Gender'］=='Female'选择所有性别为女性的行。

```
d）
df.loc［df［'Age'］>=30，'Gender'］='Unknown'
print（df）
```

解析过程：

使用布尔索引选择年龄大于等于 30 的行，并使用 loc( )函数将这些行的"Gender"列的值修改为"Unknown"。

2）pandas 数据处理

假设有一个名为 sales_df 的 pandas DataFrame，包含以下数据。

```
   Date      Product  Sales
0  1/1/2023  Apple    100
1  1/2/2023  Orange    150
2  1/3/2023  Apple    200
3  1/3/2023  Banana    50
4  1/4/2023  Orange    120
```

请编写代码完成以下练习：

a）将"Date"列的数据类型转换为日期类型。

b）计算每个产品的总销售量。

c）找出销售量最大的产品。

d）按日期对销售数据进行排序。

参考代码：

a）

```
sales_df['Date']=pd.to_datetime(sales_df['Date'])
print(sales_df.dtypes)
```

解析过程：

使用 pd.to_datetime( )函数将"Date"列的数据类型转换为日期类型，并使用 dtypes 属性打印 DataFrame 的数据类型。

b）

```
total_sales=sales_df.groupby('Product')['Sales'].sum( )
print(total_sales)
```

解析过程：

使用 groupby( )函数按"Product"列进行分组，并对"Sales"列应用 sum( )函数计算每个产品的总销售量。

c）

```
max _sales_product=sales_df.groupby('Product')['Sales'].sum( ).idxmax( )
print(max_sales_product)
```

解析过程：

首先，使用 groupby( )函数按"Product"列进行分组，并对"Sales"列应用 sum( )函数计算每个产品的总销售量。然后，使用 idxmax( )函数找到销售量最大的产品的索引。

d）

```
sorted_sales_df=sales_df.sort_values('Date')
print(sorted_sales_df)
```

解析过程：

使用 sort_values( )函数按"Date"列对销售数据进行排序，将结果存储在新的 DataFrame 中。

3）NumPy 数组操作

假设有一个名为 arr 的 NumPy 数组，包含以下数据。

```
[[1 2 3]
[4 5 6]
[7 8 9]]
```

请编写代码完成以下练习：

a）计算数组元素的总和。

b）计算数组每一列的平均值。

c）选取数组的第二行。

d）将数组转置。

参考代码：

a）

```
sum_of_array=np.sum(arr)
print(sum_of_array)
```

解析过程：

使用 np.sum( )函数计算数组元素的总和。

b）

```
column_means=np.mean（arr，axis=0）
print（column_means）
```

解析过程：

使用 np.mean( )函数计算数组每一列的平均值，axis=0 表示按列计算平均值。

c）

```
second_row=arr［1］
print（second_row）
```

解析过程：

通过索引 arr［1］选取数组的第二行。

d）

```
transposed_arr=arr.T
print（transposed_arr）
```

解析过程：

使用数组的 T 属性进行转置操作，将数组的行和列互换。

4）NumPy 随机数生成

请编写代码完成以下练习：

a） 生成一个形状为（3，3）的随机整数数组，取值范围为 1 到 10。

b） 生成一个形状为（4，4）的随机浮点数数组，取值范围为 0 到 1。

c） 生成一个形状为（2，5）的正态分布随机数数组。

d） 生成一个包含 10 个随机整数的一维数组，取值范围为 1 到 100。

参考代码：

a）

```
random_int_arr=np.random.randint（1，11，size=（3，3））
print（random_int_arr）
```

解析过程：

使用 np.random.randint( )函数生成指定范围内的随机整数数组，其中 size 参数指定数组的形状。

b）

```
random_float_arr=np.random.rand（4，4）
print（random_float_arr）
```

解析过程：

使用 np.random.rand( )函数生成位于 0 到 1 之间的随机浮点数数组，其中 size 参数指定数组的形状。

c）

```
random_normal_arr=np.random.normal（size=（2，5））
print（random_normal_arr）
```

解析过程：

使用 np.random.normal( )函数生成指定形状的正态分布随机数数组，其中 size 参数指定数组的形状。

d）

```
random_int_arr=np.random.randint（1，101，size=10）
print（random_int_arr）
```

解析过程：

使用 np.random.randint( )函数生成指定范围内的随机整数数组，其中 size 参数指定数组的大小为 10。

3. 案例讲解

案例目标：将之前录入系统的学生成绩从 Python 导出到 Excel 文件。

要将一个列表转化为 Excel 中的数据，可以使用 Python 的 pandas 库。pandas 提供了功能强大的数据处理工具，其中包括将数据导出到 Excel 文件的功能。

下面以录入三个同学的成绩为例，演示如何将一个列表转化为 Excel 中的数据。

```
import pandas as pd

# 假设有一个列表
data = [['20220301', '杨盼', '2022 级统计与会计核算 1 班', 68, 62, 77, 73, 66],
        ['20220302', '王芳', '2022 级统计与会计核算 1 班', 66, 61, 73, 69, 58],
        ['20220302', '马玲玲', '2022 级统计与会计核算 1 班', 98, 91, 92, 94, 95]]

# 创建一个 DataFrame 对象
df = pd.DataFrame(data, columns=['学号', '姓名', '班级', 'Python', '统计实务',
'管理会计', '市场调查与预测', 'Excel 在财务管理中的应用'])

# 将 DataFrame 导出到 Excel 文件
df.to_excel('data.xlsx', index=False)
```

列表数据导出到 Excel 文件如图 5.1 所示。

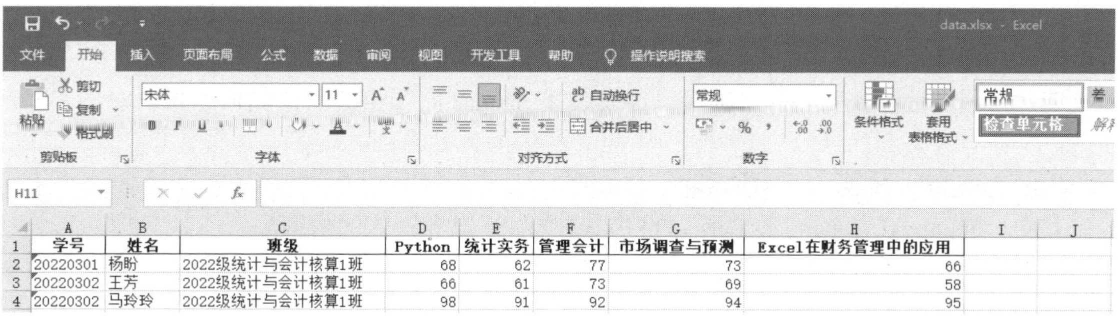

图 5.1　列表数据导出到 Excel 文件

解析过程：

首先，我们使用 pandas 库导入 pd 模块。

其次，我们创建一个包含数据的列表 data。

最后，我们使用 pd.DataFrame( )函数创建一个 DataFrame 对象，将列表数据转化为 DataFrame。

最后，我们使用 DataFrame 的 to_excel( )方法将数据导出到名为"data.xlsx"的 Excel 文件中。index=False 参数表示不导出索引列。

执行以上代码后，将生成一个名为"data.xlsx"的 Excel 文件，其中包含了列表数据。每列的数据对应列表中的一个元素，第一行为列名。

注意：在运行代码之前，确保已经安装了 pandas 库。如未安装，可以使用以下命令安装：

```
pip install pandas
```

5.1.2 操作 Excel 中的数据

1. 任务知识

1）读取数据

当使用 Python 处理 Excel 文件时，可以使用 pandas 库来读取 Excel 中的数据。pandas 提供了强大的功能来读取和处理各种数据格式，包括 Excel 文件。

以下是一个简单的示例，演示如何使用 pandas 库读取 Excel 中的数据。

例题 5.13

```
import pandas as pdimport pandas as pd

# 读取 Excel 文件
df = pd.read_excel('data.xlsx')

# 打印数据
print(df)
```

首先，我们使用 pandas 库导入 pd 模块。

其次，使用 pd.read_excel( )函数读取 Excel 文件，将数据加载到 DataFrame 对象 df 中。你需要提供 Excel 文件的路径作为函数的参数。

最后，我们使用 print( )函数打印 DataFrame 对象 df，以查看读取的数据。

执行以上代码后，将从 Excel 文件中读取数据，并将其存储在 DataFrame 对象 df 中。你可以通过打印 df 来查看读取的数据。

请注意，在运行代码之前，确保已经安装了 pandas 库和相关的依赖项。如未安装，可以使用以下命令安装：

```
pip install pandas openpyxl
```

其中，openpyxl 是 pandas 库所需的 Excel 文件读取和写入的依赖项。

如果 Excel 文件包含多个工作表，你可以使用 pd.read_excel( )函数的 sheet_name 参数来指定要读取的工作表的名称或索引。

如果想读取 Excel 文件中特定工作表的数据，可以使用以下代码：

例题 5.14

```
# 读取 Excel 文件中的特定工作表
df=pd.read_excel ('data.xlsx', sheet_name='Sheet1')

# 打印数据
print (df)
```

在这里，我们使用 sheet_name 参数指定要读取的工作表的名称为'Sheet1'。你可以根据实际情况更改工作表的名称或索引。

2）新建 Excel 文件并写入数据

以下是一个简单的示例，演示如何使用 pandas 库新建 Excel 文件并写入数据。

例题 5.15

```
import openpyxl

# 创建一个新的工作簿
workbook = openpyxl.Workbook()

# 选择默认工作表
worksheet = workbook.active

# 写入数据到单元格
worksheet['A1'] = 'Hello'
worksheet['B1'] = 'World'

# 保存工作簿
workbook.save('new_example.xlsx')
```

（1）使用 openpyxl.workbook( )创建一个新的工作簿。

（2）workbook.active 选择了默认的工作表。

（3）我们将数据"Hello"和"World"分别写入了"A1"和"B1"单元格。

（4）通过 workbook.save 保存工作簿，并将其命名为 new_example.xlsx。

3）在已有的 Excel 文件中写入数据

以下是一个简单的示例，演示如何使用 pandas 库在已有的 Excel 文件中写入数据。

```
import openpyxl

# 打开 Excel 文件
workbook = openpyxl.load_workbook('example.xlsx')

# 选择工作表
worksheet = workbook['Sheet1']

# 写入数据到单元格
worksheet['A2'] = 'Data 1'
worksheet['B2'] = 'Data 2'

# 保存工作簿
workbook.save('example.xlsx')
```

（1）使用 openpyxl.load_workbook 打开了一个名为 example.xlsx 的 Excel 文件。

（2）选择了名为"Sheet1"的工作表。

（3）我们将数据"Data 1"和"Data 2"分别写入了"A2"和"B2"单元格。

（4）通过 workbook.save 保存工作簿，将更改写回到 example.xlsx 文件中。

2. 案例讲解

案例目标：将读取的数据存储到适当的数据结构中，方便后续的数据处理。

我们读取具体的 Excel 文件中的数据，有两种读取方式。

第一种就是读取文件数据，不做任何处理，具体操作如下：

```
import pandas as pd
cjdata=pd.read_excel("任务一数据（全）.xlsx", "2022 级统计与会计核算 1 班")
cjdata
```

这里需要注意的是，我们在读取数据时，需要先调用 Python 库，然后再通过该库中的 read 功能去读取 excel 文件的数据。

因为数据和代码位于同一文件夹下，如图 5.2 所示，所以只需要给“文件名+后缀”，“工作簿名称”即可。如果数据和代码位于不同的文件夹下，则需要给“路径+文件名+后缀，工作簿名称”，下面是对应示例。

```
import pandas as pd
cjdata=pd.read_excel("C: \\Users\\Lenovo\\Python 教材编写\\项目五\\任务一数据（全）.xlsx", "2022 级统计与会计核算 1 班")
cjdata [: 5]
```

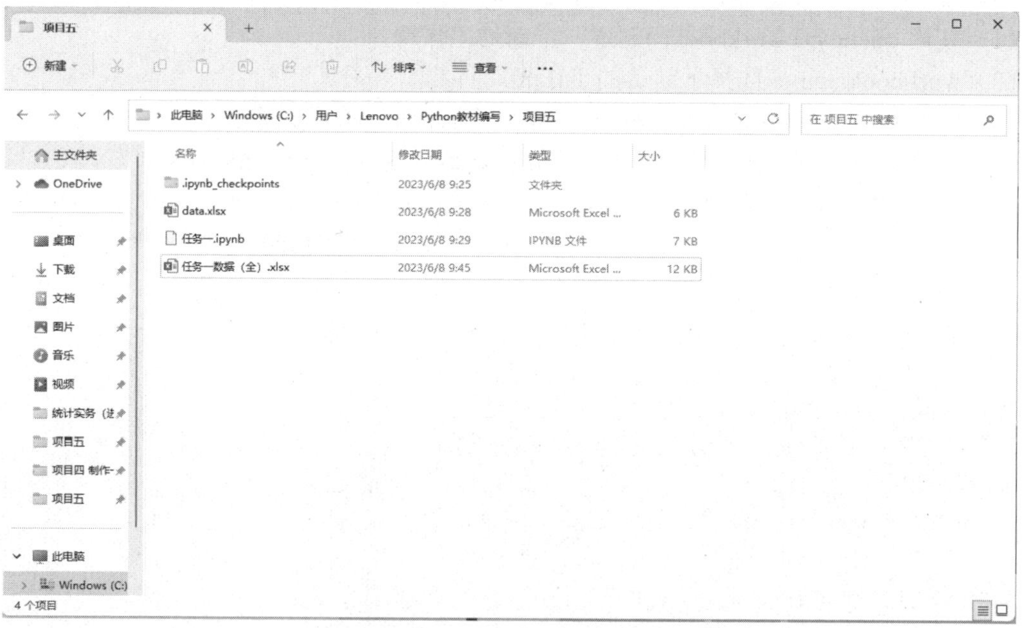

图 5.2　读取数据和代码位于同一文件夹下的 Excel 文件

这里不仅增加了路径，我们还在数据显示中做了一定的修改，由原来的显示所有数据，如图 5.3 所示，调整为显示前五行数据，如图 5.4 所示，代码输出结果如下：

	学号	姓名	班级	Python	统计实务	管理会计	市场调查与预测	Excel在财务管理中的应用
0	20220301	杨盼	2022级统计与会计核算1班	68	62	77	73	66
1	20220302	王芳	2022级统计与会计核算1班	66	61	73	69	58
2	20220303	马玲玲	2022级统计与会计核算1班	98	91	107	102	94
3	20220304	高远飞	2022级统计与会计核算1班	98	88	106	101	95
4	20220305	董奕灵	2022级统计与会计核算1班	87	81	95	91	86
5	20220306	徐秋萍	2022级统计与会计核算1班	62	56	69	64	59
6	20220307	李玉娇	2022级统计与会计核算1班	56	50	62	59	48
7	20220308	赵悦山	2022级统计与会计核算1班	82	72	89	84	78
8	20220309	罗言行	2022级统计与会计核算1班	84	74	92	87	85
9	20220310	李颖	2022级统计与会计核算1班	51	45	60	57	47
10	20220311	董洁	2022级统计与会计核算1班	50	43	59	54	50
11	20220312	杨倩	2022级统计与会计核算1班	91	83	99	96	92
12	20220313	邵宗彦	2022级统计与会计核算1班	86	79	95	92	82
13	20220314	贺舒宇	2022级统计与会计核算1班	95	88	100	95	92
14	20220315	宋俊熙	2022级统计与会计核算1班	88	82	98	94	87
15	20220316	张鹏	2022级统计与会计核算1班	89	81	99	96	92
16	20220317	朱琪	2022级统计与会计核算1班	57	49	65	62	57
17	20220318	杨丽芬	2022级统计与会计核算1班	77	72	87	82	74
18	20220319	李建会	2022级统计与会计核算1班	51	45	61	58	57
19	20220320	李佳玉	2022级统计与会计核算1班	55	45	63	58	54
20	20220321	徐邦怀	2022级统计与会计核算1班	54	46	61	58	46

图 5.3　在 Jupyter 中显示所读取 Excel 文件中的数据

	学号	姓名	班级	Python	统计实务	管理会计	市场调查与预测	Excel在财务管理中的应用
0	20220301	杨盼	2022级统计与会计核算1班	68	62	77	73	66
1	20220302	王芳	2022级统计与会计核算1班	66	61	73	69	58
2	20220303	马玲玲	2022级统计与会计核算1班	98	91	107	102	94
3	20220304	高远飞	2022级统计与会计核算1班	98	88	106	101	95
4	20220305	董奕灵	2022级统计与会计核算1班	87	81	95	91	86

图 5.4　在 Jupyter 中显示不同路径下所读取 Excel 文件中的数据（前五行）

5.1.3 任务实操

任务 5.1 任务工单

任务名称	自制工具连接 Excel	专业		班级	
学生姓名		学生学号		任务成绩	
任务准备		任务场地		完成日期	
任务描述	利用 Python 与 Excel 的连接，实现自动化数据处理和分析				

任务提出：在现代办公和数据分析中，Excel 仍然是最广泛使用的工具之一，而 Python 提供了强大的自动化处理能力。通过结合 Python 和 Excel，我们可以有效地处理大量数据，减少手工操作的错误和时间成本。这个任务旨在教会学生如何利用 Python 的 pandas 库与 Excel 互动，实现数据的自动读取和写入，从而提高数据处理的效率和准确性。

任务目标：

1. 掌握如何使用 pandas 和 openpyxl 库读取和写入 Excel 文件。

2. 使用 Python 将销售数据自动导入到 Excel，并进行基本的数据格式化。

任务准备：

1. 提供包含基本销售数据的 Excel 文件。
2. Python 环境中安装 pandas 和 openpyxl 库。
3. 提供指导材料，包括如何将 Python 连接到 Excel 文件、读取数据，以及将处理结果写回 Excel。

1. 任务设计

● 框架规划：设计一个系统，使学生能够使用 Python 的 pandas 库读取和写入 Excel 文件，实现销售数据的自动化处理。这个任务旨在教会学生如何将编程技能应用于实际的办公自动化中，提高工作效率。

● 资料收集：教师需要准备一个包含示例销售数据的 Excel 文件（Sales_Data），该文件应包含多个字段，如商品名称、销售数量和单价。销售数据如表 5.1 所示。

表 5.1　销售数据

序号	商品名称	数量	单价/元
1	苹果	34	6.5
2	香蕉	42	4.5
3	橙子	55	7.2
4	葡萄	28	8.3
5	柠檬	13	9.7
...	...	...	...
100	水蜜桃	22	14.3

● 数据和示例解释：提供一个示例 Excel 文件以及对应的字段说明，帮助学生理解期望的数据结构和格式。

● 设计引导：教师将向学生展示如何使用 pandas 读取 Excel 文件中的数据。教师演示如何对数据进行简单的处理，比如计算销售总额，并将处理后的数据写回一个新的 Excel 文件。

2. 任务实施

● 编写代码：学生根据教师的示例和指导，编写 Python 代码来读取示例 Excel 文件中的销售数据，进行必要的数据处理，并将结果写回新的 Excel 文件。

● 细节调整：学生需要确保能够处理不同数据格式和潜在的数据错误（如缺失值），并能够正确使用 pandas 库的功能。

● 小组讨论：学生在小组内分享各自的解决方案，讨论各种数据处理的方法，并从同伴那里学习改进的策略。

3. 任务检查

● 自我审核：学生需要检查自己的代码，确保所有功能都按预期运行，数据正确读取和写入。

● 小组互评：学生们相互检查对方的项目，提出改进意见和发现潜在的错误。

● 教师评审：教师检查每个学生的代码和 Excel 文件输出，确保每个学生都能正确操作 pandas 库，并有效地处理数据。

4. 任务评价

● 成果展示：学生展示自己的项目，包括读取的原始数据和处理后写入的 Excel 文件，解释他们如何实现数据处理。

● 评价说明：评价基于学生如何使用 Python 和 pandas 处理 Excel 文件中的数据，以及他们如何优化数据处理流程。

- 评价标准：任务 5.1 评价标准见表 5.2。

表 5.2　任务 5.1 评价标准

评分项	分值（权重）	详细说明
数据处理的准确性	30 分	正确无误地从 Excel 读取数据，进行必要计算，如总销售额等。每正确操作一次计 5 分
代码的有效性和效率	40 分	代码能够高效完成任务，没有不必要的计算和资源浪费。评估时考虑代码的执行速度和占用资源
代码的整洁性和文档	30 分	代码结构合理，逻辑清晰，有适当的注释。注释清晰地解释了代码的功能和关键操作，易于其他人理解

任务 5.1 微课

5.1.4　任务测评

任务测评表

效果测评要素	具体评价内容	评价等级
技能点 1：pandas 库的使用	学生是否能正确使用 pandas 读取和写入 Excel 数据	优秀/良好/中等/及格/不及格
技能点 2：数据处理技巧	学生是否能有效处理数据异常，如缺失值和错误格式	优秀/良好/中等/及格/不及格
综合测评 1：功能实现	代码是否正确无误地实现了数据读取、处理和写入的功能	优秀/良好/中等/及格/不及格
综合测评 2：代码风格与注释	代码是否整洁、逻辑是否清晰，并且包含必要的注释以提高可读性	优秀/良好/中等/及格/不及格
薄弱项记录		
没学懂的知识		
没掌握的技能		
我想提升的素养		
教师签字		

任务 5.2　绘制常规可视化图表

5.2.1　matplotlib 库

1. 任务知识

matplotlib 是一个广泛应用于数据可视化的 Python 库，提供了丰富的绘图工具和功能，可用于创建各种类型的图表、图形和可视化呈现。它具有简单易用的接口和灵活的定制选项，使得用户可以轻松地绘制各种图表，从简单的折线图到复杂的热力图和 3D 图形。

1）主要特点

高度兼容：matplotlib 兼容多个操作系统和绘图后端，包括常见的 GUI 工具包（如 Tkinter、Qt 等）和各种输出格式（如 PNG、PDF 等）。

绘图风格多样：matplotlib 提供了丰富的绘图风格和选项，可以自定义图表的样式、颜色、标记和线条样式，以满足不同需求。

2D 和 3D 绘图：matplotlib 支持绘制 2D 和 3D 图形，可以绘制散点图、柱状图、折线图、饼图、等高线图、曲面图等多种图表类型。

支持标签和注释：matplotlib 允许添加轴标签、图表标题和数据标注，使得图表更具可读性和信息量。

交互性和动画：matplotlib 支持交互式绘图和动画功能，可以通过用户交互进行缩放、平移和选取等操作，还能创建动态更新的图表。

2）使用 matplotlib 绘制常规图形

例题 5.16　绘制柱状图

导入必要的库：在代码的开头导入需要使用的库，包括 matplotlib.pyplot 和 NumPy。

```
import matplotlib.pyplot as plt
import numpy as np
```

准备数据：准备要绘制的数据。这包括柱状图的高度和对应的类别标签。

```
categories= ['A', 'B', 'C', 'D', 'E'] # 类别标签
heights= [20, 35, 30, 25, 40] # 柱状图的高度
```

创建柱状图：使用 matplotlib 的 bar( )函数创建柱状图。

```
plt.bar (categories, heights)
```

显示图表：使用 plt.show( )函数显示绘制好的柱状图。

```
plt.show( )
```

完整的代码示例：

```
import matplotlib.pyplot as plt
import numpy as np

categories = ['A', 'B', 'C', 'D', 'E']  # 类别标签
heights = [20, 35, 30, 25, 40]  # 柱状图的高度

plt.bar(categories, heights)

plt.show()
```

根据代码输出的柱状图如图 5.5 所示。

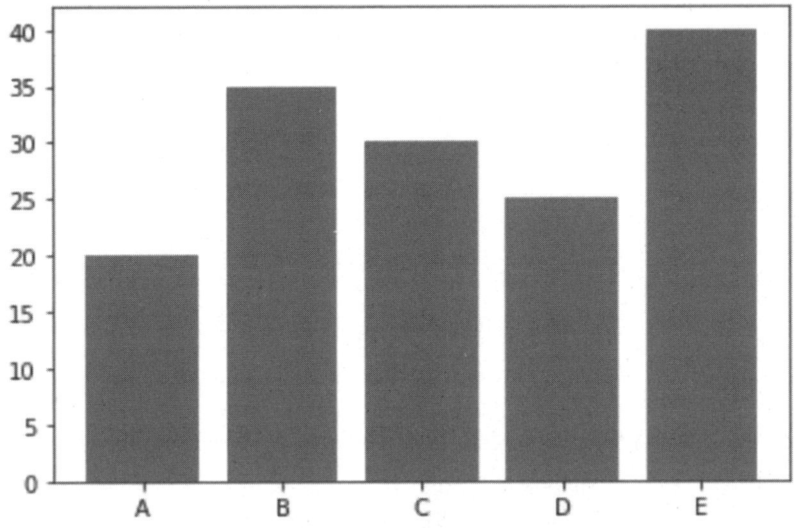

图 5.5　根据代码输出的柱状图

例题 5.17　绘制折线图

导入必要的库：在代码的开头导入需要使用的库，包括 matplotlib.pyplot 和 NumPy。

```
import matplotlib.pyplot as plt
import numpy as np
```

准备数据：准备要绘制的数据。这包括折线图的 x 轴和 y 轴数据。

```
x= [1, 2, 3, 4, 5] # x 轴数据
y= [2, 4, 6, 8, 10] # y 轴数据
```

创建折线图：使用 matplotlib 的 plot( )函数创建折线图。

```
plt.plot (x, y)
```

显示图表：使用 plt.show( )函数显示绘制好的折线图。

```
plt.show( )
```

完整的代码示例：

```
import matplotlib.pyplot as plt
import numpy as np

x = [1, 2, 3, 4, 5]  # x 轴数据
y = [2, 4, 6, 8, 10]  # y 轴数据

plt.plot(x, y)

plt.show()
```

根据代码输出的折线图如图 5.6 所示。

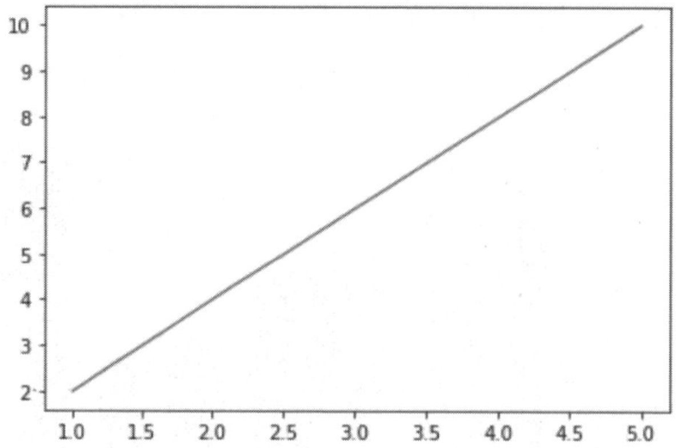

图 5.6　根据代码输出的折线图

例题 5.18　绘制饼图

导入必要的库：在代码的开头导入需要使用的库，包括 matplotlib.pyplot。

```
import matplotlib.pyplot as plt
```

准备数据：准备要绘制的数据。这包括饼图的切片值和对应的标签。

```
labels= ['A', 'B', 'C', 'D'] # 标签
sizes= [15, 30, 45, 10] # 切片值
```

创建饼图：使用 matplotlib 的 pie( )函数创建饼图。

```
plt.pie (sizes, labels=labels)
```

显示图表：使用 plt.show( )函数显示绘制好的饼图。

```
plt.show( )
```

完整的代码为：

```
import matplotlib.pyplot as plt

labels = ['A', 'B', 'C', 'D']  # 标签
sizes = [15, 30, 45, 10]  # 切片值

plt.pie(sizes, labels=labels)

plt.show()
```

根据代码输出的饼图如图 5.7 所示。

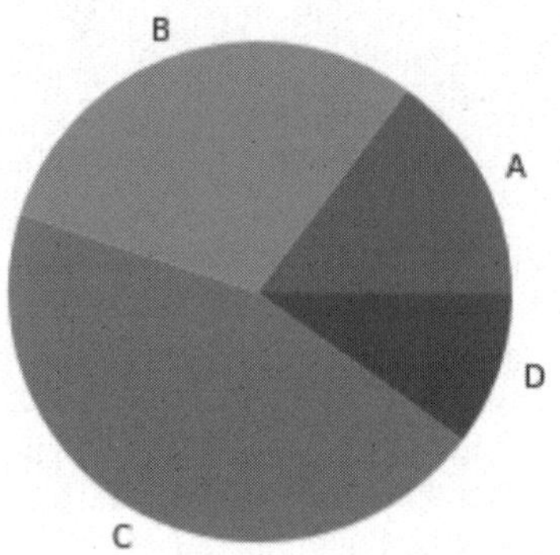

图 5.7　根据代码输出的饼图

2. 练一练

（1）尝试绘制直方图，要求直方图的数据集为［10，15，20，25，30，35，40，45，50］。

解析过程：

导入必要的库：在代码的开头导入需要使用的库，包括 matplotlib.pyplot 和 NumPy。

```
import matplotlib.pyplot as plt
import numpy as np
```

准备数据：准备要绘制的数据。这包括直方图的数据集。

```
data=［10，15，20，25，30，35，40，45，50］# 数据集
```

创建直方图：使用 matplotlib 的 hist( )函数创建直方图。

```
plt.hist（data）
```

显示图表：使用 plt.show( )函数显示绘制好的直方图。

```
plt.show( )
```

完整代码为：

```
import matplotlib.pyplot as plt
import numpy as np

data = [10, 15, 20, 25, 30, 35, 40, 45, 50]  # 数据集

plt.hist(data)
plt.show()
```

根据代码输出的直方图如图 5.8 所示。

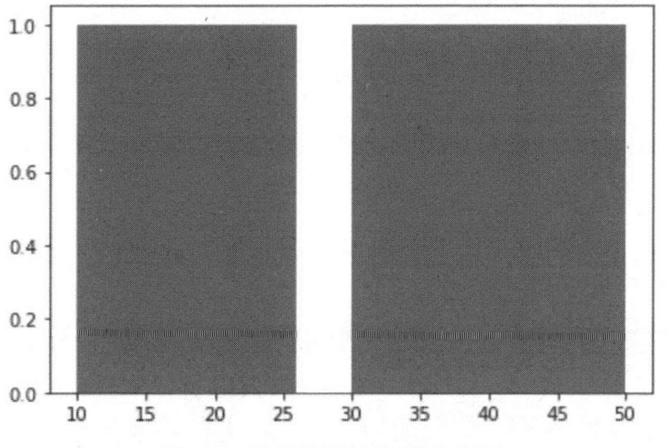

图 5.8　根据代码输出的直方图

（2）尝试绘制散点图，要求为 x 轴数据：［1，2，3，4，5］，y 轴数据：［2，4，6，8，10］。

解析过程：

导入必要的库：在代码的开头导入需要使用的库，包括 matplotlib.pyplot 和 NumPy。

```
import matplotlib.pyplot as plt
import numpy as np
```

准备数据：准备要绘制的数据。这包括散点图的 x 轴和 y 轴数据。

```
x=［1，2，3，4，5］# x 轴数据
y=［2，4，6，8，10］# y 轴数据
```

创建散点图：使用 matplotlib 的 scatter( )函数创建散点图。

```
plt.scatter (x, y)
```

显示图表：使用 plt.show( )函数显示绘制好的散点图。

```
plt.show( )
```

完整代码为：

```
import matplotlib.pyplot as plt
import numpy as np

x = [1, 2, 3, 4, 5]  # x 轴数据
y = [2, 4, 6, 8, 10]  # y 轴数据

plt.scatter(x, y)
plt.show()
```

根据代码输出的散点图如图 5.9 所示。

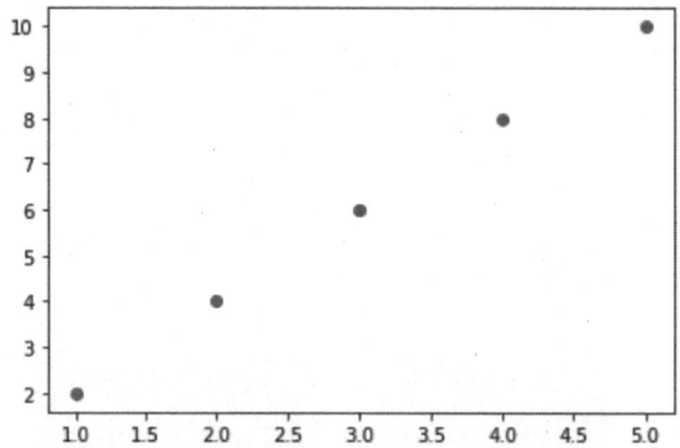

图 5.9　根据代码输出的散点图

3. 案例讲解

案例目标：通过已录入的学生成绩，绘制 Python 课程成绩的折线图和统计实务课程成绩的柱状图。

根据已录入的学生成绩，绘制 Python 课程成绩的折线图和统计实务课程成绩的柱状图。

成绩录入在任务 5.1 中，已存入 Excel 文件，要根据目标文件的数据绘制图形，首先需要确定文件的路径及文件名和数据存储所处的工作簿，再获取数据目标数据列的列索引，最后根据任务 5.2 所学知识，将目标数据绘制成对应图形。具体代码如下所示：

```
import pandas as pd
import matplotlib.pyplot as plt

# 文件路径和工作簿名称
file_path = r'C:\Users\Lenovo\Python 教材编写\项目五\任务一数据（全）.xlsx'
sheet_name = '2022 级统计与会计核算 1 班'

# 读取 Excel 文件
df = pd.read_excel(file_path, sheet_name=sheet_name)
```

```
# 提取指定列的数据
python_scores = df['Python']
stats_scores = df['统计实务']

# 绘制折线图
plt.plot(python_scores)

plt.show()

# 绘制柱状图
plt.bar(df.index, stats_scores)

plt.show()
```

在上述代码中，我们首先指定了 Excel 文件的路径和工作簿名称，然后使用 pd.read_excel( ) 函数读取指定的工作簿，并将其存储在 DataFrame 对象 df 中。然后，通过指定列名称提取了 Python 成绩和统计实务成绩的数据，并存储在相应的变量中。最后，使用 matplotlib 库绘制了折线图和柱状图，分别展示了 Python 成绩和统计实务成绩。

根据代码输出的 Python 成绩折线图和统计实务成绩柱状图如图 5.10 和图 5.11 所示。

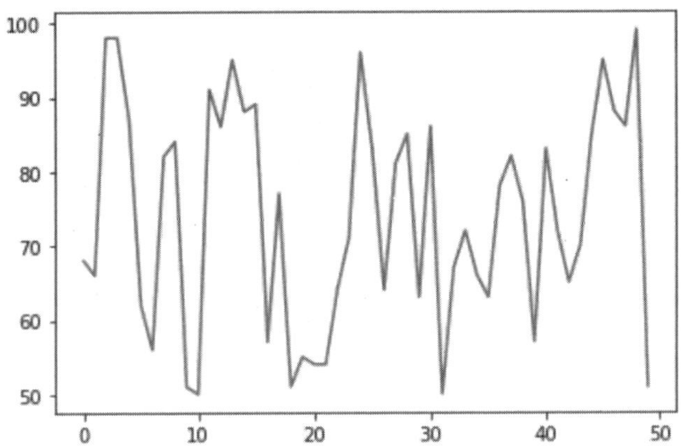

图 5.10　Python 成绩折线图

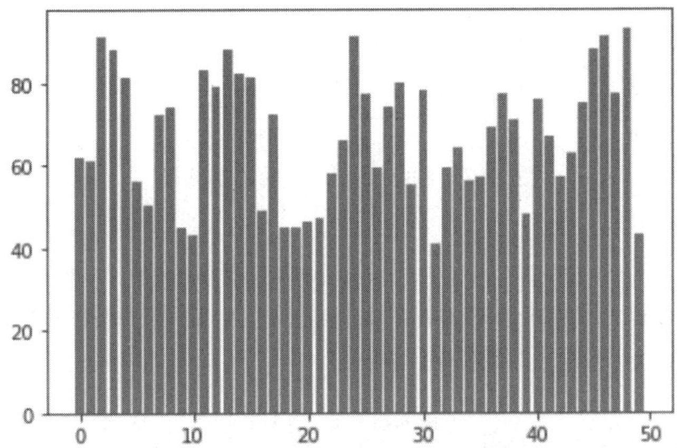

图 5.11　统计实务成绩柱状图

5.2.2 调用辅助视图元素

1. 任务知识

1）调整图形大小

要调整所绘图形的大小，可以使用 matplotlib 库中的 figure( )函数，并通过指定 figsize 参数来设置图形的尺寸。

例题 5.19

```
import matplotlib.pyplot as plt
import numpy as np

categories = ['A', 'B', 'C', 'D', 'E']  # 类别标签
heights = [20, 35, 30, 25, 40]  # 数据

# 设置图形尺寸（括号中尺寸的单位是英寸，“8”表示宽，“6”表示高）
fig = plt.figure(figsize=(8, 6))

# 绘制折线图
plt.plot(categories, heights)

# 显示图表
plt.show()
```

输出的调整图形大小后的折线图如图 5.12 所示。

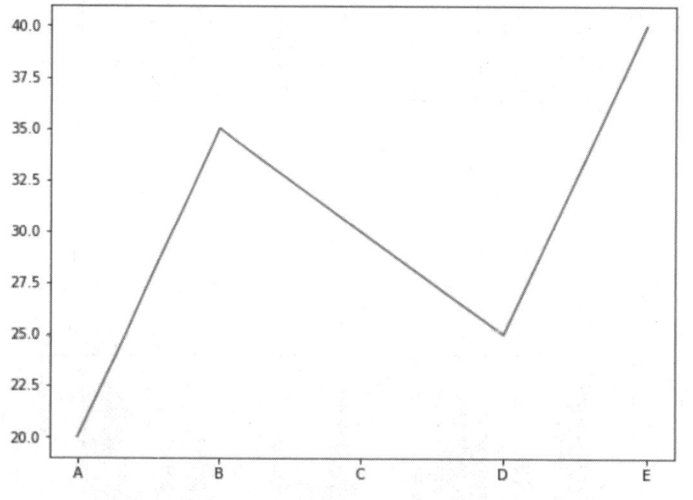

图 5.12　调整图形大小后的折线图

2）调整图形的颜色

要调整折线图的线条颜色，可以使用 color 参数来指定颜色。可以使用颜色名称（例如：'red'、'blue'）或颜色代码（例如：'#FF0000'代表红色）来设置线条的颜色。

以下是修改代码以调整线条颜色的示例：

例题 5.20

```
import matplotlib.pyplot as plt
import numpy as np
```

```
categories = ['A', 'B', 'C', 'D', 'E']  # 类别标签
heights = [20, 35, 30, 25, 40]  # 数据

# 设置图形尺寸
fig = plt.figure(figsize=(8, 6))

# 绘制折线图，并设置线条颜色为红色
plt.plot(categories, heights, color='red')

# 显示图表
plt.show()
```

输出的调整为红色的折线图如图 5.13 所示。

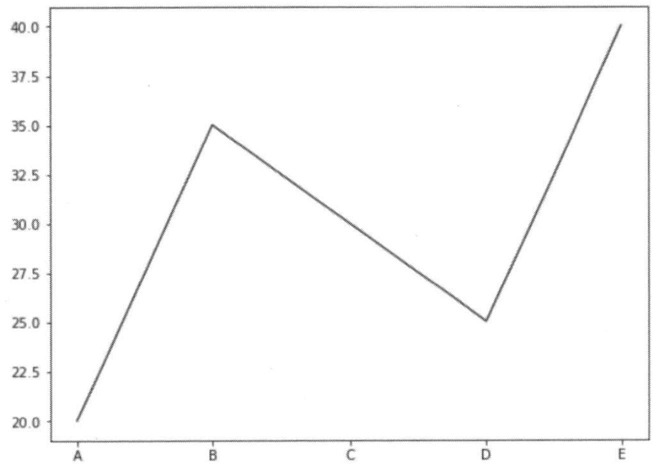

图 5.13　调整为红色的折线图

3）增加坐标轴名称和标题

要增加坐标轴的名称，可以使用 plt.xlabel( )和 plt.ylabel( )函数来设置 x 轴和 y 轴的标签名称，要在图形中添加标题，可以使用 plt.title( )函数来设置图形的标题。

如果在 Jupyter Notebook 中遇到了中文标签无法正常显示的问题，可以在确保系统和 Jupyter Notebook 中的字体支持中文的情况下，在代码中添加以下代码，设置字体为支持中文的字体，例如：'SimHei'、'Microsoft YaHei'等。

以下是修改代码以增加坐标轴名称的示例。

例题 5.21

```
import matplotlib.pyplot as plt
import numpy as np
plt.rcParams['font.family'] = 'SimHei'

categories = ['A', 'B', 'C', 'D', 'E']  # 类别标签
heights = [20, 35, 30, 25, 40]  # 数据

# 设置图形尺寸
```

```
fig = plt.figure(figsize=(8, 6))

# 绘制折线图
plt.plot(categories, heights)

# 设置 x 轴和 y 轴的标签名称
plt.xlabel('类别')
plt.ylabel('高度')
plt.title('折线图示例')

# 显示图表
plt.show()
```

输出的添加标签和标题后的折线图如图 5.14 所示。

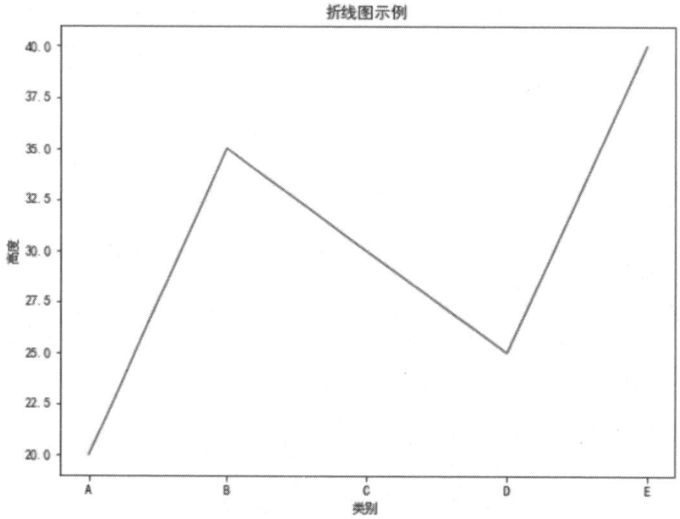

图 5.14　添加标签和标题后的折线图

4）调整线形

要将线条调整为虚线，可以使用 plt.plot( )函数中的 linestyle 参数来设置线条的样式。通过指定不同的线条样式，可以实现虚线、点线等效果。

以下是将线条调整为虚线的示例代码。

例题 5.22

```
import matplotlib.pyplot as plt
import numpy as np

categories = ['A', 'B', 'C', 'D', 'E']  # 类别标签
heights = [20, 35, 30, 25, 40]  # 数据

# 设置图形尺寸
fig = plt.figure(figsize=(8, 6))

# 绘制折线图，并设置线条样式为虚线
```

```
plt.plot(categories, heights, linestyle='dashed')

# 添加标签和标题
plt.xlabel('类别')
plt.ylabel('高度')
plt.title('折线图示例')

# 显示图表
plt.show()
```

输出的调整为虚线后的折线图如图 5.15 所示。

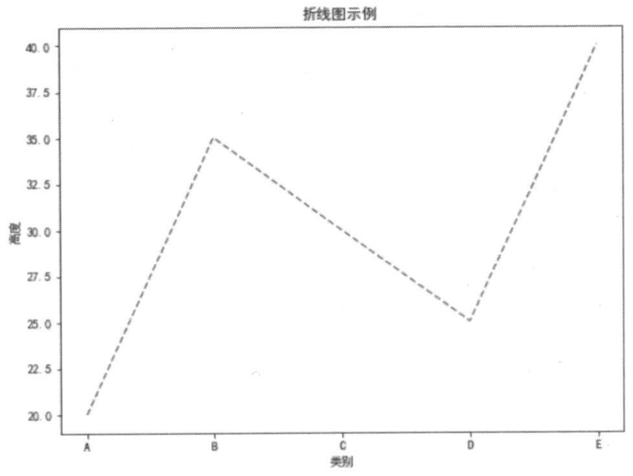

图 5.15　调整为虚线后的折线图

在上述示例中，我们使用 linestyle='dashed'将线条样式设置为虚线。你可以根据需要将 linestyle 参数设置为其他值，例如：'dotted'（点线）、'dashdot'（点划线）、'solid'（实线）等。

5）标记拐点

要在折线图中标记拐点，可以使用 plt.plot( )函数的 marker 参数来设置标记的样式。通过指定不同的标记样式，可以在拐点处添加特殊的标记符号。

以下是在拐点处标记特殊符号的示例代码。

例题 5.23

```
import matplotlib.pyplot as plt
import numpy as np

categories = ['A', 'B', 'C', 'D', 'E']  # 类别标签
heights = [20, 35, 30, 25, 40]  # 数据

# 设置图形尺寸
fig = plt.figure(figsize=(8, 6))

# 绘制折线图，并设置标记样式为圆圈
plt.plot(categories, heights, marker='o')
```

```
# 添加标签和标题
plt.xlabel('类别')
plt.ylabel('高度')
plt.title('折线图示例')

# 显示图表
plt.show()
```

输出的标记拐点后的折线图如图 5.16 所示。

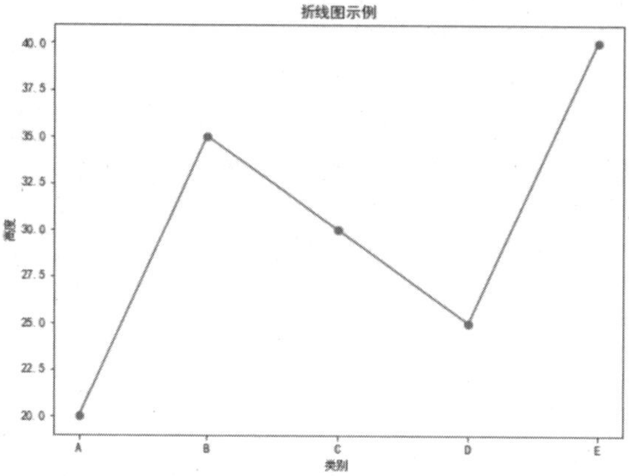

图 5.16　标记拐点后的折线图

6）添加辅助线

要在折线图中添加辅助线，可以使用 plt.axhline( )函数或 plt.axvline( )函数来绘制水平或垂直的辅助线。

以下是在折线图中添加水平和垂直辅助线的示例代码。

例题 5.24

```
import matplotlib.pyplot as plt
import numpy as np

categories = ['A', 'B', 'C', 'D', 'E']  # 类别标签
heights = [20, 35, 30, 25, 40]  # 数据

# 设置图形尺寸
fig = plt.figure(figsize=(8, 6))

# 绘制折线图
plt.plot(categories, heights)

# 添加标签和标题
plt.xlabel('类别')
plt.ylabel('高度')
plt.title('折线图示例')

# 添加水平辅助线
```

```
plt.axhline(y=30, color='red', linestyle='--', label='辅助线')

# 添加垂直辅助线
plt.axvline(x=2, color='green', linestyle='-.', label='辅助线')

# 显示图例
plt.legend()

# 显示图表
plt.show()
```

输出的添加辅助线后的折线图如图 5.17 所示。

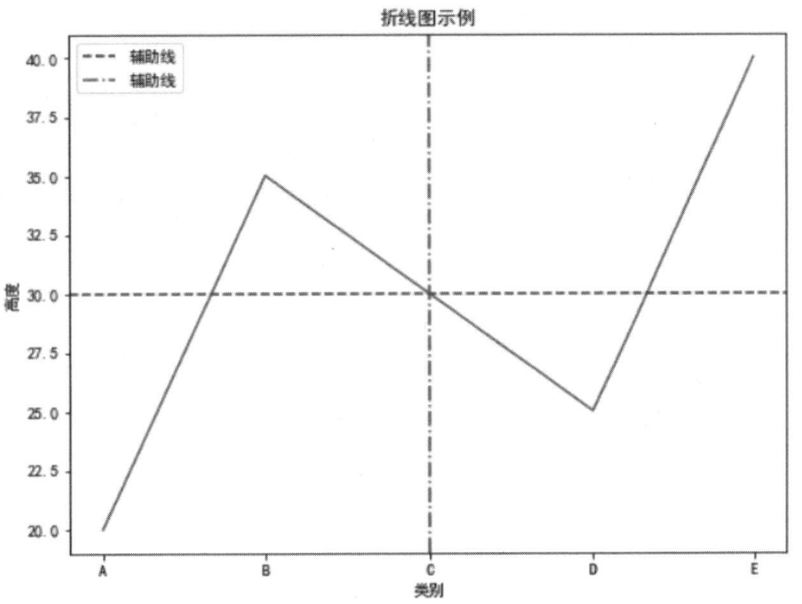

图 5.17　添加辅助线后的折线图

在上述示例中，我们使用 plt.axhline( )函数和 plt.axvline( )函数分别绘制了一条水平辅助线和一条垂直辅助线。其中，plt.axhline( )函数通过指定 y 参数设置水平辅助线的位置，plt.axvline( )函数通过指定 x 参数设置垂直辅助线的位置。我们还通过 color 参数设置辅助线的颜色，linestyle 参数设置辅助线的样式。

7）标记图中关键点

要在图形中的特定点上添加文本标注，可以使用 plt.text( )函数。为了在标准图形中标注点 B，你需要提供点 B 的坐标和所需的文本。

以下是在图形中标注点 B 的示例代码。

例题 5.25

```
import matplotlib.pyplot as plt
import numpy as np

categories = ['A', 'B', 'C', 'D', 'E']  # 类别标签
heights = [20, 35, 30, 25, 40]  # 数据
```

```
# 设置图形尺寸
fig = plt.figure(figsize=(8, 6))

# 绘制折线图
plt.plot(categories, heights)

# 标注点 B
plt.text("B",35,"临界值")

# 添加标签和标题
plt.xlabel('类别')
plt.ylabel('高度')
plt.title('折线图示例')

# 添加水平辅助线
plt.axhline(y=30, color='red', linestyle='--', label='辅助线')

# 添加垂直辅助线
plt.axvline(x=2, color='green', linestyle='-.', label='辅助线')

# 显示图例
plt.legend()

# 显示图表
plt.show()
```

输出的增加“临界值”标注的折线图如图 5.18 所示。

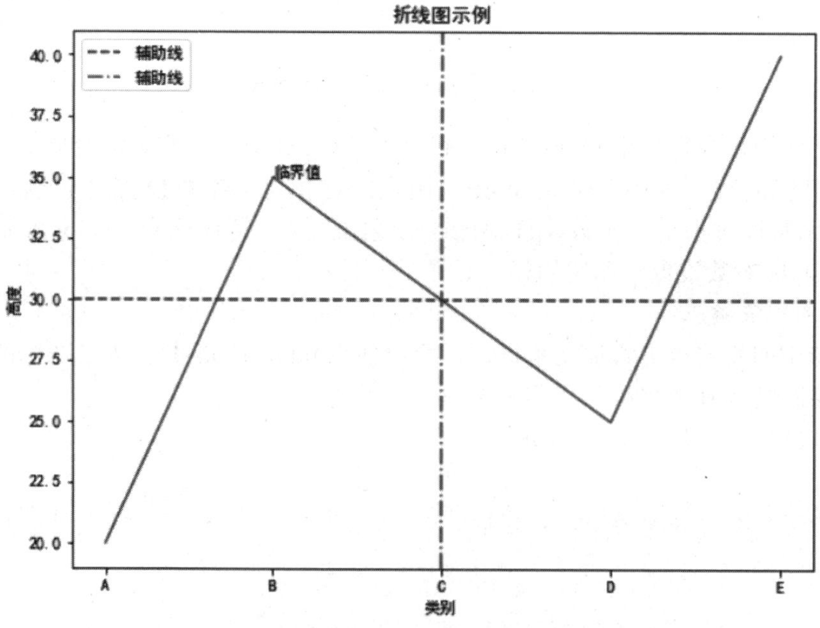

图 5.18 增加“临界值”标注的折线图

8）在图中增加网格

要在图形上添加网格线，可以使用 plt.grid( )函数来控制是否显示网格线。

以下是在图形上添加网格线的示例代码。

例题 5.26

```
import matplotlib.pyplot as plt
import numpy as np
plt.rcParams['font.family'] = 'SimHei'

categories = ['A', 'B', 'C', 'D', 'E']  # 类别标签
heights = [20, 35, 30, 25, 40]  # 数据

# 设置图形尺寸
fig = plt.figure(figsize=(8, 6))

# 绘制折线图
plt.plot(categories, heights)

# 标注点 B
plt.text("B",35,"临界值")

# 添加标签和标题
plt.xlabel('类别')
plt.ylabel('高度')
plt.title('折线图示例')

# 添加水平辅助线
plt.axhline(y=30, color='red', linestyle='--', label='辅助线')

# 添加垂直辅助线
plt.axvline(x=2, color='green', linestyle='-.', label='辅助线')

# 显示图例
plt.legend()

# 添加网格线
plt.grid(True)

# 显示图表
plt.show()
```

输出的添加网格线后的折线图示例如图 5.19 所示。

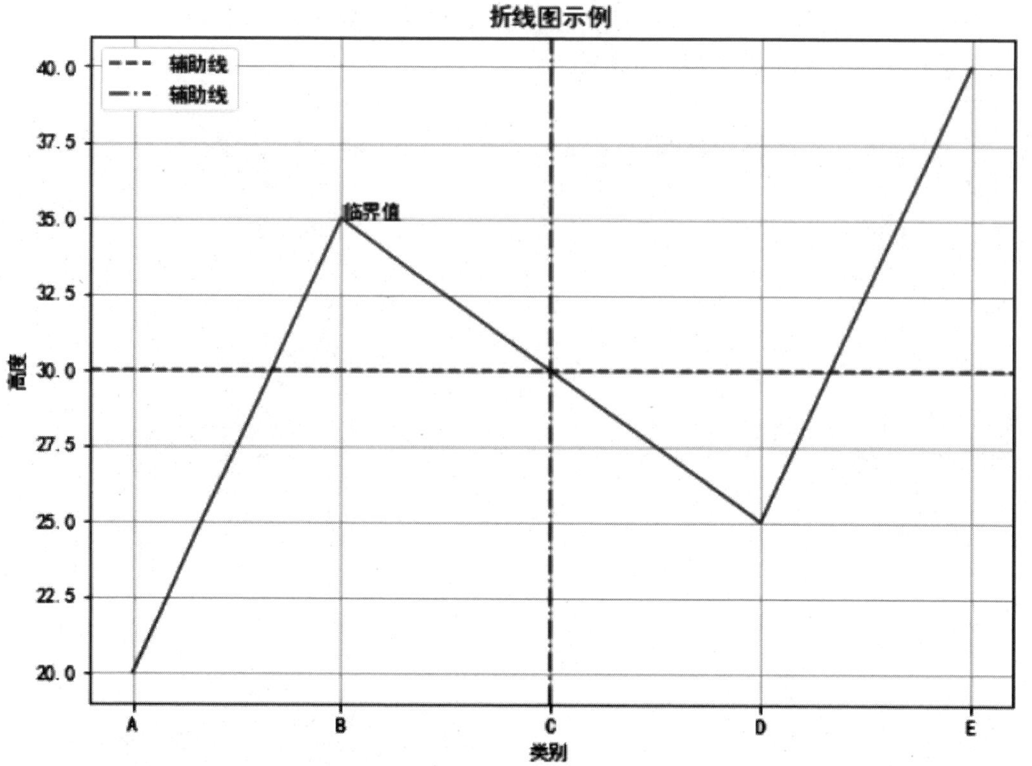

图 5.19 添加网格线后的折线图示例

2. 练一练

绘制柱状图与文本标注。

请根据以下要求编写 Python 代码：

（1）创建一个名为 grades 的字典，包含学生的成绩数据。键为学生姓名，值为对应的成绩。grades={'Alice'：85，'Bob'：92，'Charlie'：78，'David'：88，'Emily'：95}。

（2）使用 plt.bar( )函数绘制柱状图，展示每个学生的成绩。柱状图的 x 轴为学生姓名，y 轴为成绩。

（3）添加适当的标签和标题，使图形清晰易懂。

（4）在每个柱状图上方添加文本标注，显示每个学生的具体成绩。

（5）设置图形尺寸以显示所有柱状图（8 英寸长，6 英寸高）。

解析过程：

Python 代码如下。

```
import matplotlib.pyplot as plt

# 学生成绩数据
grades = {
    'Alice': 85,
    'Bob': 92,
    'Charlie': 78,
```

```
    'David': 88,
    'Emily': 95
}

# 学生姓名和成绩
students = list(grades.keys())
scores = list(grades.values())

# 设置图形尺寸
fig = plt.figure(figsize=(8, 6))

# 绘制柱状图
plt.bar(students, scores)

# 添加文本标注
for i, score in enumerate(scores):
    plt.text(i, score + 1, str(score), ha='center', va='bottom')

# 添加标签和标题
plt.xlabel('学生姓名')
plt.ylabel('成绩')
plt.title('学生成绩柱状图')

# 显示图表
plt.show()
```

首先，我们创建了一个名为 grades 的字典，其中包含了学生的成绩数据。

使用 plt.bar( )函数绘制了柱状图，通过传入学生姓名和对应的成绩作为 x 轴和 y 轴的数据。

使用 plt.text( )函数在每个柱状图上方添加了文本标注，显示了每个学生的具体成绩。

添加了适当的标签和标题，使图形更具可读性。

最后，使用 plt.show( )函数显示了绘制好的图表。

3. 案例讲解

案例目标：对绘制的图表添加必要的辅助元素（如辅助线、网格、标题、标签等），方便后续的数据分析。

根据案例目标的要求，对之前任务所绘制的图表添加必要的辅助元素（如辅助线、网格、标题、标签），方便后续的数据分析，结合所学内容，具体操作如下。

Python 代码为：

```
import pandas as pd
import matplotlib.pyplot as plt

# 文件路径和工作簿名称
file_path = r'C:\Users\Lenovo\Python 教材编写\项目 5\任务 5.1 数据（全）.xlsx'
sheet_name = '2022 级统计与会计核算 1 班'
```

```
# 读取 Excel 文件
df = pd.read_excel(file_path, sheet_name=sheet_name)

# 提取指定列的数据
python_scores = df['Python']
stats_scores = df['统计实务']

# 创建图形和子图
fig, (ax1, ax2) = plt.subplots(nrows=2, ncols=1, figsize=(8, 8))

# 绘制折线图
ax1.plot(python_scores)
ax1.set_title('Python 成绩折线图')
ax1.set_xlabel('学生序号')
ax1.set_ylabel('Python 成绩')

# 添加辅助线
ax1.axhline(y=60, color='red', linestyle='--', label='辅助线')

# 添加网格线
ax1.grid(True)

# 绘制柱状图
ax2.bar(df.index, stats_scores)
ax2.set_title('统计实务成绩柱状图')
ax2.set_xlabel('学生序号')
ax2.set_ylabel('统计实务成绩')

# 添加辅助线
ax2.axhline(y=60, color='blue', linestyle='--', label='辅助线')

# 添加网格线
ax2.grid(True)

# 调整子图之间的间距
plt.tight_layout()

# 显示图表
plt.show()
```

输出的 Python 成绩折线图和统计实务成绩柱状图如图 5.20 所示。

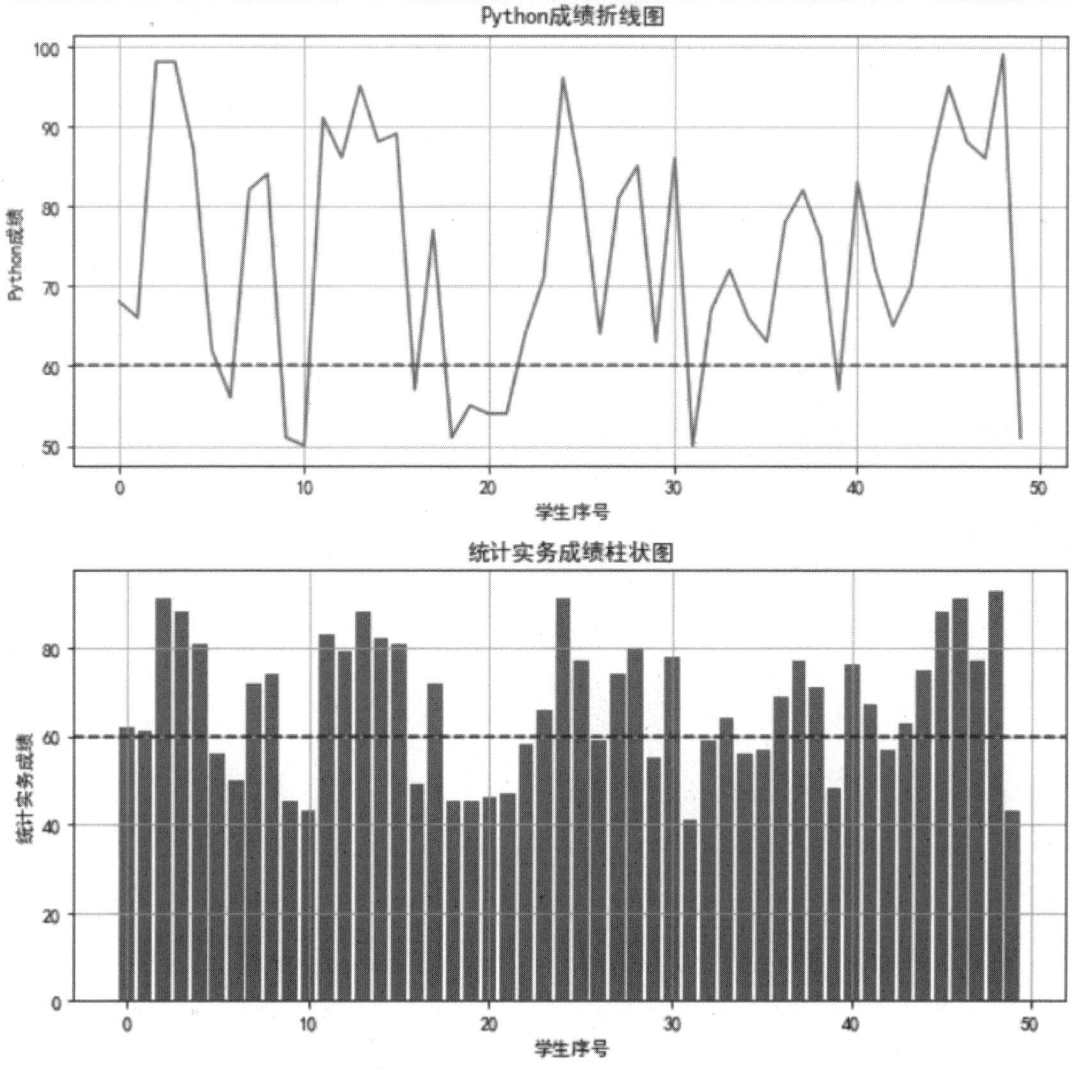

图 5.20　Python 成绩折线图和统计实务成绩柱状图

在上述示例中，我们首先通过使用 subplots( )函数创建了一个具有两个子图的图形；然后，对每个子图分别进行设置和绘制，包括添加标题、标签、辅助线和网格线等；最后，使用 tight_layout( )函数调整子图之间的间距，以确保图形显示完整。

5.2.3 任务实操

任务 5.2 任务工单

任务名称	绘制常规可视化图表	专业		班级	
学生姓名		学生学号		任务成绩	
任务准备		任务场地		完成日期	
任务描述	使用 matplotlib 库从销售数据中生成可视化图表，如柱状图和折线图，以便让学生更好地理解销售趋势和模式				

任务提出：数据可视化是数据分析不可或缺的一部分，它帮助分析师和业务人员直观理解数据趋势和洞察。matplotlib 是 Python 中一个强大的库，能够创建多种格式的图表。本任务通过教授学生如何使用 matplotlib 绘制销售数据的图表（如柱状图和折线图），使学生能够将理论知识应用于实际的商业分析中，增强他们解读和呈现数据的能力。

任务目标：

1. 使用 matplotlib 库创建基本的图表。

2. 生成销售数据的柱状图和折线图，以可视化不同产品的销售表现和趋势。

3. 根据自己所学专业领域，思考本任务所学知识还有哪些应用场景，要实现具体的应用，还需要继续学习哪些知识。

任务准备：

1. 包含时间序列销售数据的数据集。
2. Python 环境，确保已安装 matplotlib 库。
3. 示例代码，展示如何从销售数据中提取信息并绘图。

1. 任务设计

● 框架规划：设计一个系统，使学生能够使用 Python 的 matplotlib 库来创建销售数据的可视化图表，如柱状图和折线图。通过这一任务，学生将学习如何将复杂的数据集转换为直观的图形，这是数据分析中的一项重要技能。

● 资料收集：教师需要准备包含多维度销售数据的 Excel 文件（Visualization_Sales_Data），如销售日期、商品名称、数量和单价。多维度销售数据如表 5.3 所示。

表 5.3　多维度销售数据

日期	商品名称	数量	单价/元
2023-01-01 00：00：00	蓝莓	34	5.15
2023-01-02 00：00：00	香蕉	74	16.67
2023-01-03 00：00：00	橙子	64	7.04
2023-01-04 00：00：00	葡萄	72	9.44
2023-01-05 00：00：00	蓝莓	28	11.85
…	…	…	…
2023-04-10 00：00：00	草莓	54	3.87

● 数据和示例解释：提供示例数据集以及对应的图表展示需求，帮助学生理解期望的图表输出格式和内容。

● 设计引导：教师将展示如何从 Excel 文件中读取数据。演示如何使用 matplotlib 创建不同类型的图表，并解释每种图表的适用场景。

2. 任务实施

● 编写代码：学生根据教师的指导，编写 Python 代码来读取销售数据，并根据数据特点选择合适的图表类型进行绘制。

● 细节调整：学生需要调整图表的颜色、标签、标题等元素，确保图表既美观又信息丰富。

● 小组讨论：学生在小组内分享各自的图表设计，探讨如何改进图表的表达力和美观度。

3. 任务检查

● 自我审核：学生需要检查自己的图表是否准确反映了数据的意图，确认所有图表元素都已正确显示。

● 小组互评：学生们相互评价对方的图表设计，提供反馈以改善数据的视觉表达。

● 教师评审：教师检查每个学生的图表，评估图表的准确性、设计美观及数据解释的有效性。

4. 任务评价

● 成果展示：学生展示他们的图表，解释所选图表类型和设计理念。

● 评价说明：基于图表的设计创意、数据准确性和视觉吸引力进行评分。

- 评价标准：任务 5.2 评价标准见表 5.4。

表 5.4　任务 5.2 评价标准

评分项	分值（权重）	详细说明
图表的准确性	30 分	图表是否准确反映数据：每展示一次准确的图表得 10 分
视觉表达	40 分	图表是否美观、易于理解：颜色、标签使用得当各得 20 分
创意与原创性	30 分	图表是否展现出创意和深入的数据洞察：设计具有创新性得 15 分，数据解释有深度得 15 分

任务 5.2 微课

5.2.4 任务测评

任务测评表

效果测评要素	具体评价内容	评价等级
知识点 1：图表类型的选择	学生是否能根据数据特点选择恰当的图表类型	优秀/良好/中等/及格/不及格
知识点 2：图表设计技巧	学生是否掌握了图表设计的基本技巧，如设置颜色、标签等	优秀/良好/中等/及格/不及格
综合测评 1：图表的准确性	图表是否准确无误地表示了数据信息	优秀/良好/中等/及格/不及格
综合测评 2：创意与原创性	图表设计是否具有创意，是否能够深入表达数据背后的故事	优秀/良好/中等/及格/不及格
薄弱项记录		
没学懂的知识		
没掌握的技能		
我想提升的素养		
教师签字		

任务 5.3　成绩的描述性统计与分析

5.3.1　数据的清洗和整理

1. 任务知识

数据清洗是数据分析的重要步骤之一，它涉及对原始数据的处理和转换，以确保数据的准确性、一致性和完整性。在现实世界的数据中，常常会存在缺失值、重复值、异常值和格式不一致等问题，这些问题可能会影响到后续的分析和模型建立的过程。因此，数据清洗是为了提高数据质量、准确性和可信度，使数据更加适合进行进一步的分析和应用。数据清洗的主要内容如下。

1）处理缺失值

检测数据中的缺失值，并根据需求进行处理，如删除包含缺失值的行或列，或者使用插值等方法填充缺失值。

具体操作如下：

```
# 检测缺失值
missing_values=df.isnull( ).sum( ).sum( )
# 删除包含缺失值的行
df.dropna( )

# 使用均值填充缺失值
df.fillna (df.mean( ))
```

2）处理重复值

检测数据中的重复值，并根据需求进行处理，如删除重复的行或列，或者将重复值进行合并或聚合。

具体操作如下：

```
# 检测重复值
duplicates=df.duplicated( ).sum( )
# 删除重复的行
df.drop_duplicates( )

# 合并重复值
df.groupby ('column_name') .sum( )
```

3）处理异常值

检测数据中的异常值，并根据需求进行处理，如基于统计方法或领域知识判断异常值，并对其进行修正、删除或替换。

具体操作如下：

```
# 检测异常值（例如：成绩大于 100）
scores_above_100= (df>100) .sum( ).sum( )
# 根据条件判断异常值并替换
df.loc [df ['column_name'] >100, 'column_name'] =100

# 删除异常值所在的行
```

```
df=df.drop(df[df['column_name']>100].index)
```

4）格式转换

将数据转换为正确的格式，如将字符串转换为数值型，调整日期和时间格式等。

具体操作如下：

```
# 转换数据类型
df['column_name']=df['column_name'].astype(float)

# 调整日期格式
df['date_column']=pd.to_datetime(df['date_column'], format='%Y-%m-%d')
```

5）数据筛选

根据特定条件筛选数据，如基于某一列的取值范围、布尔条件或其他逻辑表达式对数据进行筛选。

具体操作如下：

```
# 根据条件筛选数据
filtered_data=df[df['column_name']>10]

# 使用多个条件筛选数据
filtered_data=df[(df['column_name1']>10) & (df['column_name2']=='value')]
```

根据具体的数据情况和清洗需求，可以结合使用这些操作方法来进行数据清洗。

2. 练一练

（1）处理缺失值。假设你是一家电商公司的数据分析师，负责分析用户购买行为数据。你得到了一个用户购买记录的数据集，其中包含了用户 ID、购买金额和购买时间等信息。然而，由于系统错误和数据采集问题，数据集中存在一些缺失值。你的任务是对这些缺失值进行处理。

数据集如下：

User ID	Purchase Amount	Purchase Time
1	20	2021-01-01 10：30：00
2	NaN	2021-01-01 11：15：00
3	35	NaN
4	50	2021-01-02 09：45：00
5	NaN	NaN

请你使用 Python 编写代码，完成以下任务：

① 检测数据集中的缺失值，并统计每个特征列中缺失值的数量。

② 根据缺失值的情况，选择适当的方法对缺失值进行处理，如删除包含缺失值的行或列，或使用均值或中位数填充缺失值。

③ 完成数据清洗后，输出处理后的数据集。

解析过程：

```
import pandas as pd

# 创建数据集
data = {
    'User ID': [1, 2, 3, 4, 5],
```

```
        'Purchase Amount': [20, None, 35, 50, None],
        'Purchase Time': ['2021-01-01 10:30:00', '2021-01-01 11:15:00', None, 
'2021-01-02 09:45:00', None]
    }

    # 创建 DataFrame
    df = pd.DataFrame(data)

    # 统计缺失值数量
    missing_values = df.isnull().sum()

    # 输出缺失值数量
    print("缺失值数量:")
    print(missing_values)

    # 处理缺失值，删除包含缺失值的行
    df_cleaned = df.dropna()

    # 输出处理后的数据集
    print("处理后的数据集:")
    print(df_cleaned)
```

（2）处理重复值。假设你是一家市场调研公司的数据分析师，负责分析顾客满意度调查的数据。你得到了一份顾客调查数据集，其中包含了顾客 ID、调查问题和得分等信息。然而，由于数据采集和输入错误，数据集中存在一些重复值。你的任务是对这些重复值进行处理。

数据集如下：

Customer ID	Question	Score
1	How satisfied?	4
2	How likely?	5
3	How satisfied?	3
4	How likely?	4
5	How satisfied?	4

请你使用 Python 编写代码，完成以下任务：

① 检测数据集中的重复值，并统计重复值的数量。

② 根据重复值的情况，选择适当的方法对重复值进行处理，如删除重复的行或列，或将重复值进行合并或聚合。

③ 完成数据清洗后，输出处理后的数据集。

解析过程：

```
    import pandas as pd

    # 创建数据集
    data = {
        'Customer ID': [1, 2, 3, 4, 5],
        'Question': ['How satisfied?', 'How likely?', 'How satisfied?', 'How 
likely?', 'How satisfied?'],
```

```
    'Score': [4, 5, 3, 4, 4]
}

# 创建 DataFrame
df = pd.DataFrame(data)

# 统计重复值数量
duplicate_values = df.duplicated().sum()

# 输出重复值数量
print("重复值数量:")
print(duplicate_values)

# 处理重复值，删除重复的行
df_cleaned = df.drop_duplicates()

# 输出处理后的数据集
print("处理后的数据集:")
print(df_cleaned)
```

（3）处理异常值。假设你是一家汽车制造公司的质量控制专员，负责分析汽车零部件的尺寸数据。你得到了一份零部件尺寸数据集，其中包含了零部件 ID、尺寸值和测量时间等信息。然而，由于设备故障和人为误操作，数据集中存在一些异常值。你的任务是对这些异常值进行处理。

数据集如下：

Part ID	Dimension	Measurement Time
1	10.5	2021-01-01 08：30：00
2	12.0	2021-01-01 09：15：00
3	10.8	2021-01-01 10：00：00
4	14.2	2021-01-01 11：30：00
5	16.5	2021-01-01 12：15：00

请你使用 Python 编写代码，完成以下任务：

① 检测数据集中的异常值，并根据业务规则或统计方法判断异常值。

② 根据异常值的情况，选择适当的方法对异常值进行处理，如基于统计方法或领域知识判断异常值，并对其进行修正、删除或替换。

③ 完成数据清洗后，输出处理后的数据集。

解析过程：

```
import pandas as pd

# 创建数据集
data = {
    'Part ID': [1, 2, 3, 4, 5],
    'Dimension': [10.5, 12.0, None, 14.2, 16.5],
    'Measurement Time': ['2021-01-01 08:30:00', '2021-01-01 09:15:00',
'2021-01-01 10:00:00', '2021-01-01 11:30:00', '2021-01-01 12:15:00']
```

```
    }

    # 创建 DataFrame
    df = pd.DataFrame(data)

    # 检测异常值，根据业务规则判断异常值
    outliers = df['Dimension'] > 15

    # 处理异常值，将异常值替换为 None
    df.loc[outliers, 'Dimension'] = None

    # 输出处理后的数据集
    print("处理后的数据集:")
    print(df)
```

（4）格式转换。假设你是一家新闻媒体的数据编辑，负责整理和清洗新闻数据。你得到了一份新闻标题数据集，其中包含了新闻 ID、标题内容和发布时间等信息。然而，由于不同编辑人员的输入和来源的多样性，数据集中的标题格式不一致。你的任务是对这些格式不一致的数据进行处理。

数据集如下：

News ID	Title	Publish Time
1	Apple launches new iPhone	2021-01-01 08：30：00
2	Microsoft introduces Surface Laptop	2021-01-01 09：15：00
3	amazon's new Echo speaker released	2021-01-01 10：00：00
4	Tesla unveils Model 3	2021-01-01 11：30：00
5	GOOGLE ANNOUNCES PIXEL 6 PHONE	2021-01-01 12：15：00

请你使用 Python 编写代码，完成以下任务：

① 检测数据集中的标题格式不一致，并统计不同格式的数量。

② 根据格式不一致的情况，选择适当的方法对标题进行统一格式处理，如转换为小写字母、去除标点符号、修正拼写错误等。

③ 完成数据清洗后，输出处理后的数据集。

解析过程：

```
    import pandas as pd

    # 创建数据集
    data = {
        'News ID': [1, 2, 3, 4, 5],
        'Title': ['Apple launches new iPhone', 'Microsoft introduces Surface
Laptop', "amazon's new Echo speaker released", 'Tesla unveils Model 3', 'GOOGLE
ANNOUNCES PIXEL 6 PHONE'],
        'Publish Time': ['2021-01-01 08:30:00', '2021-01-01 09:15:00', '2021-01-01
10:00:00', '2021-01-01 11:30:00', '2021-01-01 12:15:00']
    }

    # 创建 DataFrame
```

```
df = pd.DataFrame(data)

# 统计标题格式不一致的数量
inconsistent_formats = df['Title'].str.contains('[A-Z]{2,}').sum()

# 格式不一致处理，将标题转换为小写字母
df['Title'] = df['Title'].str.lower()

# 输出处理后的数据集
print("处理后的数据集:")
print(df)
```

（5）数据筛选。假设你是一家电子商务公司的市场营销经理，负责分析用户购买行为数据。你得到了一个用户购买记录的数据集，其中包含了用户 ID、购买金额和购买时间等信息。你希望筛选出购买金额大于 100 的高价值客户数据进行分析。

数据集如下：

User ID	Purchase Amount	Purchase Time
1	50	2021–01–01 08：30：00
2	120	2021–01–01 09：15：00
3	80	2021–01–01 10：00：00
4	200	2021–01–01 11：30：00
5	150	2021–01–01 12：15：00

请你使用 Python 编写代码，完成以下任务：

① 根据购买金额的条件，筛选出购买金额大于 100 的高价值客户数据。

② 输出筛选后的数据集。

解析过程：

```
import pandas as pd

# 创建数据集
data = {
    'User ID': [1, 2, 3, 4, 5],
    'Purchase Amount': [50, 120, 80, 200, 150],
    'Purchase Time': ['2021-01-01 08:30:00', '2021-01-01 09:15:00',
'2021-01-01 10:00:00', '2021-01-01 11:30:00', '2021-01-01 12:15:00']
}

# 创建 DataFrame
df = pd.DataFrame(data)

# 根据购买金额筛选高价值客户数据
high_value_customers = df[df['Purchase Amount'] > 100]

# 输出筛选后的数据集
print("筛选后的数据集:")
print(high_value_customers)
```

3. 案例讲解

案例目标：对 2022 级统计与会计核算 1 班同学的成绩进行整理和清洗，确保数据的准确性和一致性。

待处理文件的路径及文件名为"C：/Users/Lenovo/Python 教材编写/项目五/任务三数据（全）.xlsx"，处理数据所处的工作簿为"2022 级统计与会计核算 1 班成绩（未清洗）"，根据所学数据清洗的知识，首先我们需要查看数据是否存在重复值、空值、异常值和数据类型不对的情况，然后再删除对应数据记录，最后将清洗后的数据保存在一个新工作簿“2022 级统计与会计核算 1 班成绩（已清洗）”中。

解析过程：

先找到哪些数据存在重复值、空值、异常值的情况，而数据类型不统一的情况可以统一调整。

```
import pandas as pd

# 读取 Excel 文件
file_path = "C:/Users/Lenovo/Python 教材编写/项目五/任务三数据（全）.xlsx"
sheet_name = "2022 级统计与会计核算 1 班成绩（未清洗）"
df = pd.read_excel(file_path, sheet_name)

# 检测重复值
duplicate_rows = df[df.duplicated()]
if not duplicate_rows.empty:
    print("存在重复值的数据：")
    print(duplicate_rows)

# 检测空值
missing_values = df[df.isnull().any(axis=1)]
if not missing_values.empty:
    print("存在空值的数据：")
    print(missing_values)

# 检测大于 100 的成绩
columns_to_check = ['Python', '统计实务', '管理会计', '市场调查与预测', 'Excel
在财务管理中的应用']
for column in columns_to_check:
    values_above_100 = df[df[column] > 100]
    if not values_above_100.empty:
        print(f"存在大于 100 的成绩({column})：")
        print(values_above_100)

# 调整数据格式为数值型
for column in columns_to_check:
    df[column] = pd.to_numeric(df[column], errors='coerce')

# 输出处理后的数据
print("处理后的数据：")
print(df)
```

在上述代码中，我们首先进行了重复值的检测，并将结果存储在 duplicate_rows 中；其次，我们进行了空值的检测，并将结果存储在 missing_values 中；再次，我们对每个指标进行了大于 100 的成绩检测，并将结果存储在 values_above_100 中；最后，我们将指定的数据列中的数据调整为数值型。

重复值、空值、异常值的查询如图 5.21 所示。

```
存在重复值的数据:
         学号   姓名              班级  Python  统计实务  管理会计  市场调查与预测  Excel在财务管理中的应用
4  20220304  高远飞  2022级统计与会计核算1班    98    88    92       94            95.0
存在空值的数据:
         学号   姓名              班级  Python  统计实务  管理会计  市场调查与预测  Excel在财务管理中的应用
22  20220322  麦建波  2022级统计与会计核算1班    54    47    62       57            NaN
27  20220327  马利那  2022级统计与会计核算1班    64    59    73       69            NaN
存在大于100的成绩(市场调查与预测):
         学号   姓名              班级  Python  统计实务  管理会计  市场调查与预测  Excel在财务管理中的应用
25  20220325  安婷婷  2022级统计与会计核算1班    96    91    90      970            92.0
处理后的数据:
         学号   姓名              班级  Python  统计实务  管理会计  市场调查与预测  Excel在财务管理中的应用
0  20220301   杨盼  2022级统计与会计核算1班    68    62    77       73            66.0
1  20220302   王芳  2022级统计与会计核算1班    66    61    73       69            58.0
2  20220303  马玲玲  2022级统计与会计核算1班    98    91    93       91            94.0
3  20220304  高远飞  2022级统计与会计核算1班    98    88    92       94            95.0
4  20220304  高远飞  2022级统计与会计核算1班    98    88    92       94            95.0
```

图 5.21　重复值、空值、异常值的查询

找到了哪些数据存在问题以后，接下来就是对这些数据进行清洗和整理。

```
import pandas as pd

# 读取 Excel 文件
file_path = "C:/Users/Lenovo/Python 教材编写/项目五/任务三数据（全）.xlsx"
sheet_name = "2022 级统计与会计核算 1 班成绩（未清洗）"
df = pd.read_excel(file_path, sheet_name)

# 检测重复值并删除
df.drop_duplicates(inplace=True)

# 检测空值并删除
df.dropna(inplace=True)

# 检测大于 100 的成绩并删除
columns_to_check = ['Python', '统计实务', '管理会计', '市场调查与预测', 'Excel
在财务管理中的应用']
for column in columns_to_check:
    df = df[df[column] <= 100]

# 调整数据格式为数值型
for column in columns_to_check:
    df[column] = pd.to_numeric(df[column], errors='coerce')

# 输出处理后的数据
print(df)
```

清洗后的数据如图 5.22 所示。

	学号	姓名	班级	Python	统计实务	管理会计	市场调查与预测	Excel在财务管理中的应用
0	20220301	杨盼	2022级统计与会计核算1班	68	62	77	73	66.0
1	20220302	王芳	2022级统计与会计核算1班	66	61	73	69	58.0
2	20220303	马玲玲	2022级统计与会计核算1班	98	91	93	91	94.0
3	20220304	高远飞	2022级统计与会计核算1班	98	88	92	94	95.0
5	20220305	董奕灵	2022级统计与会计核算1班	87	81	95	91	86.0
6	20220306	徐秋萍	2022级统计与会计核算1班	62	56	69	64	59.0
7	20220307	李玉娇	2022级统计与会计核算1班	56	50	62	59	48.0
8	20220308	赵悦山	2022级统计与会计核算1班	82	72	89	84	78.0
9	20220309	罗言行	2022级统计与会计核算1班	84	74	92	87	85.0
10	20220310	李颖	2022级统计与会计核算1班	51	45	60	57	47.0
11	20220311	董洁	2022级统计与会计核算1班	50	43	59	54	50.0
12	20220312	杨倩	2022级统计与会计核算1班	91	83	99	96	92.0
13	20220313	邵宗彦	2022级统计与会计核算1班	86	79	95	92	82.0
14	20220314	贺舒宇	2022级统计与会计核算1班	95	88	100	95	92.0
15	20220315	宋俊熙	2022级统计与会计核算1班	88	82	98	94	87.0
16	20220316	张鹏	2022级统计与会计核算1班	89	81	99	96	92.0
17	20220317	朱琪	2022级统计与会计核算1班	57	49	65	62	57.0
18	20220318	杨丽芬	2022级统计与会计核算1班	77	72	87	82	74.0
19	20220319	李建会	2022级统计与会计核算1班	51	45	61	58	57.0
20	20220320	李佳玉	2022级统计与会计核算1班	55	45	63	58	54.0
21	20220321	徐邦怀	2022级统计与会计核算1班	54	46	61	58	46.0
23	20220323	段盛情	2022级统计与会计核算1班	64	58	74	69	62.0
24	20220324	马诺军	2022级统计与会计核算1班	71	66	79	75	72.0
26	20220326	孟城驿	2022级统计与会计核算1班	83	77	92	87	83.0
28	20220328	和燕	2022级统计与会计核算1班	81	74	91	87	76.0
29	20220329	左继妤	2022级统计与会计核算1班	85	80	91	86	81.0
30	20220330	吴海燕	2022级统计与会计核算1班	63	55	68	64	61.0
31	20220331	赵一丹	2022级统计与会计核算1班	86	78	92	87	86.0
32	20220332	杨世齐	2022级统计与会计核算1班	50	41	56	51	45.0

图 5.22　清洗后的数据

最后，我们需要将清洗后的数据存储起来。为了方便查找和对比我们把清洗后的数据，在此 Excel 文件中新建一个工作簿，命名为“2022 级统计与会计核算 1 班成绩（已清洗）”，用于存储清洗后的数据。

具体代码如下：

```
import pandas as pd
from openpyxl import load_workbook

# 读取 Excel 文件
file_path = "C:/Users/Lenovo/Python 教材编写/项目 5/任务 5.3 数据（全）.xlsx"
sheet_name = "2022 级统计与会计核算 1 班成绩（未清洗）"
df = pd.read_excel(file_path, sheet_name)

# 检测并删除重复值
df.drop_duplicates(inplace=True)

# 删除空值
df.dropna(inplace=True)

# 删除大于 100 的成绩
columns_to_check = ['Python', '统计实务', '管理会计', '市场调查与预测', 'Excel
在财务管理中的应用']
for column in columns_to_check:
    df = df[df[column] <= 100]

# 调整数据格式为数值型
for column in columns_to_check:
```

```
    df[column] = pd.to_numeric(df[column], errors='coerce')

# 打开 Excel 文件
book = load_workbook(file_path)

# 创建新的工作表
output_sheet_name = "2022 级统计与会计核算 1 班成绩（已清洗）"
book.create_sheet(output_sheet_name)

# 获取新的工作表
sheet = book[output_sheet_name]

# 将表头写入新的工作表
headers = df.columns.tolist()
sheet.append(headers)

# 将数据行写入新的工作表
for index, row in df.iterrows():
    sheet.append(row.tolist())

# 保存更新后的 Excel 文件
output_file_path = "C:/Users/Lenovo/Python 教材编写/项目 5/任务 5.3 数据(全).xlsx"
book.save(output_file_path)
```

新建工作簿存储清洗后的数据如图 5.23 所示。

1	学号	姓名	班级	Python	统计实务	管理会计	市场调查与	Excel在财务管理中的应用
2	20220301	杨盼	2022级统计	68	62	77	73	66
3	20220302	王芳	2022级统计	66	61	73	69	58
4	20220303	马玲玲	2022级统计	98	91	93	91	94
5	20220304	高远飞	2022级统计	98	88	92	94	95
6	20220305	董奕灵	2022级统计	87	81	95	91	86
7	20220306	徐秋萍	2022级统计	62	56	69	64	59
8	20220307	李玉娇	2022级统计	56	50	62	59	48
9	20220308	赵悦山	2022级统计	82	72	89	84	78
10	20220309	罗言行	2022级统计	84	74	92	87	85
11	20220310	李颖	2022级统计	51	45	60	57	47
12	20220311	董洁	2022级统计	50	43	59	54	50
13	20220312	杨倩	2022级统计	91	83	99	96	92
14	20220313	邵宗彦	2022级统计	86	79	95	92	82
15	20220314	贺舒宇	2022级统计	95	88	100	95	92
16	20220315	宋俊熙	2022级统计	88	82	98	94	87
17	20220316	张鹏	2022级统计	89	81	99	96	92
18	20220317	朱琪	2022级统计	57	49	65	62	57
19	20220318	杨丽芬	2022级统计	77	72	87	82	74
20	20220319	李建会	2022级统计	51	45	61	58	57

2022级统计与会计核算1班成绩（未清洗）　2022级统计与会计核算1班成绩（已清洗）

图 5.23　新建工作簿存储清洗后的数据

至此，第一个任务就圆满完成了。

5.3.2　描述性统计与分析

1. 任务知识

描述性统计与分析是对数据集的基本特征和属性进行概括和总结的过程。它提供了对数据的定量描述，以便更好地理解和解释数据。下面是一些常见的描述性统计与分析方法和概念。

1）中心趋势测量

平均值（均值）：所有观测值的总和除以观测数量。

中位数：将所有观测值按顺序排列，取中间位置的值。

众数：数据集中出现最频繁的值或值的集合。

2）变异程度测量

方差：观测值与均值之差的平方和的平均值。

标准差：方差的平方根，表示观测值与均值之间的平均偏差。

范围：观测值的最大值和最小值之间的差异。

3）分布形态测量

偏度：描述数据分布的对称性或偏斜程度。正偏斜表示分布右侧的尾部较长，负偏斜表示分布左侧的尾部较长。

峰度：描述数据分布的峰值或尖度。正峰度表示数据集具有较尖锐的峰值，负峰度表示数据集具有较平坦的峰值。

描述性统计与分析可以帮助我们了解数据的整体情况、发现异常值、探索变量之间的关系等，从而为进一步的数据分析和决策提供基础。

我们可以用封装好的统计描述函数 describe( )来对数据进行统计分析，具体用法如下。

例题 5.27

```
import numpy as np
import pandas as pd


# 生成随机列表数据
np.random.seed(42)
data = np.random.randint(0, 100, size=100)


# 将列表数据转换为数据框
df = pd.DataFrame(data, columns=['数据'])


# 使用 describe()函数获取描述性统计信息
summary_stats = df.describe()


# 打印描述性统计信息
print(summary_stats)
```

参考输出结果为：

```
            数据
count  100.000000
mean    50.540000
std     29.425963
min      1.000000
25%     22.500000
```

```
50%     53.000000
75%     75.500000
max     99.000000
```

在这个例子中，我们使用 NumPy 库生成了一个包含 100 个随机整数的列表数据。然后，将该列表数据转换为一个名为 df 的数据框。接下来，我们使用 describe( )函数获取了该数据框的描述性统计信息，并将结果打印出来（由于数据是随机生成的，所以输出结果每一次运行代码都不一样）。

运行代码后，将获得包含计数、均值、标准差、最小值、25%分位数、中位数、75%分位数和最大值的统计摘要。这些统计量将帮助我们了解数据的中心趋势、分布范围和数据分散程度等重要信息。

并不是每次都固定需要这些统计量来描述数据分布，所以我们还需要知道具体调用某一统计量的方法，具体操作如下。

例题 5.28

```
import pandas as pd
import numpy as np

# 生成随机列表数据
np.random.seed(42)
data = np.random.randint(0, 100, size=100)

# 将列表数据转换为数据框
df = pd.DataFrame(data, columns=['数据'])

# 计算平均值
mean = df['数据'].mean()

# 计算中位数
median = df['数据'].median()

# 计算众数
mode = df['数据'].mode()

# 计算方差
variance = df['数据'].var()

# 计算标准差
std_deviation = df['数据'].std()

# 计算范围
data_range = np.ptp(df['数据'])

# 计算偏度
skewness = df['数据'].skew()

# 计算峰度
```

```
kurtosis = df['数据'].kurtosis()

# 计算百分位数
percentile = df['数据'].quantile(0.75)  # 计算第 75 百分位数

# 输出统计量结果
print("平均值：\n", mean)
print("中位数：\n", median)
print("众数：\n", mode)
print("方差：\n", variance)
print("标准差：\n", std_deviation)
print("范围：\n", data_range)
print("偏度：\n", skewness)
print("峰度：\n", kurtosis)
print("百分位数：\n", percentile)
```

参考输出结果为：

```
平均值：
 50.54
中位数：
 53.0
众数：
 0    61
dtype: int32
方差：
 865.8872727272732
标准差：
 29.42596256245959
范围：
 98
偏度：
 -0.21516699907814932
峰度：
 -1.1457252736343462
百分位数：
 75.5
```

在这个例子中，我们使用 NumPy 库生成了一个包含 100 个随机整数的列表数据。然后，我们将该列表数据转换为一个名为 df 的数据框，并对数据框中的数据列进行描述性统计分析。

我们计算了平均值、中位数、众数、方差、标准差、极差、偏度、峰度和百分位数等统计量，并将结果打印出来。这些统计量提供了关于数据集的集中趋势、分布形状和离散程度等方面的信息，帮助我们对数据进行更全面的分析和理解。

至此，第二个任务圆满完成。

2. 练一练

请基于给定的 10 个数（51，92，14，71，60，20，82，86，74，74），完成以下任务：

（1）计算这组数据的常规描述性统计量 describe( )。

（2）计算这组数据的平均值、中位数和众数。

（3）计算这组数据的方差和标准差。

解析过程：

（1）

```
import pandas as pd
import numpy as np

# 假设这是你的数据列表
data_list = [51, 92, 14, 71, 60, 20, 82, 86, 74, 74]

# 将列表数据转换为数据框
df = pd.DataFrame(data_list, columns=['数据'])

# 计算常规描述性统计量
statistics = df['数据'].describe()

print(statistics)
```

输出结果为：

```
count    10.000000
mean     61.400000
std      27.346188
min      14.000000
25%      50.250000
50%      67.000000
75%      77.000000
max      92.000000
Name: 数据, dtype: float64
```

通过上述代码，我们使用 describe( )函数计算了数据的常规描述性统计量，包括计数（count）、平均值（mean）、标准差（std）、最小值（min）、25%分位数（25%）、中位数（50%）、75%分位数（75%）和最大值（max）。

（2）

```
import numpy as np

# 假设这是你的数据列表
data_list = [51, 92, 14, 71, 60, 20, 82, 86, 74, 74]

# 计算平均值
mean = np.mean(data_list)

# 计算中位数
median = np.median(data_list)

# 计算众数
mode = np.argmax(np.bincount(data_list))

print("平均值:", mean)
```

```
print("中位数:", median)
print("众数:", mode)
```

输出结果为：

```
平均值：62.4
中位数：67.0
众数：74
```

上述代码中，我们使用 NumPy 库的 mean( )函数计算平均值，median( )函数计算中位数。对于众数，我们使用 argmax( )函数和 bincount( )函数来找到出现次数最多的元素。

请注意，对于众数，如果有多个元素出现的次数相同且都是最大值，则 argmax( )函数只返回第一个出现的最大值。

（3）

```
import numpy as np

# 假设这是你的数据列表
data_list = [51, 92, 14, 71, 60, 20, 82, 86, 74, 74]

# 计算方差
variance = np.var(data_list)

# 计算标准差
std_deviation = np.std(data_list)

print("方差:", variance)
print("标准差:", std_deviation)
```

输出结果为：

```
方差：597.44
标准差：24.443821189167983
```

上述代码中，我们使用 NumPy 库的 var( )函数计算方差，std( )函数计算标准差。

方差衡量数据的离散程度，标准差是方差的平方根，用于衡量数据的离散程度与平均值之间的差异。标准差越大，数据越分散。

3. 案例讲解

案例目标：计算学生成绩的基本描述性统计量，如平均值、中位数、众数、标准差、方差、极差、偏度、峰度等。

根据任务要求，我们需要计算学生成绩的基本描述性统计量，如平均值、中位数、众数、标准差、方差、极差、偏度、峰度等，所以我们将任务拆解，首先需要读取目标数据，然后需要对数据中 Python、统计实务、管理会计、市场调查与预测、Excel 在财务管理中的应用五门课程的成绩根据所学知识进行描述性统计与分析。具体操作如下：

```
import pandas as pd

# 读取 Excel 文件
file_path = "C:/Users/Lenovo/Python 教材编写/项目 5/任务 5.3 数据（全）.xlsx"
sheet_name = "2022 级统计与会计核算 1 班成绩（已清洗）"
df = pd.read_excel(file_path, sheet_name)
```

```
# 行指标
index_to_calculate = ['Python', '统计实务', '管理会计', '市场调查与预测', 'Excel
在财务管理中的应用']

# 计算平均值
mean = df[index_to_calculate].mean()

# 计算中位数
median = df[index_to_calculate].median()

# 计算众数
mode = df[index_to_calculate].mode().iloc[0]  # 只取第一个众数

# 计算标准差
std_deviation = df[index_to_calculate].std()

# 计算方差
variance = df[index_to_calculate].var()

# 计算极差
data_range = df[index_to_calculate].max() - df[index_to_calculate].min()

# 计算偏度
skewness = df[index_to_calculate].skew()

# 计算峰度
kurtosis = df[index_to_calculate].kurtosis()

# 输出统计量结果
result_df = pd.DataFrame({
    '指标': index_to_calculate,
    '平均值': mean,
    '中位数': median,
    '众数': mode,
    '标准差': std_deviation,
    '方差': variance,
    '极差': data_range,
    '偏度': skewness,
    '峰度': kurtosis
})
print(result_df)
```

输出结果为：

```
指标                    平均值      中位数    众数     标准差      方差
Python                 74.106383   76.0     51.0     14.810739  219.358002
统计实务               67.085106   69.0     45.0     15.168374  230.079556
管理会计               80.936170   82.0     92.0     13.680205  187.148011
市场调查与预测         77.170213   77.0     87.0     13.960066  194.883441
Excel 在财务管理中的应用 72.297872   72.0     83.0     15.931804  253.822387

                       极差    偏度         峰度
Python                  49    -0.112920   -1.168272
统计实务                52    -0.119243   -1.131737
管理会计                44    -0.290997   -1.312690
市场调查与预测          46    -0.226369   -1.329359
Excel 在财务管理中的应用 53    -0.156849   -1.171456
```

至此，根据第二个任务要求，圆满完成第二个任务。

5.3.3 seaborn 绘图及相关关系测度

1. 任务知识

seaborn 是一个基于 matplotlib 的 Python 数据可视化库，它提供了高级的统计图表和美观的默认样式。seaborn 可以简化绘图过程，使得创建各种统计图表变得更加容易。在下面的示例中，将介绍如何使用 seaborn 绘制箱线图和散点图。

首先，确保已安装 seaborn。可以使用以下命令安装 seaborn：

```
pip install seaborn
```

然后，导入必要的库：

```
import seaborn as sns
import matplotlib.pyplot as plt
```

接下来，我们将使用示例数据创建箱线图和散点图。这里使用 seaborn 内置的 tips 数据集作为示例数据。

绘制箱线图：

```
# 加载示例数据
tips = sns.load_dataset('tips')

# 使用 Seaborn 绘制箱线图
sns.boxplot(x='day', y='total_bill', data=tips)

# 显示图表
plt.show()
```

上述代码中，我们指定了 x 轴和 y 轴的数据，然后使用 sns.boxplot( )函数绘制箱线图。箱线图可以用于显示不同分组或类别的数值数据的分布情况，包括中位数、上下四分位数和异常值。

绘制散点图：

```
# 加载示例数据
tips = sns.load_dataset('tips')

# 使用 Seaborn 绘制散点图
sns.scatterplot(x='total_bill', y='tip', data=tips)

# 显示图表
plt.show()
```

上述代码中，我们指定了 x 轴和 y 轴的数据，然后使用 sns.scatterplot( )函数绘制散点图。散点图可以用于显示两个数值变量之间的关系，可以帮助观察数据的分布、趋势以及可能的异常值。

以上示例展示了使用 seaborn 绘制箱线图和散点图的基本方法。你可以根据自己的需求进行进一步的定制和调整，seaborn 提供了丰富的函数和选项来实现各种类型的统计图表。

2. 案例讲解

案例目标：绘制箱线图描述五门课程成绩的分布情况，绘制散点图呈现 Python 和统计实务两门课程之间的相关关系，并测度相关关系的具体数据。

我们先根据所学知识绘制箱线图描述五门课程成绩的分布情况，具体操作如下：

```
import pandas as pd
import matplotlib.pyplot as plt
plt.rcParams['font.family'] = 'SimHei'
# 读取 Excel 文件
file_path = "C:/Users/Lenovo/Python 教材编写/项目 5/任务 5.3 数据（全）.xlsx"
sheet_name = "2022 级统计与会计核算 1 班成绩（已清洗）"
df = pd.read_excel(file_path, sheet_name)

# 提取行指标的数据
course_columns = ['Python', '统计实务', '管理会计', '市场调查与预测', 'Excel 在财
务管理中的应用']
course_data = df[course_columns]

# 绘制箱线图
plt.figure(figsize=(10, 6))  # 设置图形大小
plt.boxplot(course_data.values, labels=course_columns)  # 绘制箱线图
plt.title('成绩箱线图')  # 设置标题
plt.xlabel('课程')  # 设置 x 轴标签
plt.ylabel('成绩')  # 设置 y 轴标签
plt.show()  # 显示图形
```

五门课程成绩的箱线图如图 5.24 所示。

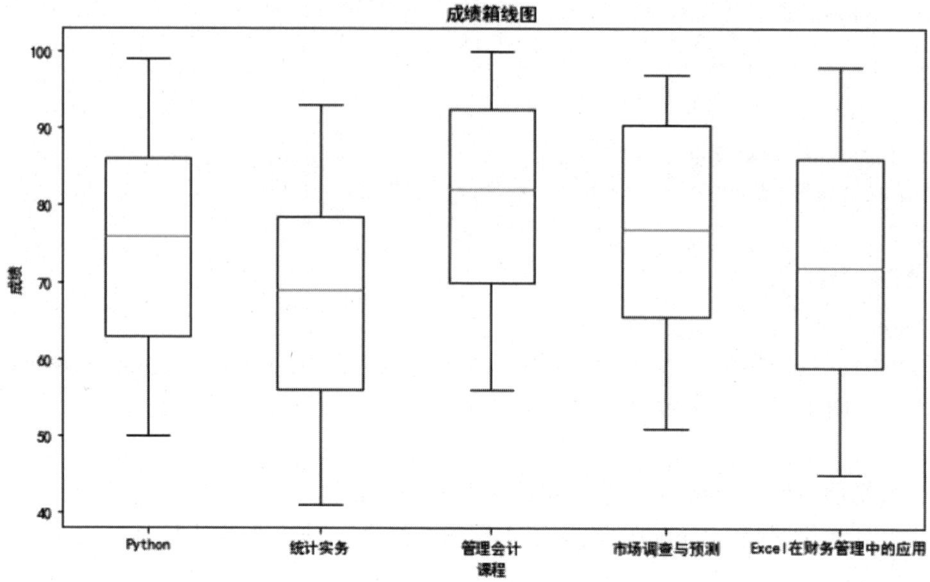

图 5.24　五门课程成绩的箱线图

在上述代码中，我们首先读取了 Excel 文件中的数据；其次提取了所需的行指标数据；再次，使用 matplotlib 的 boxplot( )函数绘制箱线图，传入行指标数据，并使用 labels 参数设置 x 轴标签；最后，设置标题和轴标签，并使用 show( )函数显示图形。

此后我们再绘制散点图呈现 Python 和统计实务两门课程之间的相关关系，并测度相关关系的具体数据。具体操作如下：

```
import pandas as pd
import seaborn as sns
import matplotlib.pyplot as plt

# 读取 Excel 文件
file_path = "C:/Users/Lenovo/Python 教材编写/项目 5/任务 5.3 数据（全）.xlsx"
sheet_name = "2022 级统计与会计核算 1 班成绩（已清洗）"
df = pd.read_excel(file_path, sheet_name)

# 提取 Python 和统计实务两门课程的成绩数据
python_scores = df['Python']
stats_scores = df['统计实务']

# 绘制散点图
plt.figure(figsize=(8, 6))  # 设置图形大小
sns.scatterplot(x=python_scores, y=stats_scores)  # 绘制散点图
plt.title('Python 与统计实务成绩的相关关系')  # 设置标题
plt.xlabel('Python 成绩')  # 设置 x 轴标签
plt.ylabel('统计实务成绩')  # 设置 y 轴标签
plt.show()  # 显示图形

# 计算相关系数
```

```
correlation = df[['Python', '统计实务']].corr()

# 输出相关系数
print('相关系数矩阵：')
print(correlation)
```

Python 与统计实务成绩的相关关系图如图 5.25 所示。

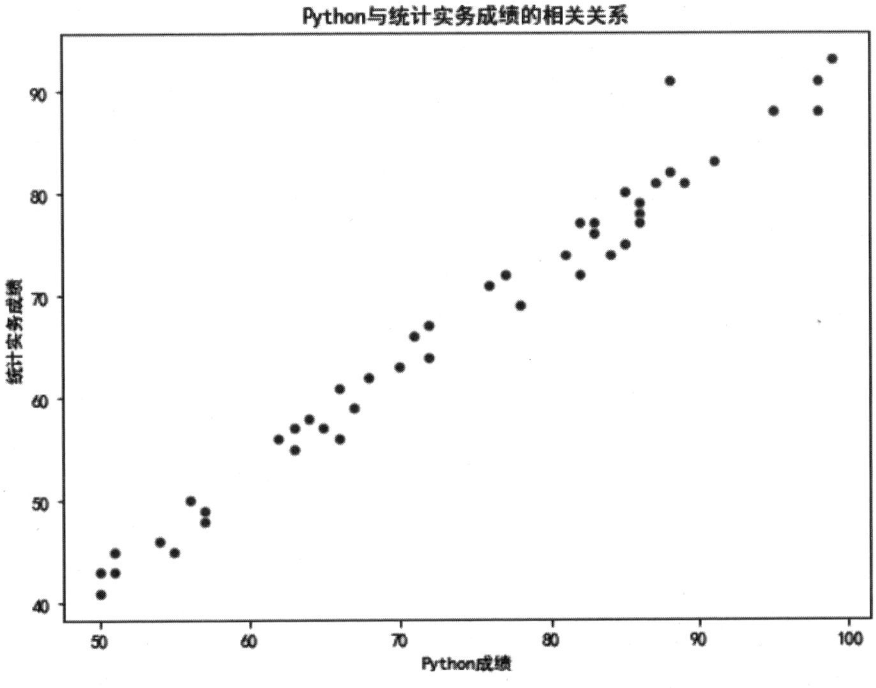

图 5.25　Python 与统计实务成绩的相关关系图

相关系数矩阵：

```
              Python      统计实务
Python       1.00000      0.98969
统计实务      0.98969      1.00000
```

在上述代码中，我们首先读取了 Excel 文件中的数据；其次，提取了 Python 和统计实务两门课程的成绩数据；再次，使用 seaborn 的 scatterplot( )函数绘制散点图，传入 Python 成绩和统计实务成绩数据，并使用 Matplotlib 进行图形的设置；最后，使用 Pandas 的 corr( )函数计算相关系数，并将结果打印出来。

至此，任务 5.3 所涉及的三个子任务已全部完成。

5.3.4 任务实操

任务 5.3 任务工单

任务名称	销售数据的描述性统计与分析	专业		班级	
学生姓名		学生学号		任务成绩	
任务准备		任务场地		完成日期	
任务描述	编写代码，对已录入的学生成绩进行描述性统计与分析				

任务提出：在任何商业决策过程中，了解数据的基本统计特性都极为重要。描述性统计提供了数据的集中趋势和分散趋势的快速概览，这对优化产品销售策略、理解市场动态等方面至关重要。通过此任务，学生将学习如何对销售数据进行清洗、处理，并应用描述性统计方法来分析数据，从而为实际商业应用提供数据支持和洞见。

任务目标：

1. 使用 pandas 进行数据清洗，包括处理缺失值和异常值。

2. 计算销售数据的描述性统计量，如均值、中位数、标准差等。

3. 分析和解释得到的统计结果，评估销售绩效。

任务准备：

1. 提供需要清洗的原始销售数据。
2. Python 环境中安装 pandas 库。
3. 提供教学材料，包括数据清洗方法、描述性统计方法和结果解释。

1. 任务设计

- 框架规划：设计一个系统，使学生能够使用 Python 的 pandas 库进行销售数据的描述性统计与分析。此任务旨在教授学生如何通过统计方法摘要数据，提供对数据集中趋势、分布和差异的深入了解。
- 资料收集：教师需要准备包含销售日期、商品名称、数量和单价的数据集（沿用任务 5.2 的数据）。
- 数据和示例解释：提供一个示例数据集，帮助学生理解哪些统计指标将被计算，如总和、均值、中位数、方差、标准差等。
- 设计引导：教师展示如何加载数据并使用 pandas 进行初步的数据检查，如检查缺失值和数据类型。教师演示如何计算和解释各种描述性统计量。

2. 任务实施

- 编写代码：学生将编写 Python 代码来计算销售数据的描述性统计量。
- 细节调整：学生需要确保他们的统计计算正确无误，并理解每个统计量的业务含义。
- 小组讨论：学生在小组内分享他们的发现，讨论统计结果可能的商业含义。

3. 任务检查

- 自我审核：学生需要验证他们的统计计算是否准确，并检查输出结果的合理性。
- 小组互评：学生们相互检查对方的分析结果，提出改进意见和潜在错误。
- 教师评审：教师最终审核每个学生的代码和统计报告，确保统计分析的准确性和深度。

4. 任务评价

- 成果展示：学生将展示他们的统计分析结果，并解释每个统计量的意义。
- 评价说明：评价基于学生的分析准确性、深度以及报告的清晰性。
- 评价标准：任务 5.3 评价标准见表 5.5。

表 5.5　任务 5.3 评价标准

评分项	分值（权重）	详细说明
统计计算的准确性	30 分	正确计算描述性统计量，如平均值、中位数等
数据解释的深度	40 分	对统计结果进行深入解释，展示对数据集的理解
报告的清晰性和完整性	30 分	报告格式规范，统计数据解释清晰，逻辑连贯

任务 5.3 微课

5.3.5 任务测评

任务测评表

效果测评要素	具体评价内容	评价等级
知识点 1：统计方法应用	学生是否能正确应用统计方法计算各类描述性统计量	优秀/良好/中等/及格/不及格
知识点 2：数据解释能力	学生是否能准确解释统计结果背后的业务含义	优秀/良好/中等/及格/不及格
综合测评 1：分析准确性	统计分析的结果是否准确无误，是否能合理使用数据支持结论	优秀/良好/中等/及格/不及格
综合测评 2：报告表达能力	报告是否清晰、完整，是否能进行有效沟通	优秀/良好/中等/及格/不及格
薄弱项记录		
没学懂的知识		
没掌握的技能		
我想提升的素养		
教师签字		

项目总结

在本项目中，我们主要关注了自制工具在 Excel 中的精进，并完成了以下三个任务。

任务 5.1：自制工具连接 Excel

在这个任务中，我们学习了使用 pandas 库和 NumPy 库来读取 Excel 中的数据。我们了解了如何使用 pandas 的 read_excel( )函数来加载 Excel 文件，并使用 DataFrame 来处理和分析数据。通过这个任务，我们学会了如何利用 Python 编程语言与 Excel 进行数据交互，为后续的分析和可视化打下了基础。

任务 5.2：绘制常规可视化图表

在这个任务中，我们学习了使用 matplotlib 库来绘制各种常见的可视化图表。我们掌握了绘制折线图、柱状图、饼图等不同类型图表的方法，并了解了如何调整图表的样式和添加辅助视图元素，如标题、标签和图例等。通过这个任务，我们能够通过图表直观地展示数据的特征和趋势，从而更好地理解和传达数据。

任务 5.3：成绩的描述性统计与分析

在这个任务中，我们学习了描述性统计与分析的方法，对成绩数据进行了概括和分析。我们计算了成绩数据的平均值、中位数、众数、标准差、方差、偏度、峰度等统计量，以获取关于数据的中心趋势、离散程度和分布形态等方面的信息。此外，我们还使用 seaborn 库绘制了箱线图，进一步探索成绩数据的分布和异常值。通过这个任务，我们能够运用统计分析工具来理解和解读数据，为后续的决策提供依据。

课后练习

一、单选题

1. 在 Python 中，用于读取 Excel 文件的库是（　　）。

A. NumPy　　B. pandas　　C. matplotlib　　D. seaborn

2. 绘制数据的折线图可以展示的信息是（　　）。

A. 数据的分布情况　　B. 数据的中心趋势

C. 数据的变化趋势　　D. 数据的相关关系

3. 描述性统计与分析主要用于（　　）。

A. 数据清洗和整理　　B. 数据可视化

C. 探索数据的特征和规律　　D. 数据的预测和模型建立

4. 在 Python 中，用于绘制箱线图的库是（　　）。

A. NumPy　　B. pandas　　C. matplotlib　　D. seaborn

5. 成绩数据的平均值是（　　）。

A. 中心趋势的度量　　B. 离散程度的度量

C. 分布形态的度量　　D. 相关关系的度量

6. 统计图表中，用于展示类别占比的图表是（　　）。

A. 折线图　　B. 柱状图　　C. 饼图　　D. 散点图

7. 偏度指标用于测量数据分布的（　　）。

A. 中心趋势　　B. 离散程度　　C. 对称性　　D. 峰度

8. 统计分析的主要目的是（　　）。

A. 描述数据的特征和规律　　B. 处理和清洗数据
C. 可视化数据　　D. 构建预测模型

9. 在绘制散点图时，横轴和纵轴分别表示的是（　　）。
A. 数据的两个特征　　B. 数据的中心趋势
C. 数据的离散程度　　D. 数据的分布形态

10. 峰度指标用于测量数据分布的（　　）。
A. 中心趋势　　B. 离散程度　　C. 对称性　　D. 峰值

二、操作题

1. 请使用 pandas 库读取 Excel 文件"课后练习-销售数据.xlsx "中的数据，并将数据存储在名为 df 的 DataFrame 中。

2. 根据 DataFrame df 中的数据，绘制一个折线图，横轴表示时间，纵轴表示销售额。

3. 根据 DataFrame df 中的数据，绘制一个柱状图，横轴表示产品类别，纵轴表示销售数量。

4. 对 DataFrame df 中的数据进行描述性统计与分析，计算平均值、中位数、方差和标准差。

5. 使用 seaborn 库绘制一个箱线图，展示 DataFrame df 中不同产品类别的销售额分布情况。

三、实操题

根据给定的成绩数据文件（如"课后练习-实操题.xlsx"），完成以下任务：

1. 使用 pandas 库读取 Excel 文件中的数据，并将数据存储在名为"df_scores"的 DataFrame 中。

2. 分别计算 Python 和统计实务两门课程之间的相关关系，并绘制散点图展示相关关系。

3. 计算 Python 和统计实务两门课程之间的相关系数，并解释相关系数的含义。

4. 分析 Python 和统计实务两门课程的成绩分布情况，包括平均值、中位数、众数、标准差等统计量。

5. 使用 seaborn 库绘制箱线图，比较 Python 和统计实务两门课程的成绩分布，并探索是否存在异常值。

项目 5 课后练习答案　　项目 5 代码及数据

项目 6　网络数据的爬取

项目 6 课件

学习目标

◎ 知识目标

理解浏览器的工作原理，包括发送请求和接收响应的过程；

了解爬虫的基本原理，包括模拟浏览器行为、发送请求和解析响应的过程；

理解网页数据的组织形式，包括 HTML 元素和属性的概念；

了解数据存储的常见格式，如 CSV 和 Excel。

◎ 能力目标

能够使用 Python 的 requests 库发送 HTTP 请求并获取响应；

能够使用解析库（如 BeautifulSoup）解析 HTML 页面，提取所需的数据；

能够编写爬虫代码，实现数据的爬取和解析；

能够使用 Python 的 pandas 库将爬取的数据存储到 CSV 或 Excel 文件，并能够读取 CSV 文件或 Excel 文件中的数据。

◎ 素养目标

遵守爬虫的使用规则和道德准则，尊重网站的规定和数据所有权；

具备良好的数据处理能力，能够将爬取的数据进行存储、整理和分析；

具备解决问题和调试能力，能够解决爬取过程中遇到的常见问题和错误；

具备数据管理和维护的能力，能够有效地存储和管理爬取的数据，包括备份和恢复。

思维导图

- 项目6　网络数据的爬取
  - 任务6.1：体验数据的爬取
    - 一、浏览器及爬虫的工作原理
    - 二、爬虫使用规则
    - 三、尝试体验数据爬取
  - 任务6.2：获取数据的解析
    - 一、网页数据的组织形式
    - 二、解析库BeautifulSoup
  - 任务6.3：目标数据的存储
    - 一、CSV的写入与读取
    - 二、Excel的写入与读取

项目描述

本项目旨在让学生通过网络爬虫技术了解和实践从互联网上自动获取数据的方法。学生将学习如何使用 Python 的 requests 库和 BeautifulSoup 库进行网页数据的请求、获取和解析。

通过该项目，学生将理解浏览器的工作原理、爬虫的基本原理，以及数据的组织形式和存储。此外，学生还将学习如何将爬取的数据存储到 CSV 和 Excel 文件中，为后续的数据分析和处理打下基础。

项目要求

任务 6.1：体验数据的爬取

学生将初步体验数据爬取的过程，通过模拟浏览器发送请求并获取豆瓣网站的数据。在此任务中，学生需要了解并应用 HTTP 请求的发送、响应接收以及简单的内容输出。

任务 6.2：获取数据的解析

在获取网页数据后，学生需要使用 BeautifulSoup 库进行数据解析，提取网页中的结构化数据如电影名称、评分、评论等，并学习网页数据的组织形式。

任务 6.3：目标数据的存储

学生将学习如何将解析后的数据写入 CSV 和 Excel 文档中，掌握数据持久化的基本技巧，为数据分析和其他应用场景准备数据资源。

案例导入

合规数据助力文化旅游——网络爬虫在旅游市场分析中的应用

某旅游公司作为中国领先的在线旅行服务提供商，面临着激烈的市场竞争和不断变化的消费者需求。为了维持市场领先地位并优化服务质量，该公司积极采用网络爬虫技术来进行市场情报的收集和分析。

该旅游公司的技术团队开发了一个高效的网络爬虫系统，这个系统的主要目标是监测和分析来自其他主要旅游服务提供商的数据。这包括酒店、机票、旅游套餐等多种服务的价格信息、促销活动、用户评价和市场份额。

该系统使用 Python 编程语言，结合 Scrapy 框架和 BeautifulSoup 库，能够定期自动从目标网站抓取最新数据。爬虫设计时考虑了高效率和低侵入性，确保对目标网站的正常运营不产生负面影响。

同时该旅游公司严格遵守《中华人民共和国网络安全法》中关于数据爬取和使用的规定，确保所有爬虫活动都在法律允许的范围内进行。此外，也与部分竞争对手达成了数据共享的初步协议，以便双方可以在一个公平合法的基础上互相学习和提高。通过收集到的数据，该旅游公司的市场分析师可以使用数据可视化工具，如 Tableau 和 Power BI，生成详细的报告和图表。这些报告将帮助公司高层理解市场动态，评估该公司在各个领域的表现，并与竞争对手进行对比。例如，通过分析竞争对手的定价策略和消费者的评价反馈，该公司可以调整自己的价格模型，优化服务内容，更好地满足消费者的需求。此外，该公司还利用爬取的数据进行预测分析，如使用机器学习模型预测未来的旅游趋势，从而提前规划营销活动和资源配置。

合法的网络爬虫技术有效地加强了该旅游公司的市场研究能力，这不仅提升了公司的决策质量，也为消费者带来了更具竞争力和个性化的旅游产品和服务。这一案例突出显示了网络爬虫技术在现代商业竞争中的战略价值，同时也展示了数据驱动决策在提升企业竞争力方面的关键作用。

任务 6.1　体验数据的爬取

6.1.1　浏览器及爬虫的工作原理

1. 任务知识

1）浏览器的工作原理

浏览器是一种用于访问和浏览互联网上信息的软件应用程序。常见的浏览器有 Google Chrome、Mozilla Firefox、Safari、Microsoft Edge 等。

浏览器的工作原理如下。首先，我们在浏览器输入网址（也可以叫 URL）。然后，浏览器向服务器传达了我们想访问某个网页的需求，这个过程就叫作“请求”。紧接着，服务器把你想要的网站数据发送给浏览器，这个过程叫作“响应”。所以浏览器和服务器之间，先请求，后响应，有这么一层关系。浏览器的工作原理如图 6.1 所示。

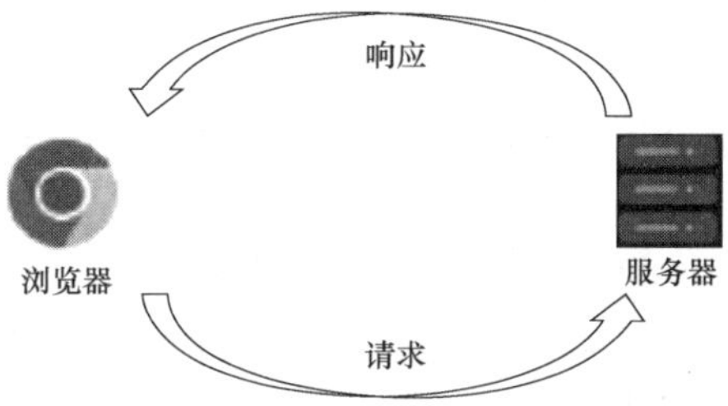

图 6.1　浏览器的工作原理

浏览器主要有以下组成部分。

（1）用户界面（User Interface）。

包括地址栏、后退/前进按钮、书签管理等。用户通过界面与浏览器进行交互。

（2）渲染引擎（Rendering Engine）。

负责解析 HTML、CSS，并将其渲染为可视化的网页。常见的渲染引擎有 Blink（Chrome）、Gecko（Firefox）、Webkit（Safari）等。

（3）JavaScript 解释器（JavaScript Engine）。

用于解析和执行网页中的 JavaScript 代码。不同的浏览器使用不同的 JavaScript 引擎，例如 Chrome 使用 V8 引擎，Firefox 使用 SpiderMonkey 引擎。

（4）网络（Networking）。

负责处理网络请求和响应，包括发送 HTTP 请求、接收响应等。浏览器使用网络模块与服务器进行通信。

（5）数据存储（Data Storage）。

浏览器可以在本地存储一些用户数据，例如 Cookie、LocalStorage、SessionStorage 等。

2）爬虫的工作原理

爬虫是一种自动获取网页数据的程序。它通过模拟浏览器的行为，发送 HTTP 请求并解析响应来获取所需的数据。

爬虫的工作原理是，爬虫可以模拟浏览器向服务器发出请求；等服务器响应后，爬虫程序还可以代替浏览器帮我们解析数据；接着，爬虫可以根据我们设定的规则批量提取相关数据，而不需要我们去手动提取；最后，爬虫可以批量地把数据存储到本地。图 6.2 所示为爬虫的工作原理。

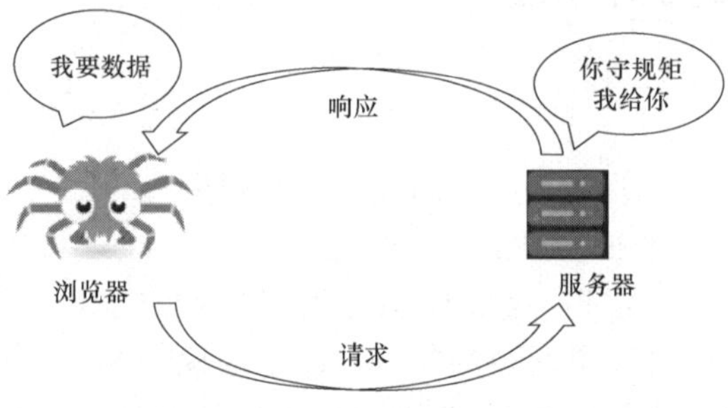

图 6.2　爬虫的工作原理

下面是爬虫的具体工作原理。

（1）发送请求。

爬虫首先构建一个 HTTP 请求，包括请求的 URL、请求方法（GET、POST 等）、请求头（User-Agent、Cookie 等）以及请求体（对于 POST 请求）等信息。然后通过网络发送请求到目标网站的服务器。

（2）接收响应。

目标网站的服务器接收到请求后，会返回一个 HTTP 响应。响应中包含了网页的内容、状态码、响应头等信息。

（3）解析内容。

爬虫从响应中提取所需的数据。这通常涉及解析 HTML 页面，提取文本、链接、图像等信息。爬虫可以使用解析库（例如 BeautifulSoup、lxml）或正则表达式来处理 HTML 数据。

（4）处理数据。

爬虫对获取的数据可以进一步处理，例如清洗数据、存储数据到数据库或文件等。根据需求，可以对数据进行进一步的分析和处理。

（5）循环遍历。

爬虫可以根据需要遍历多个页面，通过不断发送请求和解析响应来获取更多的数据。

2. 练一练

（1）描述一下浏览器的用户界面有哪些常见组件？并解释它们的作用。

解析过程：

浏览器的用户界面包括以下常见组件。

- 地址栏：用于输入网址或搜索关键词。
- 后退/前进按钮：用于导航到上一个或下一个浏览过的页面。
- 刷新按钮：用于重新加载当前页面。
- 书签管理：用于管理保存的网页书签。
- 标签页：用于同时打开和管理多个网页。
- 导航按钮：用于快速访问主页、收藏夹等功能。

这些组件的作用是方便用户浏览和管理网页，提供快速导航和操作的功能。

（2）爬虫是如何模拟浏览器工作原理的？简要描述爬虫的基本工作流程。

解析过程：

爬虫模拟浏览器的工作原理主要通过以下步骤。

- 发送请求：爬虫构建 HTTP 请求，包括 URL、请求方法（GET、POST 等）、请求头（User-Agent、Cookie 等），以及请求体（对于 POST 请求）等信息，并通过网络发送请求到目标网站的服务器。
- 接收响应：目标网站的服务器接收到请求后，会返回一个 HTTP 响应。响应中包含了网页的内容、状态码、响应头等信息。
- 解析内容：爬虫从响应中提取所需的数据。这通常涉及解析 HTML 页面，提取文本、链接、图像等信息。爬虫可以使用解析库（例如 BeautifulSoup、lxml）或正则表达式来处理 HTML 数据。
- 处理数据：爬虫对获取的数据可以进一步处理，例如清洗数据、存储数据到数据库或文件等。根据需求，可以对数据进行进一步的分析和处理。
- 循环遍历：爬虫可以根据需要遍历多个页面，通过不断发送请求和解析响应来获取更多的数据。

（3）爬虫在发送请求时需要设置哪些信息？解释这些信息的作用。

解析过程：

在发送请求时，爬虫需要设置以下信息。

- URL：要访问的网页地址。
- 请求方法：例如 GET、POST 等，用于指定请求类型。
- 请求头（Headers）：包含 User-Agent、Cookie 等信息，用于模拟浏览器的身份和行为。
- 请求体（Body）：对于 POST 请求，需要提供请求体的数据，如表单数据或 JSON 数据。

这些信息的作用如下。

- URL：指定要访问的网页地址。
- 请求方法：确定请求的类型，GET 用于获取资源，POST 用于提交数据等。
- 请求头：包含 User-Agent 用于标识请求的来源，Cookie 用于携带会话信息等。模拟浏览器的请求头可以让爬虫更好地与网站进行交互，避免被识别为爬虫而受到限制。
- 请求体：对于需要提交数据的 POST 请求，请求体可以包含表单数据或 JSON 数据等。这样可以向网站发送包含数据的请求，用于交互和获取特定数据。

通过设置这些信息，爬虫可以模拟浏览器的行为，发送合法的请求并获取所需的数据。

3. 案例讲解

案例目标：清晰描述浏览器及爬虫的工作流程及原理。

解析过程：

浏览器的工作流程及原理如下。

（1）用户输入 URL 或点击链接：用户在浏览器的地址栏中输入网址或点击页面上的链接。

发送 HTTP 请求：浏览器根据用户输入的 URL 构建一个 HTTP 请求，并发送给服务器。请求中包括请求方法（GET、POST 等）、请求头（User-Agent、Cookie 等），以及请求体（对于 POST 请求）等信息。

（2）服务器响应：服务器接收到浏览器发送的请求后，根据请求的内容和服务器的处理逻辑，返回一个 HTTP 响应给浏览器。响应中包含了网页的内容、状态码、响应头等信息。

（3）解析响应：浏览器接收到服务器的响应后，开始解析响应。它会根据响应头中的内容确定响应的类型（如 HTML、CSS、JavaScript 等），然后将网页内容传递给相应的渲染引擎进行处理。

（4）渲染页面：渲染引擎解析 HTML、CSS 和 JavaScript 代码，将网页转换成可视化的页面。它会构建 DOM 树（文档对象模型）来表示页面结构，计算 CSS 样式，执行 JavaScript 代码，并将所有元素进行布局和绘制，最终呈现出完整的页面。

（5）用户交互：渲染完成后，用户可以与页面进行交互，点击链接、填写表单、触发事件等。

更新页面：如果用户进行了某些操作（如点击链接），浏览器会重复前面的步骤，发送新的 HTTP 请求并获取新的响应，然后更新页面内容。

爬虫的工作流程及原理如下。

（1）发送初始请求：爬虫首先发送一个初始的 HTTP 请求，指定要爬取的网页的 URL。

接收响应：目标网站的服务器接收到请求后，返回一个 HTTP 响应，包含网页的内容、状态码、响应头等信息。

（2）解析网页：爬虫从响应中提取所需的数据。通常涉及解析 HTML 页面，提取文本、链接、图像等信息。爬虫可以使用解析库（如 BeautifulSoup、lxml）或正则表达式等工具进行解析。

（3）处理数据：爬虫对获取的数据可以进行进一步的处理，如数据清洗、格式转换、去重等操作。

（4）存储数据：爬虫将处理后的数据存储到数据库、文件或其他形式的持久化存储中，以备后续使用或分析。

（5）遍历和迭代：如果需要爬取更多的数据或进一步深入网站，爬虫可以根据需求生成新的请求，并重复前面的步骤，实现遍历和迭代爬取。

（6）爬虫模拟浏览器的工作原理的关键在于发送 HTTP 请求并解析响应。通过构建合法的请求头、请求体以及处理响应的方式，爬虫能够模拟浏览器与服务器的交互过程。这样，爬虫就可以像浏览器一样获取网页内容，并从中提取所需的数据。同时，爬虫还可以通过设置请求间隔、处理限制和遵守爬虫使用规则等方式来模拟用户行为，以避免对目标网站造成过大的负载压力或触发反爬虫机制。

6.1.2 爬虫使用规则

1. 任务知识

在进行网络数据爬取时，有一些规则和道德准则需要遵守，以确保合法、可持续和友好的爬虫行为。以下是一些常见的爬虫使用规则。

（1）遵守网站的爬取规则。

有些网站可能明确禁止爬虫访问或对爬虫有一定的限制。在进行爬取之前，应该查看网站的 "robots.txt" 文件，遵循其中的规则。还可以检查网站的 "Terms of Service"（服务条款）（百度的服务条款如图 6.3 所示）以了解任何其他限制。

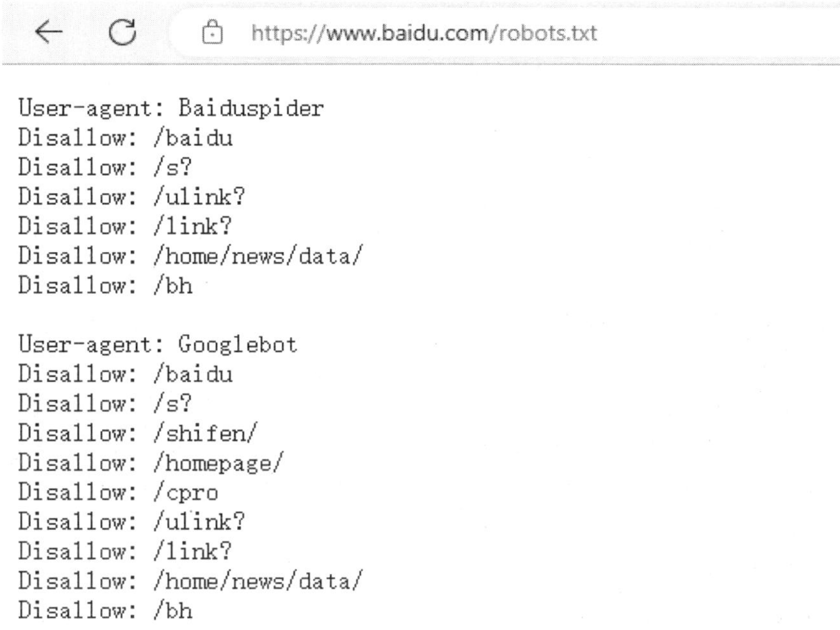

https://www.baidu.com/robots.txt

```
User-agent: Baiduspider
Disallow: /baidu
Disallow: /s?
Disallow: /ulink?
Disallow: /link?
Disallow: /home/news/data/
Disallow: /bh

User-agent: Googlebot
Disallow: /baidu
Disallow: /s?
Disallow: /shifen/
Disallow: /homepage/
Disallow: /cpro
Disallow: /ulink?
Disallow: /link?
Disallow: /home/news/data/
Disallow: /bh
```

图 6.3 百度的服务条款

协议里最常出现的英文是 Allow 和 Disallow，Allow 代表可以被访问，Disallow 代表禁止被访问。

（2）不过度请求网站。

为了避免给网站服务器带来过大的负载压力，爬虫应该合理设置请求间隔和并发请求数，避免短时间内发送过多的请求，以免被网站认为是恶意行为。

（3）尊重网站的数据所有权。

爬虫获取的数据属于网站的所有权。在使用这些数据时，需要遵守相关法律和条款，并尊重网站的数据使用政策（淘宝网的数据获取限制如图 6.4 所示）。

图 6.4 淘宝网的数据获取限制

（4）使用合法的方式爬取数据。

避免使用欺诈、破解或未经授权的方式进行爬取。尊重网站的隐私政策和用户数据保护。

2. 练一练

（1）当我们要进行爬虫操作时，为了遵守网站的爬取规则，我们应该查看哪个文件？它包含了什么样的信息？

解析过程：

为了遵守网站的爬取规则，我们应该查看网站的 "robots.txt" 文件。该文件包含了网站对爬虫的访问规则和限制。它可以告诉爬虫哪些页面可以访问，哪些页面禁止访问，以及访问频率限制等信息。

（2）在爬虫中，为了避免给网站服务器带来过大的负载压力，我们应该合理设置哪两个方面的参数？请简要解释它们的作用。

解析过程：

为了避免给网站服务器带来过大的负载压力，我们应该合理设置以下两个方面的参数。

① 请求间隔（Request Interval）：合理设置爬取请求之间的时间间隔。通过增加请求之间的间隔时间，可以减轻服务器的负担，并降低被网站认定为恶意爬虫的风险。请求间隔的具体设置取决于目标网站的要求和自身爬取需求，可以根据网站的访问频率限制、网站的响应速度以及自身的爬取速度进行调整。

② 并发请求数（Concurrent Requests）：合理设置同时进行的并发请求数量。并发请求数指的是同时发送给服务器的请求的数量。通过控制并发请求数，可以避免过多的并发请求给服务器带来的压力。具体的设置取决于目标网站的服务器性能和网络状况，以及自身的机器性能和网络带宽。

合理设置请求间隔和并发请求数，可以有效平衡爬虫的效率和对网站服务器的负载，确保爬取行为的可持续性和友好性。

3. 案例讲解

案例目标：牢记网络爬虫的使用规则，并深知越界的危害。

网络爬虫的使用规则是为了确保合法、可持续和友好的爬虫行为。遵守这些规则对于保护网站的正常运行和维护互联网生态系统非常重要。以下是网络爬虫的使用规则。

（1）遵守网站的爬取规则：在进行爬取之前，应查看网站的 "robots.txt" 文件，遵循其中的规则。这个文件可以告诉爬虫哪些页面可以访问，哪些页面禁止访问，以及访问频率限制等信息。

（2）合理设置爬取速度：为了避免给网站服务器带来过大的负载压力，应该合理设置爬取速度。这包括设置请求间隔和并发请求数，避免短时间内发送过多的请求，以免被网站认为是恶意行为。

（3）尊重网站的数据所有权：爬虫获取的数据属于网站的所有权。在使用这些数据时，需要遵守相关法律和条款，并尊重网站的数据使用政策。

（4）使用合法的方式进行爬取：避免使用欺诈、破解或未经授权的方式进行爬取。尊重网站的隐私政策和用户数据保护。

（5）避免对网站造成过大负载：爬虫应该合理设置请求频率，避免对目标网站造成过大的负载压力。如果爬虫的请求过于频繁或过于密集，可能会导致目标网站响应变慢甚至崩溃，影响其他用户的正常访问。

违反网络爬虫的使用规则可能会导致以下危害。

（1）被封禁或限制访问：网站有权力限制或封禁恶意爬虫的访问，这可能导致爬虫无法获取所需的数据。

（2）损害网站的正常运行：如果爬虫请求过于频繁或过于密集，可能会对目标网站的服务器造成过大的负载压力，导致网站响应变慢、崩溃或无法正常运行。

（3）法律问题：未经授权或违反相关法律的爬取行为可能会引起法律问题，包括侵犯隐私权、著作权等知识产权问题。

（4）损害爬虫声誉：不合法、恶意或过度的爬取行为会损害爬虫的声誉，可能导致被封禁、列入黑名单或受到其他限制。

因此，遵守网络爬虫的使用规则是非常重要的，它可以确保爬虫行为的合法性、可持续性和友好性，维护互联网生态系统的良好运行。

6.1.3　尝试体验数据爬取

1. 任务知识

1）requests 库

requests 是一个常用的 Python 库，用于发送 HTTP 请求。它提供了简洁而直观的接口，使得发送请求、处理响应和操作网络数据变得简单和方便。下面是 requests 库的基本用法介绍。

（1）安装 requests 库。

在使用 requests 库之前，需要先安装它。可以使用以下命令通过 pip 安装：

```
pip install requests
```

（2）导入 requests 库。

在 Python 代码中，首先需要导入 requests 库才能使用其中的功能：

```
import requests
```

（3）发送 GET 请求。

使用 requests.get( )方法可以发送一个 GET 请求，并获取响应内容。下面是一个简单的示例：

```
response=requests.get（'https://api.example.com/data'）
print（response.text）# 打印响应内容
```

（4）发送 POST 请求。

使用 requests.post( )方法可以发送一个 POST 请求，并传递请求参数。下面是一个示例：

```
data={'username': 'john', 'password': 'secret'}
response=requests.post（'https://api.example.com/login', data=data）
print（response.json( )）# 获取响应内容并解析为 JSON
```

（5）添加请求头。

可以使用 headers 参数向请求中添加自定义的请求头信息。例如：

```
headers={'User-Agent': 'Mozilla/5.0'}
response=requests.get（'https://api.example.com/data', headers=headers）
```

处理响应：

通过发送请求后，可以通过 response 对象来访问响应的各种属性和方法。以下是一些常用的属性和方法。

response.status_code：响应的状态码

response.text：响应的文本内容

response.json( )：将响应内容解析为 JSON 格式

response.headers：响应的头部信息

response.content：响应的二进制内容

以上是 requests 库的一些基本用法，该库还提供了其他更高级的功能，如处理文件上传、处理 Cookies、处理会话等。详细的用法可以参考 requests 官方文档（https://docs.python-requests.org/）。

2）Response 对象

Response 对象是 requests 库中发送请求后得到的响应对象。它包含了服务器返回的响应信息，以及一些常用的属性和方法来处理这些信息。下面是 Response 对象的一些常用属性和用法的简单介绍。

status_code：响应的状态码，用于判断请求是否成功或发生了错误。常见响应的状态码见表 6.1。

表 6.1　常见响应的状态码

响应状态码	说明	举例	说明
1xx	请求收到	100	继续提出请求
2xx	请求成功	200	成功
3xx	重定向	305	应使用代理访问
4xx	客户端错误	403	禁止访问
5xx	服务器端错误	503	服务不可用

可以通过 response.status_code 访问该属性。

text：响应的文本内容。对于文本类型的响应（如 HTML 页面），可以通过 response.text 获取响应内容的字符串表示。

json( )：将响应内容解析为 JSON 格式。如果响应内容是 JSON 格式的数据，可以使用 response.json( )方法将其解析为 Python 对象，方便进一步处理和提取数据。

headers：响应的头部信息。可以通过 response.headers 访问该属性，返回一个字典对象，包含了响应的各种头部字段，如 Content-Type、Date、Server 等。

content：响应的二进制内容。对于二进制类型的响应（如图片、音频文件等），可以使用 response.content 获取响应内容的二进制表示。

raise_for_status( )：检查响应的状态码，并在状态码为错误状态时抛出异常。可以使用 response.raise_for_status( )方法来判断请求是否成功，如果状态码不是 200，则会抛出 HTTPError 异常。

cookies：响应中的 Cookies 信息。可以通过 response.cookies 属性来获取响应中的 Cookies，并进行相关操作，如添加、获取、删除 Cookies 等。

这些属性和方法只是 Response 对象的基础部分，还有其他更多的属性和方法可以根据实际需要进行使用和探索。可以参考 requests 官方文档以获取更详细的信息（https://docs.python-requests.org/）。

3）Requests 库使用

（1）发送 HTTP 请求。

Requests 库提供了几乎所有的 HTTP 请求方法（Requests 库中的 HTTP 请求函数见表 6.2）。

表 6.2　Requests 库中的 HTTP 请求函数

函数	描述
get(url[,timeout=n])	对应于 HTTP 的 GET 方法，请求制定的页面信息，并返回实体主体，是获取网页最常用的方法，可通过 timeout=n 设置每次请求超时时间为 n 秒
head(url)	对应于 HTTP 的 HEAD 方法，类似于 GET 请求，只不过返回的响应中没有具体的内容，用于获取头部信息
post(url,data={'key':'value'})	对应于 HTTP 的 POST 方法，向制定资源提交数据，并处理请求（如提交表单或者上传文件），其中字典用于传递客户数据
delete(url)	对应 HTTP 的 DELETE 方法，请求服务器删除指定的页面
options(url)	对应 HTTP 的 OPTIONS 方法，允许客户端查看服务器的性能
put(url,data={'key':'value'})	对应 HTTP 的 PUT 方法，从客户端向服务器传送的数据取代指定的文档内容，其中字典用于传递客户数据

调用 get( )函数是获取网页最常用的方式，在调用 requests.get( )函数后，返回的网页内容会保存为一个 response 对象。

（2）获取 HTTP 相应的内容。

和浏览器的交互过程一样，requests.get( )代表发送 HTTP 请求的过程，它返回的 response 对象代表 HTTP 响应。可以通过 response 对象的不同属性来获取不同内容，其语法格式如下：

```
对象名.属性名
```

response 对象的常用属性见表 6.3。

表 6.3　response 对象的常用属性

属性	描述
text	HTTP 响应内容的字符串形式，即 URL 对应的页面内容
content	HTTP 响应内容的二进制形式
encoding	HTTP 响应内容的编码方式
status_code	HTTP 请求的返回状态，为整数，如 200 表示连接成功

4）User-Agent

User-Agent 是 HTTP 请求头的一部分，用于标识发送请求的客户端（通常是浏览器）的身份信息。它可以告诉服务器请求的客户端是什么类型的设备、使用的操作系统和浏览器等相关信息。在爬虫中，设置合适的 User-Agent 可以模拟不同类型的客户端，以提高爬虫的可靠性和适应性。

使用 requests 库发送请求时，可以通过设置 headers 参数中的 User-Agent 字段来自定义请求头中的 User-Agent 信息。下面是一些常见的 User-Agent 信息示例。

（1）Chrome 浏览器的 User-Agent。

```
    Mozilla/5.0 (Windows NT 10.0; Win64; x64) AppleWebKit/537.36 (KHTML, like Gecko) Chrome/93.0.4577.63 Safari/537.36
```

（2）Firefox 浏览器的 User-Agent。

```
    Mozilla/5.0 (Windows NT 10.0; Win64; x64; rv: 93.0) Gecko/20100101 Firefox/93.0
```

（3）Safari 浏览器的 User-Agent。

```
    Mozilla/5.0 (Macintosh; Intel Mac OS X 10_15_7) AppleWebKit/605.1.15 (KHTML, like Gecko) Version/15.0 Safari/605.1.15
```

（4）自定义的 User-Agent。

```
    MySpider/1.0 (+https://www.example.com/myspider)
```

设置合适的 User-Agent 可以使爬虫的请求看起来更像是来自真实的浏览器，从而减少被网站识别为爬虫的风险，并提高爬取数据的可靠性。需要注意的是，一些网站可能会对特定的 User-Agent 进行限制或检测，所以在使用自定义 User-Agent 时要注意遵守网站的规则。

在 requests 中设置自定义的 User-Agent，可以通过在 headers 参数中添加 "User-Agent" 字段，示例如下：

```
import requests

headers = {
    'User-Agent': 'Mozilla/5.0 (Windows NT 10.0; Win64; x64) AppleWebKit/537.36 (KHTML, like Gecko) Chrome/93.0.4577.63 Safari/537.36'
}

response = requests.get('https://www.example.com', headers=headers)
```

设置合适的 User-Agent 可以增加爬虫在访问网站时的成功率，并减少被反爬机制识别的概率。

2. 案例讲解

案例目标：尝试用爬虫获取豆瓣网站的数据。

我们以爬取豆瓣（https://movie.douban.com/top250？start=）上电影相关的数据为例，初步体验一下电影数据爬取。

首先我们调用 requests 库：

```
import requests
```

然后我们将网址赋值给 url：

```
url='https://movie.douban.com/top250? start='
```

我们向豆瓣发出 get 请求，并打印响应内容：

```
response=requests.get (url)
print (response.status_code)
```

输出结果为：

```
418
```

通过输出结果，我们发现请求被拒绝了，可能是由于服务器识别出了我们是使用爬虫在访问网站，从而拒绝了我们的请求。所以我们需要调整请求头，设置 User-Agent，这里以

Chrome 浏览器为例，具体代码如下：

```
import requests

headers = {
    'User-Agent': 'Mozilla/5.0 (Windows NT 10.0; Win64; x64) AppleWebKit/
537.36 (KHTML, like Gecko) Chrome/114.0.0.0 Safari/537.36'
}
url = 'https://movie.douban.com/top250?start='
response = requests.get(url, headers=headers)
print(response .status_code)  # 打印响应内容
```

输出结果为：

```
200
```

根据输出结果，我们发现，我们的请求获得了批准，下面就是爬取网页的数据了，具体代码如下：

```
import requests

headers = {
    'User-Agent': 'Mozilla/5.0 (Windows NT 10.0; Win64; x64) AppleWebKit/537.36
(KHTML, like Gecko) Chrome/114.0.0.0 Safari/537.36'
}
url = 'https://movie.douban.com/top250?start='
response = requests.get(url, headers=headers)
data = response.text
print(data)
```

输出结果为：

```
<!DOCTYPE html>
<html lang="zh-CN" class="ua-windows ua-webkit">
<head>
    <meta http-equiv="Content-Type" content="text/html; charset=utf-8">
    <meta name="renderer" content="webkit">
    <meta name="referrer" content="always">
    <meta name="google-site-verification" content="ok0wCgT20tBBgo9_zat2i
AcimtN4Ftf5ccsh092Xeyw" />
    <title>
豆瓣电影 Top 250
</title>

    <meta name="baidu-site-verification" content="cZdR4xxR7RxmM4zE" />
    <meta http-equiv="Pragma" content="no-cache">
    <meta http-equiv="Expires" content="Sun, 6 Mar 2005 01:00:00 GMT">
```

```
<link rel="apple-touch-icon" href="https://img1.doubanio.com/f/movie/d59b2715fdea4968a450ee5f6c95c7d7a2030065/pics/movie/apple-touch-icon.png">
<link ………
```

由于代码太长，这里不再对所有结果进行展示。根据输出结果可以发现，我们虽然将整个网页结构的代码进行了输出，但好像和我们预期的结果还是有一定差距。如果我们只需要目标数据，那就需要对任务 6.1 所爬取到的数据进行解析。

任务 6.1 微课

6.1.4 任务实操

任务 6.1 任务工单

任务名称	体验数据的爬取	专业		班级	
学生姓名		学生学号		任务成绩	
任务准备		任务场地		完成日期	
任务描述	在网络数据爬取的实践中，初步体验数据爬取是至关重要的第一步。本任务将通过模拟浏览器的行为，让学生理解如何发送 HTTP 请求并接收响应				

任务提出：爬虫，从本质上来说，就是利用程序在网页上获取目标数据，这是后期数据分析岗位做分析的基础。个人和企业都可以利用爬虫实现巨大的商业价值，比如我们所熟知的搜索引擎百度和谷歌，它们最重要的核心技术就是爬虫，而且是超级爬虫。但是我们在使用爬虫之前，一定要认识浏览器及爬虫的工作原理，最为重要的是要牢记使用爬虫的规则，在此基础上才能合法使用爬虫工具。

任务目标：

1. 理解 HTTP 请求和响应的基本过程。

2. 初步使用 requests 库发送请求并查看响应。

3. 尝试用爬虫获取新浪新闻首页的数据。

任务准备：

1. 安装 Python 环境和 requests 库。
2. 学习 HTTP 协议的基本知识。
3. 准备一个简单的网页 URL 进行数据请求实验。

1. 任务设计

- 框架规划：了解网络爬虫的基本流程，编写一个简单的脚本来爬取新浪新闻首页的标题和链接。
- 资料收集：教师准备一个示例 Python 脚本，用于爬取新闻标题和链接。
- 设计引导：教师示范如何使用 Python 的 requests 库发送 HTTP 请求，以及使用 BeautifulSoup 解析 HTML 页面。

2. 任务实施

- 编写代码：学生按照示例脚本，编写代码爬取新闻标题和链接。
- 细节调整：学生根据网页结构可能的变化，调整 HTML 元素选择器。
- 小组讨论：学生在小组内分享爬取的结果，并讨论遇到的问题和优化方案。

3. 任务检查

- 自我审核：学生检查自己的脚本，确保能够正确爬取并输出新闻标题和链接。
- 小组互评：学生们相互检查爬取的结果，提供改进建议。
- 教师评审：教师检查每个学生的爬虫脚本和输出结果，确保爬取功能正确实现。

4. 任务评价

- 成果展示：学生展示爬取到的新闻标题和链接。
- 评价说明：根据爬取的准确性、代码的可读性和健壮性进行评分。
- 评价标准：任务 6.1 评价标准见表 6.4。

表 6.4　任务 6.1 评价标准

评分项	分值（权重）	详细说明
爬取准确性	30 分	正确爬取每个新闻标题和链接各得 10 分
代码可读性	40 分	代码格式整洁，命名规范，逻辑清晰得 40 分
代码健壮性	30 分	代码能够处理异常情况，如网页结构变化、网络请求失败等得 30 分

详细评分细则如下。

- 爬取准确性：确保所有标题和链接准确无误，且未漏爬重要新闻。
- 代码可读性：代码结构要有适当的注释，逻辑分区清晰，变量命名有意义。
- 代码健壮性：程序能够对网络延迟和 HTML 结构变化有适应性，不会因异常而中断。

6.1.5　任务测评

任务测评表

效果测评要素	具体评价内容	评价等级
技能点 1：HTTP 请求发送	学生是否能准确使用 requests 库发送 HTTP 请求	优秀/良好/中等/及格/不及格
技能点 2：HTML 内容解析	学生是否能使用 BeautifulSoup 正确解析 HTML 内容	优秀/良好/中等/及格/不及格
技能点 3：数据提取	学生是否能准确提取新闻标题和链接	优秀/良好/中等/及格/不及格
综合测评 1：代码实现	代码是否正确无误地实现了数据爬取功能	优秀/良好/中等/及格/不及格
综合测评 2：代码风格与注释	代码是否整洁，逻辑是否清晰，并且包含必要的注释以提高可读性	优秀/良好/中等/及格/不及格
薄弱项记录		
没学懂的知识		
没掌握的技能		
我想提升的素养		
教师签字		

任务 6.2　获取数据的解析

6.2.1　网页数据的组织形式

1. 任务知识

网页通常使用 HTML（Hypertext Markup Language）来描述页面的结构和内容。HTML 由一系列的标签（标记）组成，用于定义不同的元素和其属性。标签可以嵌套和包含其他标签，形成层级结构。通过分析 HTML 结构，我们可以定位到所需的数据元素并提取其中的内容。

1）HTML 元素

HTML 元素是构成网页的基本单位，它们用于描述网页的结构和内容。每个 HTML 元素由一个开始标签和结束标签组成，开始标签用于标识元素的开始，结束标签用于标识元素的结束。HTML 元素可以包含文本内容、其他元素或者两者的组合。常见的 HTML 元素见表 6.5。

表 6.5　常见的 HTML 元素

元素	说明
<html>	HTML 文档的根元素，包含了整个 HTML 页面的内容
<head>	包含了与文档相关的元信息，如标题、字符编码、样式表和脚本等
<title>	定义了网页的标题，显示在浏览器的标题栏或标签页上
<body>	包含了网页的主要内容，如文本、图像、链接、表格等
<h1>–<h6>	定义了标题级别，从大标题<h1>到小标题<h6>，用于标识不同级别的标题
<p>	定义了一个段落，用于包含一段文本
<a>	定义了一个链接，用于创建超链接到其他页面、文档或特定位置
<img>	用于插入图像，通过指定图像的 URL 和其他属性来显示图像
<ul>和<li>	<ul>定义了一个无序列表，<li>定义了列表的每一项
<ol>和<li>	<ol>定义了一个有序列表，<li>定义了列表的每一项
<table>、<tr>、<th>和<td>	<table>定义了一个表格，<tr>定义了表格的行，<th>定义了表格的表头单元格，<td>定义了表格的数据单元格
<div>和<span>	<div>是一个块级元素，用于组织和布局其他元素，<span>是一个内联元素，用于为文本的一部分设置样式

2）HTML 属性

HTML 属性是用于给 HTML 元素提供额外的信息或配置的特性。属性位于 HTML 元素的开始标签中，并通过键值对的形式表示。常见的 HTML 属性见表 6.6。

表 6.6　常见的 HTML 属性

属性	说明
id	为 HTML 元素指定唯一的标识符
class	为 HTML 元素指定一个或多个类名
style	直接在 HTML 元素中设置样式
src	指定要在 HTML 元素中显示的资源的 URL
href	指定链接的目标 URL
alt	为图像元素提供替代文本，当图像无法显示时作为替代内容显示给用户
disabled	禁用交互式元素
readonly	将输入框设置为只读状态

6.2.2　解析库 BeautifulSoup

1. 任务知识

BeautifulSoup 是一个用于解析 HTML 和 XML 文档的 Python 库。它提供了简单而灵活的方式来遍历、搜索和操作文档树，使得从网页中提取数据变得更加容易。下面是对 BeautifulSoup 的详细介绍。

1）安装 BeautifulSoup

可以使用 pip 命令来安装 BeautifulSoup：

```
pip install beautifulsoup4
```

2）导入 BeautifulSoup

在使用 BeautifulSoup 之前，需要在 Python 脚本中导入它：

```
from bs4 import BeautifulSoup
```

3）创建 BeautifulSoup 对象

要解析 HTML 或 XML 文档，首先需要将其作为字符串传递给 BeautifulSoup 构造函数，并指定解析器。常用的解析器包括 html.parser（内置解析器）和 lxml（使用 lxml 库进行解析）。

```
html_doc="<html><body><p>Hello, BeautifulSoup! </p></body></html>"
soup=BeautifulSoup(html_doc, 'html.parser')
```

4）遍历文档树

BeautifulSoup 提供了多种方法来遍历文档树，如通过标签名称、类名、属性等进行查找和筛选。常用的方法有以下几种。

find( )：查找第一个匹配的元素

find_all( )：查找所有匹配的元素

select( )：使用 CSS 选择器查找元素

5）提取数据

一旦找到了需要的元素，可以使用 BeautifulSoup 提供的属性和方法来提取元素的文本内容、属性值等信息。常用的属性和方法有以下几种。

text：获取元素的文本内容

string：获取元素的直接文本内容

get( )：获取元素的属性值

find_parent( )、find_next_sibling( )等：获取元素的父节点、下一个同级节点等

6）示例代码

下面是一个简单示例，展示了如何使用 BeautifulSoup 解析 HTML 文档并提取数据。

```
from bs4 import BeautifulSoup

html_doc = """
<html>
<body>
  <h1>标题</h1>
  <p>段落 1</p>
  <p>段落 2</p>
</body>
</html>
"""

soup = BeautifulSoup(html_doc, 'html.parser')
title = soup.h1.text
paragraphs = soup.find_all('p')

print("标题:", title)
print("段落:")
for p in paragraphs:
    print(p.text)
```

BeautifulSoup 提供了丰富的功能和灵活的 API，使得网页数据解析变得更加简单和高效。可以根据需要使用不同的方法和技巧来处理复杂的网页结构，提取所需的数据。请参考 BeautifulSoup 官方文档获取更多详细信息和用法示例（https://www.crummy.com/software/BeautifulSoup/bs4/doc/）。

2. 案例讲解

案例目标：将豆瓣网页的数据进行解析，获得目标数据（包括序号、电影名、评分、推荐语和电影链接）。

基于任务 6.1 中的练一练——爬取的豆瓣电影数据，包含了很多网页结构的代码，要提取目标数据，需要对这些数据进行解析，结合我们本任务所学的知识，首先我们确定提取的目标数据为：序号、电影名、评分、影评和链接。具体代码如下所示：

```
import requests
from bs4 import BeautifulSoup

headers = {'User-Agent': 'Mozilla/5.0 (Windows NT 10.0; Win64; x64) AppleWebKit/537.36 (KHTML, like Gecko) Chrome/114.0.0.0 Safari/537.36'}

url = 'https://movie.douban.com/top250'
res = requests.get(url, headers=headers)
bs = BeautifulSoup(res.text, 'html.parser')
```

```
    tag_num = bs.find_all('div', class_="item")
    # 查找包含序号、电影名、链接的<div>标签
    tag_comment = bs.find_all('div', class_='star')
    # 查找包含评分的<div>标签
    tag_word = bs.find_all('span', class_='inq')
    # 查找推荐语
```

然后我们将提取的目标数据，以每一部电影为单元，把目标数据放到一个列表中，以此方式进行分配，具体代码如下所示：

```
    import requests
    from bs4 import BeautifulSoup

    headers = {'User-Agent': 'Mozilla/5.0 (Windows NT 10.0; Win64; x64)
AppleWebKit/537.36 (KHTML, like Gecko) Chrome/114.0.0.0 Safari/537.36'}

    url = 'https://movie.douban.com/top250'
    res = requests.get(url, headers=headers)
    bs = BeautifulSoup(res.text, 'html.parser')

    tag_num = bs.find_all('div', class_="item")
    # 查找包含序号、电影名、链接的<div>标签
    tag_comment = bs.find_all('div', class_='star')
    # 查找包含评分的<div>标签
    tag_word = bs.find_all('span', class_='inq')
    # 查找推荐语

    list_all = []
    for x in range(len(tag_num)):
        if tag_num[x].text[2:5] == '' or tag_num[x].text[2:5] == '' or x >= len(tag_word):
            # 此处引号内，填写没有推荐语的电影序号
            list_movie = [tag_num[x].text[2:5], tag_num[x].find('img')['alt'],
tag_comment[x].text[2:5], tag_num[x].find('a')['href']]
        else:
            list_movie = [tag_num[x].text[2:5], tag_num[x].find('img')['alt'],
tag_comment[x].text[2:5], tag_word[x].text, tag_num[x].find('a')['href']]
        list_all.append(list_movie)

    print(list_all)
```

输出结果为：

```
    [['1\n\n', '肖申克的救赎', '9.7', '希望让人自由。', 'https://movie.
douban.com/subject/1292052/'], ['2\n\n', '霸王别姬', '9.6', '风华绝代。',
'https://movie.douban.com/subject/1291546/'], ['3\n\n', '阿甘正传', '9.5', '一部
美国近现代史。', 'https://movie.douban.com/subject/1292720/'], ['4\n\n', '泰坦尼克
号', '9.5', '失去的才是永恒的。 ', 'https://movie.douban.com/subject/1292722/'],
['5\n\n', '这个杀手不太冷', '9.4', '不得不说的故事。', 'https://movie.
douban.com/subject/1295644/'], ['6\n\n', '千与千寻', '9.4', '最好的宫崎骏，最好的久
石让。 ', 'https://movie.douban.com/subject/1291561/'], ['7\n\n', '美丽人生', '9.6',
```

```
'最美的谎言。', 'https://movie.douban.com/subject/1292063/'], ['8\n\n', '辛德勒的名单', '9.6', '拯救一个人，就是拯救整个世界。', 'https://movie.douban. com/subject/1295124/'], ['9\n\n', '星际穿越', '9.4', '爱是一种力量，让我们超越时空感知它的存在。', 'https://movie.douban.com/subject/1889243/'], ['10\n', '盗梦空间', '9.4', '诺兰给了我们一场无法盗取的梦。', 'https://movie.douban. com/subject/3541415/'], ['11\n', '楚门的世界', '9.4', '如果再也不能见到你，祝你早安，午安，晚安。', 'https://movie.douban.com/subject/1292064/'], ['12\n', '忠犬八公的故事', '9.4', '永远都不能忘记你所爱的人。', 'https://movie.douban. com/subject/3011091/'], ['13\n', '海上钢琴师', '9.3', '每个人都要走一条自己坚定了的路，就算是粉身碎骨。 ', 'https://movie.douban.com/subject/1292001/'], ['14\n', '三傻大闹宝莱坞', '9.2', '英俊版憨豆，高情商版谢耳朵。', 'https://movie.douban. com/subject/3793023/'], ['15\n', '放牛班的春天', '9.3', '天籁一般的童声，是最接近上帝的存在。 ', 'https://movie.douban.com/subject/1291549/'], ['16\n', '机器人总动员', '9.3', '小瓦力，大人生。', 'https://movie.douban.com/subject/2131459/'], ['17\n', '无间道', '9.3', '香港电影史上永不过时的杰作。', 'https://movie.douban.com/subject/1307914/'], ['18\n', '疯狂动物城', '9.2', '迪士尼给我们营造的乌托邦就是这样，永远善良勇敢，永远出乎意料。', 'https://movie. douban.com/ subject/25662329/'], ['19\n', '控方证人', '9.6', '比利·怀德满分作品。', 'https://movie.douban.com/subject/1296141/'], ['20\n', '大话西游之大圣娶亲', '9.2', '一生所爱。', 'https://movie.douban.com/subject/1292213/'], ['21\n', '熔炉', '9.4', '我们一路奋战不是为了改变世界，而是为了不让世界改变我们。', 'https://movie.douban.com/subject/5912992/'], ['22\n', '教父', '9.3', '千万不要记恨你的对手，这样会让你失去理智。', 'https://movie.douban.com/subject/1291841/'], ['23\n','触不可及', '9.3', '满满温情的高雅喜剧。', 'https://movie.douban.com/subject/6786002/'], ['24\n', '当幸福来敲门', '9.2', '平民励志片。 ', 'https://movie.douban.com/subject/1849031/'], ['25\n', '龙猫', '9.2', '人人心中都有个龙猫，童年就永远不会消失。', 'https://movie.douban.com/subject/1291560/']]
```

这是豆瓣第一页 25 部电影的爬取结果，相较于任务 6.1 所获得的数据，任务 6.2 的数据更干净，可读性更强，而任务 6.1 除了目标数据以外还有很多与网页结构相关的代码（在该任务里均属于无效数据），但是还存在一个问题，如果我们获取的数据涉及多页，就需要对每一页的数据分别进行抓取。我们通过观察网页可以发现，每一页都有 25 部电影是有规律的，所以我们在获取数据的时候可以设置每获取 25 部电影的数据，就翻页。如果我们现在要爬取 2 页、前 50 部电影，具体代码如下：

```
import requests
from bs4 import BeautifulSoup

headers = {'User-agent': 'Mozilla/5.0 (Windows NT 10.0; Win64; x64) AppleWebKit/537.36 (KHTML, like Gecko) Chrome/114.0.0.0 Safari/537.36'}

for x in range(2):
    url = 'https://movie.douban.com/top250?start=' + str(x*25) + '&filter='
    res = requests.get(url, headers=headers)
    bs = BeautifulSoup(res.text, 'html.parser')
    tag_num = bs.find_all('div', class_="item")
    # 查找包含序号、电影名、链接的<div>标签
    tag_comment = bs.find_all('div', class_='star')
```

```
        # 查找包含评分的<div>标签
        tag_word = bs.find_all('span', class_='inq')
        # 查找推荐语

        list_all = []
        for x in range(len(tag_num)):
            if tag_num[x].text[2:5] == '' or tag_num[x].text[2:5] =='' or x >=
len(tag_word):
                # 此处引号内，填写没有推荐语的电影序号
                list_movie = [tag_num[x].text[2:5], tag_num[x].find('img')['alt'],
tag_comment[x].text[2:5], tag_num[x].find('a')['href']]
            else:
                list_movie = [tag_num[x].text[2:5], tag_num[x].find('img')['alt'],
tag_comment[x].text[2:5], tag_word[x].text, tag_num[x].find('a')['href']]
            list_all.append(list_movie)
    print(list_all)
```

输出结果为：

```
    [['1\n\n', '肖申克的救赎', '9.7', '希望让人自由。', 'https://movie. douban.com/subject/1292052/'], ['2\n\n', '霸王别姬', '9.6', '风华绝代。', 'https://movie.douban.com/subject/1291546/'], ['3\n\n', '阿甘正传', '9.5', '一部美国近现代史。', 'https://movie.douban.com/subject/1292720/'], ['4\n\n', '泰坦尼克号', '9.5', '失去的才是永恒的。 ', 'https://movie.douban. com/subject/1292722/'], ['5\n\n', '这个杀手不太冷', '9.4', '不得不说的故事。', 'https://movie. douban.com/subject/1295644/'], ['6\n\n', '千与千寻', '9.4', '最好的宫崎骏，最好的久石让。 ', 'https://movie. douban.com/subject/1291561/'], ['7\n\n', '美丽人生', '9.6', '最美的谎言。', 'https://movie.douban.com/subject/1292063/'], ['8\n\n', '辛德勒的名单', '9.6', '拯救一个人，就是拯救整个世界。', 'https://movie.douban.com/subject/1295124/'], ['9\n\n', '星际穿越', '9.4', '爱是一种力量，让我们超越时空感知它的存在。', 'https://movie.douban.com/subject/1889243/'], ['10\n', '盗梦空间', '9.4', '诺兰给了我们一场无法盗取的梦。', 'https://movie. douban.com/subject/3541415/'], ['11\n', '楚门的世界', '9.4', '如果再也不能见到你,祝你早安,午安,晚安。', 'https://movie.douban.com/ subject/ 1292064/'], ['12\n', '忠犬八公的故事', '9.4', '永远都不能忘记你所爱的人。', 'https://movie.douban.com/subject/3011091/'], ['13\n', '海上钢琴师', '9.3', '每个人都要走一条自己坚定了的路，就算是粉身碎骨。 ', 'https://movie. douban.com/subject/1292001/'], ['14\n', '三傻大闹宝莱坞', '9.2', '英俊版憨豆，高情商版谢耳朵。', 'https://movie.douban. com/subject/3793023/'], ['15\n', '放牛班的春天', '9.3', '天籁一般的童声，是最接近上帝的存在。', 'https://movie.douban.com/subject/1291549/'], ['16\n', '机器人总动员', '9.3', '小瓦力，大人生。', 'https://movie.douban. com/subject/2131459/'], ['17\n', '无间道', '9.3', '香港电影史上永不过时的杰作。', 'https://movie. douban.com/subject/1307914/'], ['18\n', '疯狂动物城', '9.2', '迪士尼给我们营造的乌托邦就是这样，永远善良勇敢，永远出乎意料。', 'https://movie.douban.com/subject/25662329/'], ['19\n', '控方证人', '9.6', '比利·怀德满分作品。', 'https://movie.douban. com/subject/1296141/'], ['20\n', '大话西游之大圣娶亲', '9.2', '一生所爱。', 'https://movie.douban.com/subject/ 1292213/'], ['21\n', '熔炉', '9.4', '我们一路奋战不是为了改变世界，而是为了不让世界改变我们。', 'https://movie.douban.com/subject/5912992/'], ['22\n', '教父', '9.3', '千万不要记恨你的对手，这样会让你失去理智。', 'https://movie.douban. com/subject/1291841/'],
```

```
['23\n', '触不可及', '9.3', '满满温情的高雅喜剧。', 'https://movie.douban.com/subject/6786002/'], ['24\n', '当幸福来敲门', '9.2', '平民励志片。 ', 'https://movie.douban.com/ subject/ 1849031/'], ['25\n', '龙猫', '9.2', '人人心中都有个龙猫，童年就永远不会消失。', 'https://movie.douban.com/subject/1291560/']]
    [['26\n', '怦然心动', '9.1', '真正的幸福是来自内心深处。', 'https://movie.douban.com/subject/3319755/'], ['27\n', '末代皇帝', '9.3', '"不要跟我比惨，我比你更惨"再适合这部电影不过了。', 'https://movie. douban.com/subject/1293172/'], ['28\n', '寻梦环游记', '9.1', '死亡不是真的逝去，遗忘才是永恒的消亡。', 'https://movie.douban.com/subject/20495023/'], ['29\n', '活着', '9.3', '张艺谋最好的电影。', 'https://movie.douban.com/subject/1292365/'], ['30\n', '蝙蝠侠：黑暗骑士', '9.2', '无尽的黑暗。', 'https://movie.douban.com/ subject/1851857/'], ['31\n', '哈利·波特与魔法石', '9.2', '童话世界的开端。', 'https://movie.douban.com/subject/1295038/'], ['32\n', '指环王3：王者无敌', '9.3', '史诗的终章。', 'https://movie.douban.com/ subject/1291552/'], ['33\n', '乱世佳人', '9.3', 'Tomorrow is another day.', 'https://movie.douban.com/subject/1300267/'], ['34\n', '我不是药神', '9.0', '对我们国家而言，这样的电影多一部是一部。', 'https://movie. douban.com/subject/26752088/'], ['35\n', '飞屋环游记', '9.1', '最后那些最无聊的事情，才是最值得怀念的。 ', 'https://movie.douban.com/subject/2129039/'], ['36\n', '素媛', '9.3', '受过伤害的人总是笑得最开心，因为他们不愿意让身边的人承受一样的痛苦。', 'https://movie.douban. com/subject/21937452/'], ['37\n', '哈尔的移动城堡', '9.1', '带着心爱的人在天空飞翔。', 'https://movie.douban.com/subject/1308807/'], ['38\n', '十二怒汉', '9.4', '1957年的理想主义。 ', 'https://movie. douban.com/subject/1293182/'], ['39\n', '何以为家', '9.1', '凝视卑弱生命，用电影改变命运。', 'https://movie.douban.com/subject/30170448/'], ['40\n', '摔跤吧！爸爸', '9.0', '你不是在为你一个人战斗，你要让千千万万的女性看到女生并不是只能相夫教子。', 'https://movie.douban.com/subject/ 26387939/'], ['41\n', '让子弹飞', '9.0', '你给我翻译翻译，神马叫惊喜。', 'https://movie.douban.com/subject/3742360/'], ['42\n', '鬼子来了', '9.3', '对敌人的仁慈，就是对自己残忍。', 'https://movie.douban.com/subject/1291858/'], ['43\n', '天空之城', '9.2', '对天空的追逐，永不停止。 ', 'https://movie.douban.com/subject/1291583/'], ['44\n', '猫鼠游戏', '9.1', '骗子大师和执着警探的你追我跑故事。 ', 'https://movie.douban.com/ subject/1305487/'], ['45\n', '少年派的奇幻漂流', '9.1', '瑰丽壮观、无人能及的冒险之旅。', 'https://movie.douban.com/subject/1929463/'], ['46\n', '海蒂和爷爷', '9.3', '如果生活中有什么使你感到快乐，那就去做吧！不要管别人说什么。', 'https://movie.douban.com/subject/25958717/'], ['47\n', '钢琴家', '9.3', '音乐能化解仇恨。', 'https://movie. douban.com/subject/1296736/'], ['48\n', '大话西游之月光宝盒', '9.0', '旷古烁今。', 'https://movie.douban.com/subject/1299398/'], ['49\n', '指环王2：双塔奇兵', '9.2', '承前启后的史诗篇章。', 'https://movie. douban.com/subject/1291572/'], ['50\n', '闻香识女人', '9.1', '史上最美的探戈。', 'https://movie.douban.com/subject/1298624/']]
```

这样就把豆瓣前50部电影的序号、电影名、评分、影评和链接爬取下来了，并且每部电影放在一个列表里，方便后续数据处理。

6.2.3　任务实操

任务 6.2 任务工单

任务名称	获取数据的解析	专业		班级	
学生姓名		学生学号		任务成绩	
任务准备		任务场地		完成日期	
任务描述	获取网页数据后，下一步是从中提取有用的信息。本任务通过学习 HTML 的基本结构和使用 BeautifulSoup 库进行数据解析，使学生能够从复杂的网页中提取所需数据				

任务提出：通过任务 6.1 的完成，我们从网页上获取了数据，但是这些数据并没有办法直接使用，因为里面有很多搭建网页所需的代码也一并被爬取了出来，在任务 6.2 中，我们需要做的就是将不需要的数据和代码去掉，只留下我们需要的目标数据。

任务目标：

1. 掌握 HTML 基本标签和属性的用途。

2. 使用 BeautifulSoup 库提取和解析网页中的数据。

3. 将新浪新闻首页的数据进行解析，获得目标数据（包括新闻标题和新闻链接）。

任务准备：

1. 学习 HTML 的基本标签和属性。
2. 安装和学习 BeautifulSoup 库的基本用法。
3. 准备复杂的 HTML 文档或网页进行解析练习。

1. 任务设计

- 框架规划：学习如何解析网络数据，从 HTML 中提取并处理特定信息。
- 资料收集：教师准备包含 HTML 结构分析和数据解析方法的教学资料。
- 设计引导：教师示范如何使用 BeautifulSoup 库对 HTML 内容进行解析，并从中提取新闻标题、链接、发布时间等信息。

2. 任务实施

- 编写代码：学生根据教师的示范，编写代码提取新闻的详细信息。
- 细节调整：学生根据网页的实际结构调整解析策略，确保能够准确提取信息。
- 小组讨论：学生在小组内分享解析的结果，讨论可能的改进方法。

3. 任务检查

- 自我审核：学生检查自己的代码，确保可以正确解析和提取所需信息。
- 小组互评：学生们相互评价对方的解析结果，给出反馈。
- 教师评审：教师检查每个学生的解析结果，确保信息提取的完整性和准确性。

4. 任务评价

- 成果展示：学生展示提取到的新闻详细信息。
- 评价说明：根据信息提取的完整性、准确性和解析代码的有效性进行评分。
- 评分标准：任务 6.2 评价标准见表 6.7。

表 6.7　任务 6.2 评价标准

评分项	分值（权重）	详细说明
信息提取完整性	40 分	提取新闻标题、链接等所有要求的信息各得 20 分
解析准确性	30 分	解析的信息准确无误，与源网页数据一致得 30 分
代码有效性	30 分	代码逻辑合理，能有效解析网页且考虑了异常处理得 30 分

详细评分细则如下。

- 信息提取完整性：检查是否漏掉了关键信息，每缺失一个关键信息扣 20 分。
- 解析准确性：验证解析结果与网页上显示的是否一致，有误差扣分。
- 代码有效性：评估代码逻辑是否合理，是否能处理网页结构的微小变化。

任务 6.2 微课

6.2.4　任务测评

任务测评表

效果测评要素	具体评价内容	评价等级
技能点 1：选择器使用	学生是否能正确选择合适的选择器提取数据	优秀/良好/中等/及格/不及格
技能点 2：数据解析	学生是否能准确解析出新闻的详细信息，如标题、作者等	优秀/良好/中等/及格/不及格
技能点 3：数据结构化	学生是否能有效地将解析的数据结构化并存储于适当的数据结构中	优秀/良好/中等/及格/不及格
综合测评 1：代码实现	代码是否正确无误地实现了数据解析和结构化功能	优秀/良好/中等/及格/不及格
综合测评 2：代码健壮性	代码是否考虑了异常处理，保证程序的健壮性	优秀/良好/中等/及格/不及格
薄弱项记录		
没学懂的知识		
没掌握的技能		
我想提升的素养		
教师签字		

任务 6.3　目标数据的存储

6.3.1　CSV 的写入与读取

1. 任务知识

在 Python 中，我们可以使用 CSV 模块来进行 CSV 文件的写入和读取操作。CSV 文件是一种常用的文本文件格式，用于存储逗号分隔的数据。

下面详细介绍如何使用 CSV 模块进行 CSV 文件的写入和读取。

1）写入 CSV 文件

首先，导入 CSV 模块：

```
import csv
```

创建一个 CSV 文件对象，指定文件的路径和打开模式，使用 csv.writer 方法初始化：

```
with open ('data.csv', 'w', newline='') as file:
writer=csv.writer (file)
```

使用 writerow 方法写入一行数据，数据以列表形式传递给该方法：

```
writer.writerow (['列1', '列2', '列3'])
```

重复上述步骤，写入更多行的数据。

写入完成后，关闭文件。

2）读取 CSV 文件

首先，导入 csv 模块：

```
import csv
```

创建一个 CSV 文件对象，指定文件的路径和打开模式，使用 csv.reader 方法初始化：

```
with open ('data.csv', 'r') as file:
    reader=csv.reader (file)
```

使用 reader 对象的迭代器，遍历每一行数据：

```
for row in reader:
    # 处理每一行的数据
    print (row)
```

通过上述步骤，你可以实现将目标数据写入 CSV 文件，并从 CSV 文件中读取目标数据。需要注意以下事项。

（1）在写入 CSV 文件时，可以使用 writerow 方法写入一行数据，或者使用 writerows 方法写入多行数据，多行数据以嵌套列表的形式传递。

（2）在读取 CSV 文件时，每一行数据会作为一个列表返回，你可以根据需要处理每一行的数据。

（3）在写入 CSV 文件时，使用 newline='' 参数可以确保跨平台的兼容性，避免 Windows 系统上生成额外的空行。读取文件时则不需要使用该参数。

请记得根据实际情况修改文件路径和文件名，以及对读取的数据进行适当的处理和存储。

2. 案例讲解

案例目标：将豆瓣网页获取的数据（序号、电影名、评分、推荐语和电影链接），进行 CSV 写入与读取，生成对应文档。

根据案例目标，我们需要将任务 6.2 所处理后的数据存放到 CSV 的文件中，这里有几点需要注意。

（1）文件保存的路径选择为“C:\Users\Lenovo\Python 教材编写\项目 6”。

（2）文件名设置为“豆瓣爬取.csv”。

（3）文件中的数据，列名分别为：序号、电影名、评分、推荐语和电影链接。

（4）文件中包含豆瓣前 50 部电影的数据。

（5）用 CSV 文件存储数据，还需要考虑编码问题——“encoding='utf-8-sig”。

基于任务要求和前面所学的知识，具体代码如下所示：

```
import csv
import requests
from bs4 import BeautifulSoup

headers = {'User-agent': 'Mozilla/5.0 (Windows NT 10.0; Win64; x64) AppleWebKit/537.36 (KHTML, like Gecko) Chrome/114.0.0.0 Safari/537.36'}

data = []

for x in range(2):
    url = 'https://movie.douban.com/top250?start=' + str(x*25) + '&filter='
    res = requests.get(url, headers=headers)
    bs = BeautifulSoup(res.text, 'html.parser')
    tag_num = bs.find_all('div', class_="item")
    # 查找包含序号、电影名、链接的<div>标签
    tag_comment = bs.find_all('div', class_='star')
    # 查找包含评分的<div>标签
    tag_word = bs.find_all('span', class_='inq')
    # 查找推荐语

    for x in range(len(tag_num)):
        if tag_num[x].text[2:5] == '' or tag_num[x].text[2:5] == '' or x >= len(tag_word):
            # 此处引号内，填写没有推荐语的电影序号
            movie = [tag_num[x].text[2:5], tag_num[x].find('img')['alt'], tag_comment[x].text[2:5], tag_num[x].find('a')['href'], '']
        else:
            movie = [tag_num[x].text[2:5], tag_num[x].find('img')['alt'], tag_comment[x].text[2:5], tag_word[x].text, tag_num[x].find('a')['href']]
        data.append(movie)

file_path = r'C:\Users\Lenovo\Python 教材编写\项目 6\豆瓣爬取.csv'
with open(file_path, 'w', newline='', encoding='utf-8-sig') as file:
    writer = csv.writer(file)
    writer.writerow(['序号', '电影名', '评分', '推荐语', '电影链接'])
    writer.writerows(data)
print("数据已保存至 CSV 文件。")
```

保存至 CSU 格式文件中的电影信息如图 6.5 所示。

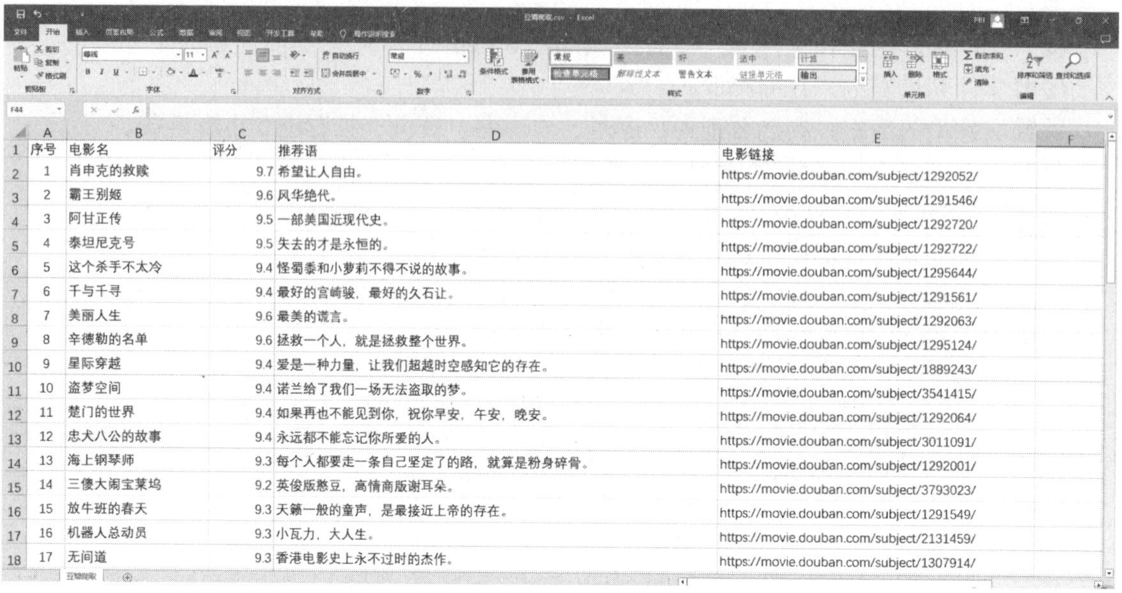

序号	电影名	评分	推荐语	电影链接
1	肖申克的救赎	9.7	希望让人自由。	https://movie.douban.com/subject/1292052/
2	霸王别姬	9.6	风华绝代。	https://movie.douban.com/subject/1291546/
3	阿甘正传	9.5	一部美国近现代史。	https://movie.douban.com/subject/1292720/
4	泰坦尼克号	9.5	失去的才是永恒的。	https://movie.douban.com/subject/1292722/
5	这个杀手不太冷	9.4	怪蜀黍和小萝莉不得不说的故事。	https://movie.douban.com/subject/1295644/
6	千与千寻	9.4	最好的宫崎骏，最好的久石让。	https://movie.douban.com/subject/1291561/
7	美丽人生	9.6	最美的谎言。	https://movie.douban.com/subject/1292063/
8	辛德勒的名单	9.6	拯救一个人，就是拯救整个世界。	https://movie.douban.com/subject/1295124/
9	星际穿越	9.4	爱是一种力量，让我们超越时空感知它的存在。	https://movie.douban.com/subject/1889243/
10	盗梦空间	9.4	诺兰给了我们一场无法盗取的梦。	https://movie.douban.com/subject/3541415/
11	楚门的世界	9.4	如果再也不能见到你，祝你早安，午安，晚安。	https://movie.douban.com/subject/1292064/
12	忠犬八公的故事	9.4	永远都不能忘记你所爱的人。	https://movie.douban.com/subject/3011091/
13	海上钢琴师	9.3	每个人都要走一条自己坚定了的路，就算是粉身碎骨。	https://movie.douban.com/subject/1292001/
14	三傻大闹宝莱坞	9.2	英俊版憨豆，高情商版谢耳朵。	https://movie.douban.com/subject/3793023/
15	放牛班的春天	9.3	天籁一般的童声，是最接近上帝的存在。	https://movie.douban.com/subject/1291549/
16	机器人总动员	9.3	小瓦力，大人生。	https://movie.douban.com/subject/2131459/
17	无间道	9.3	香港电影史上永不过时的杰作。	https://movie.douban.com/subject/1307914/

图 6.5　保存至 CSU 格式文件中的电影信息

以上代码实现了通过爬取豆瓣电影 Top250 页面的数据，并将其存储为 CSV 文件的功能。代码解析如下。

（1）引入所需的库。

requests：用于发送 HTTP 请求获取网页内容。

BeautifulSoup：用于解析网页内容。

pandas：用于处理和存储数据。

（2）设置请求头部信息。

headers：包含浏览器的 User-Agent 信息，模拟浏览器发送请求。

（3）发送 HTTP 请求获取网页内容。

使用 requests.get 方法发送请求，传入目标网址和请求头部信息。

将获取的响应结果保存到 res 变量中。

（4）使用 BeautifulSoup 解析网页内容。

创建 BeautifulSoup 对象 bs，传入 res.text（响应内容的文本）和解析器类型（这里使用 html.parser）。

使用 find_all 方法查找目标元素，并将结果保存到相应的变量中。

（5）定义一个空的列表 data，用于存储爬取的数据。

（6）遍历目标元素，并提取所需的信息。

使用循环遍历目标元素列表 tag_num 的每个元素。

使用条件判断语句检查是否存在推荐语。

根据判断结果构造字典 row，包含电影名、评分、影评和电影链接信息。

将字典 row 添加到列表 data 中。

（7）创建 DataFrame 对象 df。

使用 pd.DataFrame 构造函数，将列表 data 转换为 DataFrame 对象。

DataFrame 的列名将根据字典的键自动生成。

（8）指定文件路径和文件名，并保存为 CSV 文件。

使用 to_csv 方法将 DataFrame 对象保存为 CSV 文件。

设置 index=False 参数，不保存行索引。

设置 encoding='utf-8-sig' 参数，以支持中文内容的正确保存。

（9）将爬取的数据保存为名为“豆瓣爬取.csv”的 CSV 文件，存储路径为“C：\Uscrs\Lenovo\Python 教材编写\项目 6\”。

6.3.2　Excel 的写入与读取

1. 任务知识

在 Python 中，我们可以使用 pandas 库来进行 Excel 文件的写入和读取操作。pandas 是一个强大的数据处理库，可以方便地处理和操作各种数据格式，包括 Excel 文件。

下面详细介绍如何使用 pandas 库进行 Excel 文件的写入和读取。

1）写入 Excel 文件

首先，导入 pandas 库：

```
import pandas as pd
```

创建一个 DataFrame 对象，将目标数据组织成表格形式的数据结构：

```
data = {
    '列 1': [值 1, 值 2, 值 3, ...],
    '列 2': [值 1, 值 2, 值 3, ...],
    '列 3': [值 1, 值 2, 值 3, ...],
    ...
}
df = pd.DataFrame(data)
```

使用 to_excel 方法将 DataFrame 对象写入 Excel 文件，指定文件路径和文件名：

```
df.to_excel ('data.xlsx', index=False)
```

可以通过设置其他参数来调整写入 Excel 文件的方式，如设置索引、选择特定的工作表等。

2）读取 Excel 文件

首先，导入 pandas 库：

```
import pandas as pd
```

使用 read_excel 方法读取 Excel 文件，指定文件路径和工作表名称：

```
df=pd.read_excel ('data.xlsx', sheet_name='Sheet1'
```

read_excel 方法会将 Excel 文件的内容读取为一个 DataFrame 对象，我们可以对该对象进行各种数据处理和操作。

可以根据需要指定其他参数，如跳过特定的行或列、解析日期等。

通过上述步骤，可以将目标数据写入 Excel 文件，并从 Excel 文件中读取目标数据。

需要注意的是：

（1）在写入 Excel 文件时，to_excel 方法可以将 DataFrame 对象写入 Excel 文件，可以通过设置参数来调整写入方式。

（2）在读取 Excel 文件时，read_excel 方法会返回一个 DataFrame 对象，我们可以对该对象进行进一步的数据处理和操作。

（3）在读取和写入 Excel 文件时，可以使用 sheet_name 参数指定要读取或写入的工作表名称。

2. 案例讲解

案例目标：将豆瓣网页获取的数据（序号、电影名、评分、推荐语和电影链接）进行 Excel 写入与读取，生成对应文档。

根据任务目标，我们需要将任务 6.2 所处理后的数据存放到 Excel 的文件中，这里有几点需要注意。

（1）文件保存的路径选择为“C：\Users\Lenovo\Python 教材编写\项目 6”。

（2）文件名设置为“豆瓣爬取.xlsx”。

（3）文件中的数据，列名分别为：序号、电影名、评分、推荐语和电影链接。

（4）文件中包含豆瓣前 50 部电影的数据。

基于任务要求和我们前面所学的知识，具体代码如下所示：

```
    import pandas as pd
    import requests
    from bs4 import BeautifulSoup

    headers = {
        'User-agent': 'Mozilla/5.0 (Windows NT 10.0; Win64; x64) AppleWebKit/
537.36 (KHTML, like Gecko) Chrome/114.0.0.0 Safari/537.36'
    }

    data = []

    for x in range(2):
        url = 'https://movie.douban.com/top250?start=' + str(x*25) + '&filter='
        res = requests.get(url, headers=headers)
        bs = BeautifulSoup(res.text, 'html.parser')
        tag_num = bs.find_all('div', class_="item")
        # 查找包含序号、电影名、链接的<div>标签
        tag_comment = bs.find_all('div', class_='star')
        # 查找包含评分的<div>标签
        tag_word = bs.find_all('span', class_='inq')
        # 查找推荐语

        for x in range(len(tag_num)):
            if tag_num[x].text[2:5] == '' or tag_num[x].text[2:5] == '' or x >=
len(tag_word):
                # 此处引号内，填写没有推荐语的电影序号
                movie=[tag_num[x].text[2:5],tag_num[x].find('img')['alt'],
tag_comment[x].text[2:5], '', tag_num[x].find('a')['href']]
            else:
                movie = [tag_num[x].text[2:5], tag_num[x].find('img')['alt'], tag_
```

```
comment[x].text[2:5], tag_word[x].text, tag_num[x].find('a')['href']]
        data.append(movie)

   df = pd.DataFrame(data, columns=['序号', '电影名', '评分', '推荐语', '电影链接'])
   file_path = r'C:\Users\Lenovo\Python 教材编写\项目 6\豆瓣爬取.xlsx'
   df.to_excel(file_path, index=False)
   print("数据已保存至 Excel 文件。")
```

豆瓣爬取.xlsx 如图 6.6 所示。

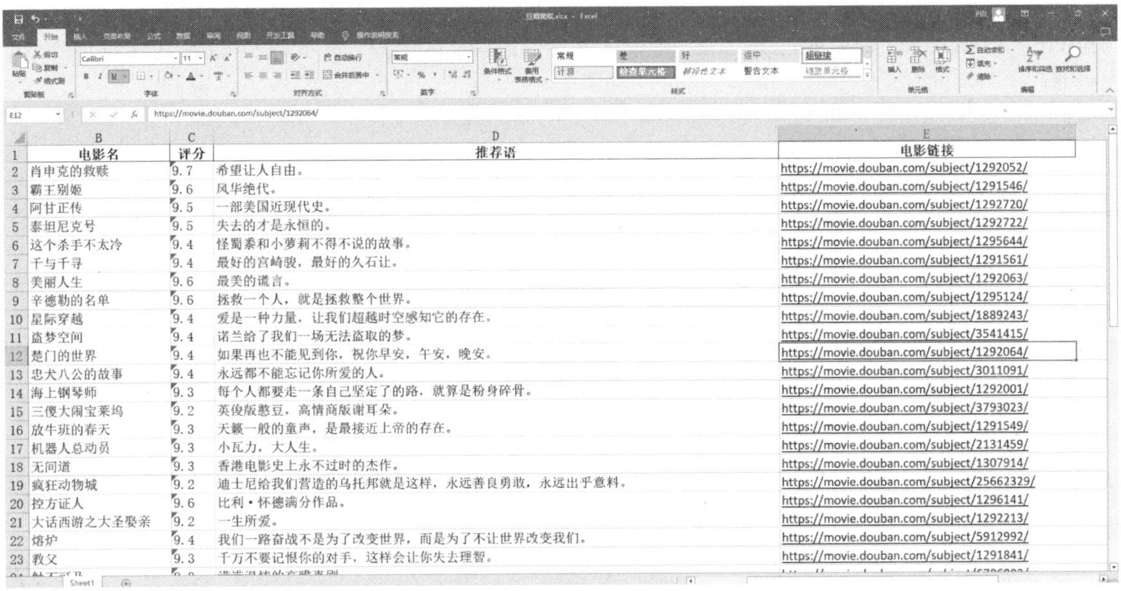

	电影名	评分	推荐语	电影链接
2	肖申克的救赎	9.7	希望让人自由。	https://movie.douban.com/subject/1292052/
3	霸王别姬	9.6	风华绝代。	https://movie.douban.com/subject/1291546/
4	阿甘正传	9.5	一部美国近现代史。	https://movie.douban.com/subject/1292720/
5	泰坦尼克号	9.5	失去的才是永恒的。	https://movie.douban.com/subject/1292722/
6	这个杀手不太冷	9.4	怪蜀黍和小萝莉不得不说的故事。	https://movie.douban.com/subject/1295644/
7	千与千寻	9.4	最好的宫崎骏，最好的久石让。	https://movie.douban.com/subject/1291561/
8	美丽人生	9.6	最美的谎言。	https://movie.douban.com/subject/1292063/
9	辛德勒的名单	9.6	拯救一个人，就是拯救整个世界。	https://movie.douban.com/subject/1295124/
10	星际穿越	9.4	爱是一种力量，让我们超越时空感知它的存在。	https://movie.douban.com/subject/1889243/
11	盗梦空间	9.4	诺兰给了我们一场无法盗取的梦。	https://movie.douban.com/subject/3541415/
12	楚门的世界	9.4	如果再也不能见到你，祝你早安，午安，晚安。	https://movie.douban.com/subject/1292064/
13	忠犬八公的故事	9.4	永远都不能忘记你所爱的人。	https://movie.douban.com/subject/3011091/
14	海上钢琴师	9.3	每个人都要走一条自己坚定了的路，就算是粉身碎骨。	https://movie.douban.com/subject/1292001/
15	三傻大闹宝莱坞	9.2	英俊版憨豆，高情商版谢耳朵。	https://movie.douban.com/subject/3793023/
16	放牛班的春天	9.3	天籁一般的童声，是最接近上帝的存在。	https://movie.douban.com/subject/1291549/
17	机器人总动员	9.3	小瓦力，大人生。	https://movie.douban.com/subject/2131459/
18	无间道	9.3	香港电影史上永不过时的杰作。	https://movie.douban.com/subject/1307914/
19	疯狂动物城	9.2	迪士尼给我们营造的乌托邦就是这样，永远善良勇敢，永远出乎意料。	https://movie.douban.com/subject/25662329/
20	控方证人	9.6	比利·怀德满分作品。	https://movie.douban.com/subject/1296141/
21	大话西游之大圣娶亲	9.2	一生所爱。	https://movie.douban.com/subject/1292213/
22	熔炉	9.4	我们一路奋战不是为了改变世界，而是为了不让世界改变我们。	https://movie.douban.com/subject/5912992/
23	教父	9.3	千万不要记恨你的对手，这样会让你失去理智。	https://movie.douban.com/subject/1291841/

图 6.6　豆瓣爬取.xlsx

以上代码实现了爬取豆瓣电影 Top250 页面的数据，并将其存储为 Excel 文件的功能。代码解析如下。

（1）引入所需的库。

pandas：用于处理和存储数据。

requests：用于发送 HTTP 请求获取网页内容。

BeautifulSoup：用于解析网页内容。

（2）设置请求头部信息。

headers：包含浏览器的 User-Agent 信息，模拟浏览器发送请求。

（3）创建一个空列表 data，用于存储爬取的数据。

（4）使用循环遍历页面的不同页数。

构建每个页面的 URL。

发送 HTTP 请求获取页面内容，并使用 BeautifulSoup 解析网页。

（5）在页面内容中查找目标元素，并提取所需的信息。

使用 find_all 方法查找目标元素，并将结果保存到相应的变量中。

使用条件判断语句检查是否存在推荐语。

根据判断结果构造电影信息的列表 movie。

（6）将电影信息列表 movie 添加到数据列表 data 中。

（7）创建 DataFrame 对象 df。

使用 pd.DataFrame 构造函数，将列表 data 转换为 DataFrame 对象。

指定列名为 ['序号', '电影名', '评分', '推荐语', '电影链接']。

（8）指定文件路径和文件名，并将 DataFrame 对象 df 保存为 Excel 文件。

使用 to_excel 方法将 DataFrame 对象保存为 Excel 文件。

设置 index=False 参数，不保存行索引。

（9）将爬取的数据保存为名为“豆瓣爬取.xlsx”的 Excel 文件，存储路径为“C：\Users\Lenovo\Python 教材编写\项目 6\”。运行代码后，会打印提示信息，表示数据已成功保存到 Excel 文件中。

任务 6.3 微课

6.3.3　任务实操

任务 6.3 任务工单

任务名称	目标数据的存储	专业		班级	
学生姓名		学生学号		任务成绩	
任务准备		任务场地		完成日期	
任务描述	在成功解析数据后，如何存储这些数据是数据爬取流程的关键一步。本任务聚焦于将解析后的数据有效地存储到 CSV 和 Excel 文件中				

任务提出：通过完成任务 6.2，我们已将数据转化为我们想要的目标数据，而数据爬取的整个流程为：“获”—“解”—“存”，我们已经完成了前面两步，已经能够清晰地看到我们的目标数据，而最后一步则是把目标数据存入到指定格式的文件中，本任务就是将目标数据存入 CSV 和 Excel 的文档里。

任务目标：

1. 使用 pandas 处理和存储数据。

2. 实现数据从内存到 CSV 和 Excel 文件的转存。

3. 将豆瓣网页获取的数据（序号、电影名、评分、推荐语和电影链接）进行 Excel 写入与读取，生成对应文档。

1. 任务设计

● 框架规划：在数据提取完成后，学习如何将数据持久化存储，以便进行后续分析或展示。

● 资料收集：教师准备介绍数据存储格式及方法的教材。

● 设计引导：教师示范如何使用 pandas 库将提取的数据存储到 CSV 和 Excel 文件中。

2. 任务实施

● 编写代码：学生根据教师的引导，编写代码将提取的数据转换为结构化的格式，并存储到 CSV 和 Excel 文件。

● 细节调整：学生根据数据的特点选择合适的存储格式，调整列的顺序和格式化输出。

● 小组讨论：学生在小组内分享他们的存储文件，讨论数据存储方案的优劣。

3. 任务检查

● 自我审核：学生检查自己生成的 CSV 和 Excel 文件，确保数据完整且格式正确。

● 小组互评：学生们相互评价对方生成的文件，验证数据的准确性和可读性。

● 教师评审：教师检查每个学生的文件，确认数据存储符合任务要求。

4. 任务评价

● 成果展示：学生展示他们存储的 CSV 和 Excel 文件，解释数据组织的逻辑。

● 评价说明：根据文件的规范性、数据的完整性和准确性进行评分。

● 评价标准：任务 6.3 评价标准见表 6.8。

表 6.8　任务 6.3 评价标准

评分项	分值（权重）	详细说明
文件规范性	30 分	文件格式符合规范，标题清晰，数据列明确得 30 分
数据完整性	40 分	所有提取的数据均被完整保存，无遗漏得 40 分
数据准确性	30 分	数据保存后的准确性，内容与源数据一致得 30 分

详细评分细则如下。

● 文件规范性：评估文件的布局、数据类型是否适当，标题行是否准确。

● 数据完整性：检查是否所有必要数据都已包含，每缺失一项数据减扣相应分值。

● 数据准确性：核对保存的数据与原始爬取数据是否一致，错误数据将扣分。

6.3.4　任务测评

任务测评表

效果测评要素	具体评价内容	评价等级
技能点 1：数据格式化	学生是否能正确地格式化数据以便存储	优秀/良好/中等/及格/不及格
技能点 2：文件存储	学生是否能成功将数据存储至 CSV 和 Excel 文件	优秀/良好/中等/及格/不及格
技能点 3：数据准确性	学生存储的数据是否与原始数据保持一致	优秀/良好/中等/及格/不及格
综合测评 1：存储实现	存储过程是否无误，并且存储的数据格式正确、易于阅读	优秀/良好/中等/及格/不及格
综合测评 2：代码效率	代码是否运行效率高，没有不必要的资源消耗	优秀/良好/中等/及格/不及格
薄弱项记录		
没学懂的知识		
没掌握的技能		
我想提升的素养		
教师签字		

项目总结

通过项目 6 的学习，我们在网络数据爬取领域迈出了重要的一步，为进一步提升数据处理和应用能力奠定了坚实的基础。在未来的工作和实践中，我们可以进一步拓展项目 6 的内容，学习更多高级的爬虫技术和数据处理方法，以应对更复杂的数据获取和分析需求。同时，我们也要时刻保持对数据使用规则和道德准则的遵守，尊重网站的规定和数据所有权，保护用户隐私和数据安全，项目 6 各任务所学的具体内容如下。

任务 6.1：体验数据的爬取

在任务 6 .1 中，我们学习了浏览器及爬虫的工作原理。我们了解了浏览器发送请求和接收响应的过程，以及爬虫模拟浏览器行为的原理。我们还介绍了爬虫的使用规则，包括遵守网站的爬取规则，避免给服务器带来过大的负载压力等。

任务 6.2：获取数据的解析

在任务 6.2 中，我们学习了网页数据的组织形式和解析库——BeautifulSoup。我们了解了 HTML 元素和属性的概念，并学习了使用 BeautifulSoup 库解析 HTML 页面，提取所需的数据。通过任务 6.2 的学习，我们掌握了解析网页数据的基本方法和技巧。

任务 6.3：目标数据的存储

在任务 6.3 中，我们学习了目标数据的存储，包括 CSV 的写入与读取以及 Excel 的写入与读取。我们使用 Python 的 pandas 库将爬取的数据存储到 CSV 和 Excel 文件中，实现了数据的持久化存储。通过任务 6.3 的学习，我们具备了数据存储和管理的能力，并能够灵活地应用不同的存储格式。

通过本项目的学习，我们掌握了网络数据爬取的基本原理和方法。我们了解了浏览器的工作原理、爬虫的使用规则，学习了解析网页数据的技巧，并学会了将爬取的数据存储到常见的格式（如 CSV 和 Excel）中。这些技能对于我们在实际应用中获取、处理和分析网络数据具有重要意义。

课后练习

一、单选题

1. 爬虫是用来（　　）的。

A. 下载软件和电影　　B. 获取网络数据

C. 发布广告和推广活动　　D. 维护网站服务器

2. 在爬虫工作原理中，（　　）是爬虫发送 HTTP 请求的过程。

A. 解析响应　　B. 发送请求　　C. 提取数据　　D. 存储数据

3. （　　）库可以用于解析 HTML 页面。

A. requests　　B. pandas　　C. BeautifulSoup　　D. NumPy

4. 爬虫在发送请求时，为了遵守网站的规定，应该查看（　　）。

A. robots.txt　　B. index.html　　C. style.css　　D. script.js

5. CSV 是一种常见的数据存储格式，它的全称是（　　）。

A. Comma-Separated Values　　B. Cascading Style Sheets

C. Hypertext Markup Language　　D. Extensible Markup Language

6. 在使用 pandas 库将数据存储到 CSV 文件时，应该使用（　　）。

A. to_csv( )　　B. to_excel( )　　C. to_json( )　　D. to_sql( )

7. 爬虫发送请求时，可以设置的请求头信息是（　　）。

A. User-Agent　　B. Authorization　　C. Content-Type　　D. Accept-Language

8. BeautifulSoup 库可以用于解析和处理（　　）。

A. HTML　　B. JSON　　C. XML　　D. 以上都是

9. 爬虫获取的数据属于（　　）。

A. 爬虫的所有权　　B. 爬虫使用者的所有权

C. 网站的所有权　　D. 公共领域的所有权

10. 在进行网络数据爬取时，为了遵守爬虫的使用规则，我们应该避免（　　）。

A. 发送大量并发请求　　B. 解析网页数据

C. 存储爬取的数据　　D. 遵守网站的爬取规则

二、操作题

1. 请编写 Python 代码，使用 requests 库发送一个 GET 请求到网址 https://www.example.com 并打印出响应的内容。

2. 请编写 Python 代码，使用 BeautifulSoup 库解析一个 HTML 文件（如 example.html），并提取出所有<a>标签的文本内容。

假设已经读取了 HTML 文件内容到变量 html 中。

```
html="""
<html>
<body>
<a href="https://www.example.com">Link 1</a>
<a href="https://www.example.com">Link 2</a>
<a href="https://www.example.com">Link 3</a>
</body>
</html>
"""
```

3. 请编写 Python 代码，将以下数据保存到名为 data.csv 的 CSV 文件中：

[['姓名', '年龄', '性别'], ['张三', 25, '男'], ['李四', 30, '女'], ['王五', 28, '男']]

三、实操题

用 requests 获取 2022 年《财富》世界 500 强排行榜信息，网址为：

'https://www.fortunechina.com/fortune500/c/2022-08/03/content_415683.htm'

1. 向服务器发出请求，是否能正常访问服务器；

2. 获取目标网址的数据（包括排名、公司名称、营业收入、利润、国家）；

3. 将爬取的数据存入 CSV 文件。

项目 6 课后练习答案　　项目 6 代码及数据

项目 7　股票数据分析

项目 7 课件

学习目标

◎ 知识目标

了解 tushare 库，学习如何使用 tushare 接口获取上市公司的股票数据；
学习如何处理时间序列数据异构，包括日期时间索引和数据的重采样；
掌握多参数线形图的创建，以便可视化不同参数之间的关系；
学习如何选择和创建数据框，以满足不同的数据需求；
熟悉数据框架的多列绘图，用于更全面的数据分析；
了解图形参数的设置，以改进图形的可读性；
学习多个子图的创建，以在同一个图形中呈现不同的数据视图；
使用 DataFrame 进行数据筛选和操作，以提取关键信息；
学会选择特定数据作为索引，以更好地表示时间序列数据；
掌握数据的重采样，用于汇总和分析数据。

◎ 能力目标

能够使用 tushare 库获取上市公司的股票数据，将数据保存在本地文件中，并进行简单的数据处理；
能够处理时间序列数据，包括日期时间索引的设置和数据的重采样；
能够创建多参数线形图，以便可视化不同参数之间的关系；
能够选择和创建数据框，以适应不同的数据需求，绘制多列图形用于数据分析；
能够设置图形参数，以改进图形的可读性和信息传达；
能够创建多个子图，以在同一个图形中呈现不同的数据视图；
能够使用 DataFrame 进行数据筛选和操作，提取关键信息；
能够选择特定数据作为索引，以更好地表示时间序列数据；
能够使用数据的重采样，以汇总和分析数据。

◎ 素质目标

提高数据获取和处理的实际技能，为后续数据分析和决策提供支持；
培养数据可视化和数据分析的能力，以更好地理解股票市场的趋势和关联；
增强数据处理和数据操作的实际应用技能，以应对金融领域的挑战；
增强解决复杂问题的能力，特别是在时间序列数据和金融分析方面。

思维导图

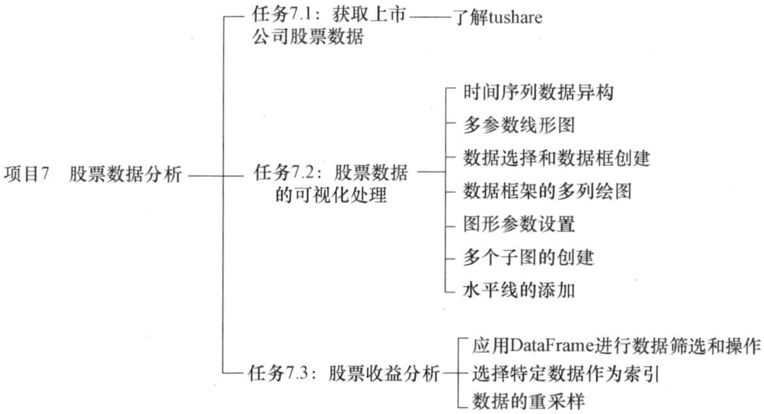

项目描述

本项目旨在让学生通过实际操作掌握如何使用 Python 及 tushare 库获取和分析股票数据。学生将学习如何获取上市公司的历史股票数据，处理时间序列数据，以及进行高级的数据可视化。通过这个项目，学生不仅能够加深对 Python 编程的理解，还能具体了解金融市场数据的处理和分析方法，为未来可能的金融行业职业奠定基础。

项目要求

任务 7.1：获取上市公司股票数据

学生需要使用 tushare 库获取指定上市公司的历史股票数据。本任务以云南白药为例，学生将学习如何调用接口获取数据，并将这些数据保存到本地的 Excel 文件中进行简单的数据处理。

任务 7.2：股票数据的可视化处理

掌握数据的重采样技术和时间序列分析方法，学生将对获取的股票数据进行详细分析，包括计算统计指标和绘制多参数线形图来分析股价变动趋势与其他财务指标之间的关系。

任务 7.3：股票收益分析

使用 Python 的可视化工具（如 matplotlib 和 seaborn）来创建多个子图，展示不同股票指标的变化，如开盘价、最高价、最低价和成交量等。学生将学习如何设置图形参数以改善图形的可读性和呈现效果。

案例导入

金融科技与经济发展——华泰证券的股票数据分析

在现代投资环境中，股票市场的数据分析是决策过程中不可或缺的一环。华泰证券，作为中国领先的证券公司之一，其在数据分析方面的实践为我们提供了参考，展示了如何将理论知识应用于现实世界的投资策略中。

华泰证券的投资分析团队面对的挑战是如何在众多上市公司中，精准地评估和预测股票的表现。选定的案例是云南白药，这是一家在中国市场表现活跃的上市公司。团队利用 Python 和 tushare 库，不仅能实时获取股票的交易数据，还能深入挖掘公司的财务报告和市场动态。

通过 Python 编程，团队自动化地从多个数据源中抽取信息，包括股价变动、交易量和财务指标等。这些数据首先被整合和清洗，以保证分析的准确性。Python 的 pandas 库提供了强大的数据处理功能，使得团队能够快速处理大规模数据集，进行复杂的数据操作，如筛选、排序和汇总。华泰证券的分析师们利用统计和机器学习模型来解读数据，寻找股价变动的潜在原因和趋势。例如，他们计算了移动平均线和标准差，以识别市场的主要趋势和波动性。此外，时间序列分析帮助团队预测未来价格走势，为客户提供基于数据的投资建议。

通过 matplotlib 和 seaborn 等可视化工具，复杂的数据被转化为直观的图表和图形，这不仅帮助分析师更好地理解市场动态，也使投资者能够轻松地把握信息。图表展示了从日线到年线的各种时间尺度的价格动态，以及与市场事件对应的股价波动。

这些分析结果直接影响华泰证券为客户制定的投资策略。通过精确的市场分析，公司能够指导客户在适当的时间买入或卖出股票，最大化投资回报。此外，长期的数据追踪和分析也帮助公司优化其风险管理策略，降低潜在的市场风险。

华泰证券的案例是一个典型的例子，展示了如何将项目中学到的数据分析技术应用于实际的商业活动中。这不仅提高了公司的竞争力，也为客户提供了基于深度分析的高质量服务。通过这种实践，学生可以看到学术知识与实际应用之间的桥梁，理解数据分析在现代金融领域的重要性和实用性。

任务 7.1　获取上市公司股票数据

7.1.1　通过 tushare 接口获取股票数据

1. 任务知识

tushare（TuShare）是一个开源的、免费的 Python 金融数据接口库，它提供丰富的中国金融市场数据，包括股票、期货、基金、指数、宏观数据经济等。tushare 的主要目标是为开发者提供方便的方式来获取和使用金融数据，方便进行量化分析、数据挖掘、股票市场研究和其他金融领域的应用。

以下是 tushare 的一些主要特点和功能：

（1）多种数据源：图共享支持从多个金融数据源获取数据，包括中国证券市场、中国金融期货市场、中国基金市场、宏观经济数据等。

（2）免费使用：tushare 是一个免费的数据接口库，无需订阅费用或额外费用，使其成为广大开发者和数据分析师的理想选择。

（3）易于使用：tushare 提供了简单易懂的 API，使得获取金融数据变得容易。开发者可以使用 Python 编程语言来访问和操作数据。

（4）数据格式多样性：tushare 支持多种数据格式，包括 DataFrame、JSON、CSV 等，满足不同应用的需求。

（5）数据更新间隔：tushare 的数据通常以每日、每分钟或实时频率更新，可以满足不同时间精度的数据需求。

（6）丰富的金融指标：tushare 提供了各种金融市场的数据指标，如股票交易数据、财务数据、宏观经济数据等，使开发者可以进行多种分析和研究。

2. 案例讲解

案例目标：使用 tushare 接口获取云南白药的股票数据。

使用 pip 来安装 tushare 库。以下是安装 tushare 的步骤。

打开终端（命令提示符）或命令行界面。

使用以下命令来安装 tushare：

```
pip install tushare
```

这将自动下载并安装 tushare 库及其依赖项。

请确保你的 Python 环境已经正确安装，并且 pip 已配置好。如果你使用的是 Python 3.x 版本，通常 pip 会自动关联到该版本。如果你有多个 Python 版本，确保你正在使用的是正确的 Python 版本。

安装完成后，你就可以在 Python 中导入 tushare 库并开始使用它来获取金融数据了。

下载安装完成后，我们可以调用 tushare 的免费接口，代码如下所示（为了方便后期操作，我们一并调用 pandas 和 NumPy 库）：

```
import tushare as ts
import pandas as pd
from pandas import DataFrame, Series
```

```
import numpy as np
```

获取云南白药的股票数据，代码如下（code 为股票代码）：

```
#获取云南白药股票的历史数据
df=ts.get_k_data(code='000538', start='2000-01-01')
df
```

云南白药的股票历史数据如图 7.1 所示。

	date	open	close	high	low	volume	code
0	2000-01-04	-11.195	-11.167	-11.148	-11.195	7160.10	000538
1	2000-01-05	-11.166	-11.165	-11.137	-11.195	8788.64	000538
2	2000-01-06	-11.166	-11.137	-11.137	-11.191	9133.16	000538
3	2000-01-07	-11.097	-11.082	-11.077	-11.136	21043.22	000538
4	2000-01-10	-11.069	-11.000	-10.998	-11.069	32275.72	000538
...	...	...	...	...	...	...	...
5533	2023-10-19	50.780	49.710	51.090	49.700	114650.00	000538
5534	2023-10-20	49.710	49.030	49.720	48.900	91048.00	000538
5535	2023-10-23	49.060	49.040	49.160	48.480	55862.00	000538
5536	2023-10-24	49.200	49.340	49.490	48.710	71140.00	000538
5537	2023-10-25	49.700	49.320	49.800	49.250	61290.00	000538

5538 rows × 7 columns

图 7.1　云南白药的股票历史数据

我们所取的数据是 2000-01-01—2023-10-25（截图当日），如果需要设定截止时间，例如设置截止时间为 2022 年 12 月 31 日，可以将代码改为：

```
df=ts.get_k_data(code='000538', start='2000-01-01', end='2022-12-31')
```

7.1.2　将获取的数据保存在本地的 Excel 文件中

1. 任务知识

要将 tushare 中获取的数据保存在本地的 Excel 文件中，可以使用 pandas 库提供的 to_excel 函数。以下是保存数据到 Excel 文件的步骤。

首先，确保已经成功导入了 tushare 和 pandas 库，以及获取了股票数据，然后创建一个 DataFrame 对象，例如 df。

使用 to_excel 函数将 DataFrame 中的数据保存到 Excel 文件。需要指定文件的路径和文件名，以及要使用的工作表名称（可选）。

2. 案例讲解

案例目标：将获取的数据保存在本地的 Excel 文件中，方便后续使用。

以上我们通过 tushare 获取了云南白药的股票历史数据，下面我们把之前所获取的数据保存到本地的 Excel 文件里。

```
# 将数据保存到 Excel 文件
df.to_excel('云南白药股票数据.xlsx', sheet_name='股票数据', index=False)
```

创建一个名为“云南白药股票数据.xlsx”的 Excel 文件（云南白药股票数据 Excel 表格

如图 7.2 所示），并在其中创建一个名为“股票数据”的工作表，将股票数据保存在这个工作表中。参数表示不保存 DataFrame 的索引列 index=False 到 Excel 文件中。

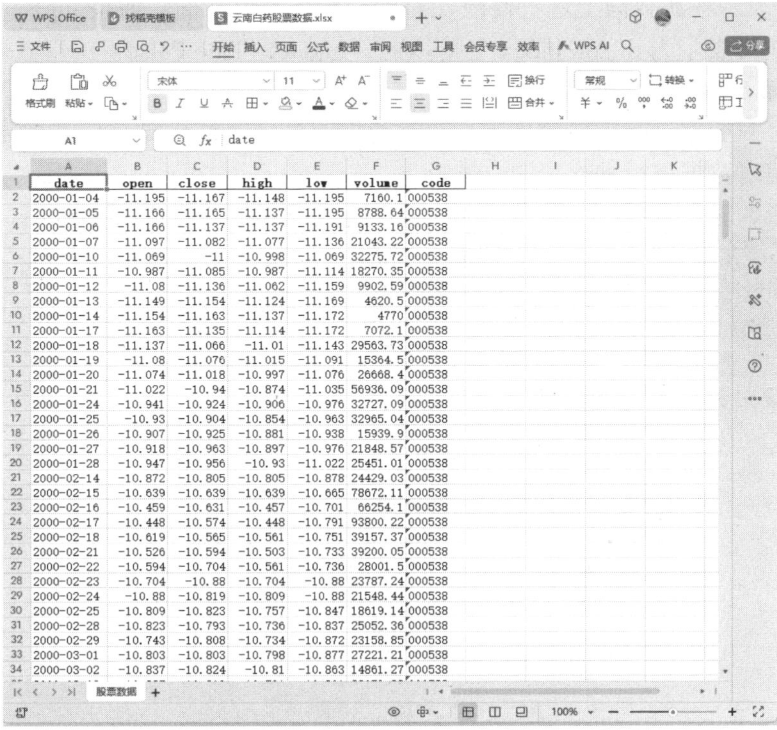

date	open	close	high	low	volume	code
2000-01-04	-11.195	-11.167	-11.148	-11.195	7160.1	000538
2000-01-05	-11.166	-11.165	-11.137	-11.195	8788.64	000538
2000-01-06	-11.166	-11.137	-11.137	-11.191	9133.16	000538
2000-01-07	-11.097	-11.082	-11.077	-11.136	21043.22	000538
2000-01-10	-11.069	-11	-10.998	-11.069	32275.72	000538
2000-01-11	-10.987	-11.085	-10.987	-11.114	18270.35	000538
2000-01-12	-11.08	-11.136	-11.062	-11.159	9902.59	000538
2000-01-13	-11.149	-11.154	-11.124	-11.169	4620.5	000538
2000-01-14	-11.154	-11.163	-11.137	-11.172	4770	000538
2000-01-17	-11.163	-11.135	-11.114	-11.172	7072.1	000538
2000-01-18	-11.137	-11.066	-11.01	-11.143	29563.73	000538
2000-01-19	-11.08	-11.076	-11.015	-11.091	15364.5	000538
2000-01-20	-11.074	-11.018	-10.997	-11.076	26668.4	000538
2000-01-21	-11.022	-10.94	-10.874	-11.035	56936.09	000538
2000-01-24	-10.941	-10.924	-10.906	-10.976	32727.09	000538
2000-01-25	-10.93	-10.904	-10.854	-10.963	32965.04	000538
2000-01-26	-10.907	-10.925	-10.881	-10.938	15939.9	000538
2000-01-27	-10.918	-10.963	-10.897	-10.976	21848.57	000538
2000-01-28	-10.947	-10.956	-10.93	-11.022	25451.01	000538
2000-02-14	-10.872	-10.805	-10.805	-10.878	24429.03	000538
2000-02-15	-10.639	-10.639	-10.639	-10.665	78672.11	000538
2000-02-16	-10.459	-10.631	-10.457	-10.701	66254.1	000538
2000-02-17	-10.448	-10.574	-10.448	-10.791	93800.22	000538
2000-02-18	-10.619	-10.565	-10.561	-10.751	39157.37	000538
2000-02-21	-10.526	-10.594	-10.503	-10.733	39200.05	000538
2000-02-22	-10.594	-10.704	-10.561	-10.736	28001.5	000538
2000-02-23	-10.704	-10.88	-10.704	-10.88	23787.24	000538
2000-02-24	-10.88	-10.819	-10.809	-10.88	21548.44	000538
2000-02-25	-10.809	-10.823	-10.757	-10.847	18619.14	000538
2000-02-28	-10.823	-10.793	-10.736	-10.837	25052.36	000538
2000-02-29	-10.743	-10.808	-10.734	-10.872	23158.85	000538
2000-03-01	-10.803	-10.803	-10.798	-10.877	27221.21	000538
2000-03-02	-10.837	-10.824	-10.81	-10.863	14861.27	000538

图 7.2　云南白药股票数据 Excel 表格

该文件保存在当前指定的文件夹下，如果需要调整保存位置，可以设置文件保存路径，并在保存命令中对代码进行修改，具体操作如下：

```
# 指定要保存的文件路径和文件名
file_path='C: /Your/Custom/Directory/股票数据.xlsx'
# 将数据保存到指定的 Excel 文件
df.to_excel (file_path, sheet_name='股票数据', index=False)
```

file_path 包含了自定义的文件路径和文件名。我们可以将 file_path 替换为希望保存文件的实际路径。这样，文件将被保存到指定的目录中。要确保我们有权限访问所指定的目录，在此需要特别注意路径中斜杠的方向。

7.1.3　对数据进行简单处理

1. 任务知识

1）info( )

我们通常可以使用“变量.info( )”显示有关 DataFrame 的一些基本信息，如列名、非空值的数量、数据类型等。这可以帮助我们快速了解数据框架的特征。

2）日期型数据的转换

把字符串转换为时间序列的数字类型时，我们可以使用 Python 的标准库 datetime 来处理日期和时间数据，把字符串转换为日期时间对象时，可以使用 pd.to_datatime 的形式。

3）调整索引

将数据框的索引设置为具体的列。这意味着行号索引会被替换为指定列的值。参数直接表示在源数据框中，同时我们可以通过设置 inplace 这个参数来确定是否修改源数据，如果 inplace=True 则表示在源数据上进行修改，而不创建新的数据框，如果 inplace=False 则不修改源数据。代码可表示为 df.set_index（'具体列'，inplace=True/False）的形式。

2. 案例讲解

案例目标：对数据进行简单的处理，查询数据信息，调整行列索引，并转换必要的数据类型，以准备好对数据进行进一步的分析。

我们先读取本地的 Excel 文件——云南白药股票数据.xlsx，并查看数据信息，具体代码如下：

```
# 读取 Excel 文件
df=pd.read_excel（'云南白药股票数据.xlsx'）
# 把表格信息输出出来
df.info
```

云南白药股票数据的相关信息如图 7.3 所示。

```
In [26]: #将本地存储的数据读取到df
         df=pd.read_excel('云南白药股票数据.xlsx')
         df.info()

<class 'pandas.core.frame.DataFrame'>
RangeIndex: 5538 entries, 0 to 5537
Data columns (total 7 columns):
 #   Column  Non-Null Count  Dtype
---  ------  --------------  -----
 0   date    5538 non-null   object
 1   open    5538 non-null   float64
 2   close   5538 non-null   float64
 3   high    5538 non-null   float64
 4   low     5538 non-null   float64
 5   volume  5538 non-null   float64
 6   code    5538 non-null   int64
dtypes: float64(5), int64(1), object(1)
memory usage: 303.0+ KB
```

图 7.3　云南白药股票数据的相关信息

该信息中包括有：文件大小 303 KB，行列信息 5538 行、7 列（分别为日期、开盘价、收盘价、高价、低价、成交量和股票代码）。在输出结果中，我们还可以看到，以上数据没有空值（如果有空值，我们在数据分析之前就要先进行清洗）及各列信息的数据类型，其中第 0 列为字符串，但是我们通过图 7.2 可以发现，第 0 列数据为 object，其表示第 1 行数据为字符串。我们在后期的分析中，因为会涉及时间序列分析，所以需要将该列数据转化为日期型，方便后续操作，具体操作如下：

```
#将表格中第 0 列数据改为日期型
df['date']=pd.to_datetime(df['date'])
#再次查看数据的信息
df.info( )
```

调整为日期型的数据信息如图 7.4 所示。

```
[29]: #将表格中第0列数据改为日期型
      df['date']=pd.to_datetime(df['date'])
      #再次查看数据的信息
      df.info()

<class 'pandas.core.frame.DataFrame'>
RangeIndex: 5538 entries, 0 to 5537
Data columns (total 7 columns):
 #   Column  Non-Null Count  Dtype
---  ------  --------------  -----
 0   date    5538 non-null   datetime64[ns]
 1   open    5538 non-null   float64
 2   close   5538 non-null   float64
 3   high    5538 non-null   float64
 4   low     5538 non-null   float64
 5   volume  5538 non-null   float64
 6   code    5538 non-null   int64
dtypes: datetime64[ns](1), float64(5), int64(1)
memory usage: 303.0 KB
```

图 7.4　调整为日期型的数据信息

我们再对数据进行观察，可以考虑将列索引替换成时间序列“date”，具体操作如下：

```
#将数据框的索引设置为名为'date'的列
df.set_index ('date', inplace=True)
#显示前五行数据
df.head( )
```

将日期“date”调整为列索引如图 7.5 所示。

```
In [9]: df.set_index('date',inplace=True)

In [10]: df.head()

Out[10]:
```

date	open	close	high	low	volume	code
2000-01-04	-11.195	-11.167	-11.148	-11.195	7160.10	538
2000-01-05	-11.166	-11.165	-11.137	-11.195	8788.64	538
2000-01-06	-11.166	-11.137	-11.137	-11.191	9133.16	538
2000-01-07	-11.097	-11.082	-11.077	-11.136	21043.22	538
2000-01-10	-11.069	-11.000	-10.998	-11.069	32275.72	538

图 7.5　将日期“date”调整为列索引

通过图 7.5 我们可以看到，数据的索引已被调整为“date”，原有索引已被删除。至此，我们完成了任务 7.1 的所有任务目标。

任务 7.1 微课

7.1.4 任务实操

任务 7.1 任务工单

任务名称	获取上市公司股票数据	专业		班级	
学生姓名		学生学号		任务成绩	
任务准备		任务场地		完成日期	
任务描述	通过 tushare 获取上市公司的历史股票数据				

任务提出：在这个项目中，我们将使用 Python 来获取上市公司股票数据，并对文献数据进行简单处理。我们以云南白药作为示例公司，使用 tushare 接口来获取其股票数据。这个任务的目标是获取云南白药的股票数据，将数据保存在本地的 Excel 文件中，并进行一些简单的数据处理，方便后续的股票投资分析。

任务目标：

1. 使用 tushare 接口获取云南白药的股票数据。

2. 将获取的数据保存在本地的 Excel 文件中，方便后续的使用。

3. 对数据进行简单的处理，查询数据信息，调整行列索引，并转换必要的数据类型，以准备好数据进行进一步的分析。

任务准备：

1. 安装必要的软件包：确保所有学生的计算机上已经安装了 Python，以及进行数据获取和处理所需的库，如 pandas 和 tushare。

2. 注册并获取 tushare token：引导学生注册 tushare 账户，并获取必要的 API token，以便访问股票数据。

3. 了解 Excel 操作：提供基础教程，教学生如何使用 Python 将数据保存到 Excel 文件中，涵盖 pandas 的 to_excel 方法的使用。

1. 任务设计

（1）框架规划：设计一个完整的数据处理流程，从获取云南白药的股票数据开始，通过 Tushare 接口，然后将数据保存至本地 Excel 文件，并进行初步的数据处理，包括查询信息、调整行列索引和转换数据类型，以便为后续的深入分析做准备。

（2）资料收集：

获取 Tushare API 的访问权限（API token）。

学习如何使用 Pandas 进行数据处理，包括索引设置、数据类型转换等。

掌握将数据保存到 Excel 的技巧，使用 Python 库，如 pandas 和 openpyxl。

（3）设计引导：

教师将指导学生如何注册和配置 Tushare API，以及如何使用 Python 的 Tushare 库获取股票数据。

引导学生学习 Pandas 库的数据处理功能，特别是如何进行数据筛选、排序、索引操作等。

示范如何将 DataFrame 数据导出为 Excel 文件，确保数据格式正确，便于后续操作。

2. 任务实施

（1）编写代码：

学生将编写 Python 代码，使用 tushare API 获取云南白药的股票数据。

学生将数据保存到 Excel 文件中，保证数据的可读性和完整性。

学生将对下载的数据进行必要的处理，例如筛选特定列、调整行列的顺序、转换数据类型，确保数据准备妥当。

（2）细节调整：

确保数据获取过程中包含了所有需要的字段。

检查 Excel 文件的保存逻辑，确保数据未被篡改，格式正确。

优化数据处理步骤，提高数据处理的效率和准确性。

（3）小组讨论：

学生在小组内展示自己的代码和 Excel 文件，讨论各自的实现方法和遇到的问题。

交流不同的数据处理技巧，探讨如何进一步分析这些数据。

3. 任务检查

（1）自我审核：

学生需要验证自己的代码是否能够稳定运行，数据获取是否完整。

检查 Excel 文件是否按照要求保存了数据，格式和数据类型是否正确。

（2）小组互评：

同学之间互查对方的 Excel 文件和代码，确保没有遗漏重要的数据处理步骤。

（3）教师评审：

教师审核所有提交的代码和 Excel 文件，评估数据处理的准确性和代码的有效性。

4. 任务评价

（1）成果展示：

学生展示他们保存的 Excel 文件，解释文件中数据的结构和处理过程。

学生展示对数据进行的基本处理操作，如筛选条件、数据类型转换等。

（2）评价说明：评价将基于数据处理的准确性、代码的可读性和创造性进行。

（3）评价标准：任务 7.1 评价标准如表 7.1 所示。

表 7.1　任务 7.1 评价标准

评分项	分值（权重）	详细说明
数据获取准确性	30 分	数据完整性和获取过程中的准确性
数据保存效率	30 分	数据是否成功保存为 Excel，格式正确无误
数据处理技巧	40 分	数据筛选、类型转换和索引调整的正确性和创造性处理

详细评分细则如下。

① 数据获取准确性（30 分）。

完整性（15 分）：检查是否获取了全部必需的数据字段，如日期、开盘价、收盘价等。

准确性（15 分）：验证获取的数据是否与 tushare 提供的数据一致，没有因 API 调用错误或数据处理错误造成数据的误差。

② 数据保存效率（30 分）。

文件格式正确性（15 分）：检查 Excel 文件是否保存了正确的数据格式，包括日期格式、数字格式等。

数据完整性（15 分）：确保 Excel 文件中包含了所有预期数据，没有丢失行或列。

③ 数据处理技巧（40 分）。

数据筛选逻辑（10 分）：评估数据筛选步骤的逻辑是否合理，例如筛选出特定条件的股票数据。

数据类型转换和索引调整（10 分）：评估是否正确进行了数据类型的转换（如将字符串转换为日期类型）和是否适当地设置了 DataFrame 的索引。

创新性和效率（20 分）：评估学生是否能创新性地处理数据，以及其处理方法的效率，如使用更高级的 pandas 函数简化数据处理步骤，或者应用非常规方法提高数据处理的效率和可读性。

具体实施和验证如下。

每项评分细则都应该通过具体的代码审核、运行结果验证和代码所实现的具体任务目标进行评估。例如，可以要求学生提交一个报告，解释他们如何实现每一步，包括选择获取哪些字段，如何决定保存哪些数据到 Excel，以及他们如何处理特定的数据类型转换或索引调整。

教师在评审时可以运行学生的代码，查看输出的 Excel 文件，以及如何从数据获取到处理的整个流程，确保学生的操作符合数据分析的标准操作。

7.1.5　任务测评

任务测评表

效果测评要素	具体评价内容	评价等级
技能点 1：数据格式化	学生是否能正确地格式化数据以便存储，如日期格式、数值格式等	优秀/良好/中等/及格/不及格
技能点 2：文件存储	学生是否能成功将数据存储至 Excel 文件，并确保文件格式和内容正确	优秀/良好/中等/及格/不及格
技能点 3：数据准确性	学生存储的数据是否与通过 tushare 获取的原始数据保持一致	优秀/良好/中等/及格/不及格
综合测评 1：存储实现	存储过程是否无误，并且存储的数据格式正确、易于阅读，无数据丢失	优秀/良好/中等/及格/不及格
综合测评 2：代码效率	代码是否运行效率高，没有不必要的资源消耗，且能有效处理大量数据	优秀/良好/中等/及格/不及格
薄弱项记录		
没学懂的知识		
没掌握的技能		
我想提升的素养		
教师签字		

任务 7.2 股票数据的可视化处理

7.2.1 任务知识

1. 时间序列数据异构

时间序列数据异构指的是数据集中的时间序列观测点具有不同的时间间隔，即时间戳之间的间隔不一致。这在实际数据分析中很常见，需要特殊处理。

2. 多参数线形图

多参数线形图是一种数据可视化方法，用于同时展示多个参数的趋势和关系。通常，不同参数对应于图表中的不同线条或数据系列，以便进行比较和分析。

3. 数据选择和数据框创建

数据选择涉及从数据框中选择特定的行和列，以便进行后续分析。数据框创建是将所选的数据存储在一个新的数据框中，以便更方便地处理和分析。

4. 数据框架的多列绘图

数据框的多列绘图涉及在一个图中绘制数据框中的多个列的线形图。这可以用于比较不同列之间的趋势或关系。

5. 图形参数设置

图形参数设置是指调整图形的各种属性，如图形的尺寸、颜色、标签、标题等。这些设置可以改善图形的可读性和美观性。

6. 多个子图的创建

多个子图的创建是通过将画布（图形区域）分割成多个部分，每个部分用于绘制不同的图表或视图。在 Python 中，你可以使用 matplotlib 库或其他绘图库来实现多个子图的创建。常见的分割方式包括网格布局、水平排列、垂直排列等。这种技术有助于在一个图形中同时比较不同的数据或视图，使数据分析更直观。

7. 水平线的添加

水平线的添加是在图形中添加一条水平线，通常是通过指定水平线的位置（通常是 Y 轴上的数值）和样式来实现的。水平线的添加用于标记数据中的特定水平，如价格、阈值或目标值。这有助于用户更容易地识别数据点与水平线的关系，以便进行分析。

7.2.2 实操讲解

实操目的如下。

（1）绘制相似收盘价和成交量的时间序列图：创建一个包含收盘价和成交量的时间序列图。将两个不同量级的数据放在同一图形中，以观察它们之间的关系。

（2）绘制移动平均线：计算不同窗口大小的移动平均线，如 1 日、5 日、20 日、60 日均线，以平滑收盘价数据。

（3）绘制辅助线：在图形中绘制辅助线，以突出特定的数据点，如在图形中添加水平线和垂直线。

在任务 7.1 的基础上，我们可以通过绘制折线图，看一看云南白药历史股票收盘价的走势。具体代码如下：

```
import tushare as ts
import pandas as pd
from pandas import DataFrame, Series
import numpy as np
#获取某只股票的历史数据
df=ts.get_k_data (code='000538', start='2000-01-01')
# 将数据保存到 Excel 文件
df.to_excel ('云南白药股票数据.xlsx', sheet_name='股票数据', index=False)
#将本地存储的数据读取到 df
df=pd.read_excel ('云南白药股票数据.xlsx')
#将表格中第 0 列数据改为日期型
df ['date'] =pd.to_datetime (df ['date'])
df.set_index ('date', inplace=True)
#绘制云南白药股票历史收盘价折线图
df ["close"] .plot( )
```

云南白药股票历史收盘价折线图如图 7.6 所示。

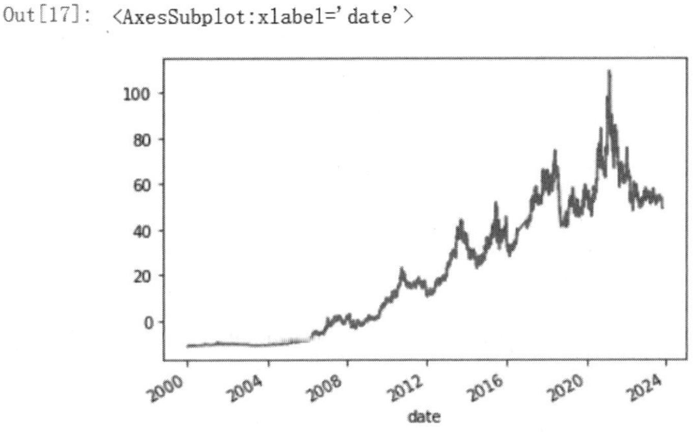

图 7.6　云南白药股票历史收盘价折线图

从图 7.6 中不难看出，云南白药股票收盘价的走势大趋势是持续增长的，尤其在 2021 年之后的疫情期间，走势尤为迅猛，图形也显得非常陡峭，而疫情过后又趋于平缓。然后，我们可以根据云南白药股票历史成交量绘制柱状图（云南白药股票历史成交量柱状图如图 7.7 所示）。具体代码如下：

```
#绘制云南白药股票历史成交量的柱状图
df ['volume'] .hist( )
```

Out[20]: <AxesSubplot:>

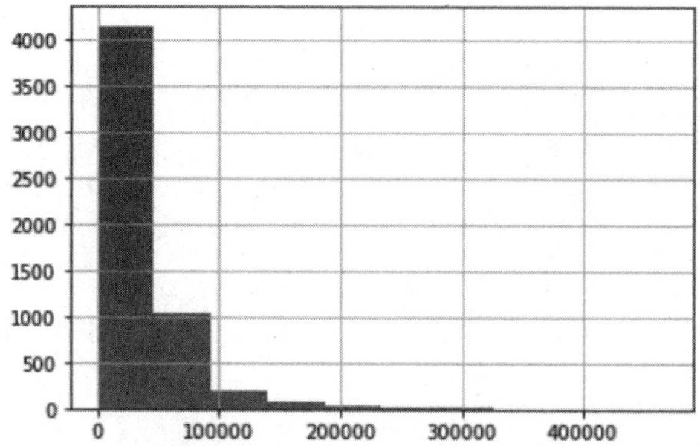

图 7.7　云南白药股票历史成交量柱状图

我们还可以绘制云南白药 2022 年 1 月至 2023 年 1 月股票收盘价的折线图（云南白药 2022 年股票收盘价折线图如图 7.8 所示），具体代码如下：

```
#绘制云南白药 2022 年股票收盘价折线图
df ['2022'] ['close'] .plot( )
```

Out[18]: <AxesSubplot:xlabel='date'>

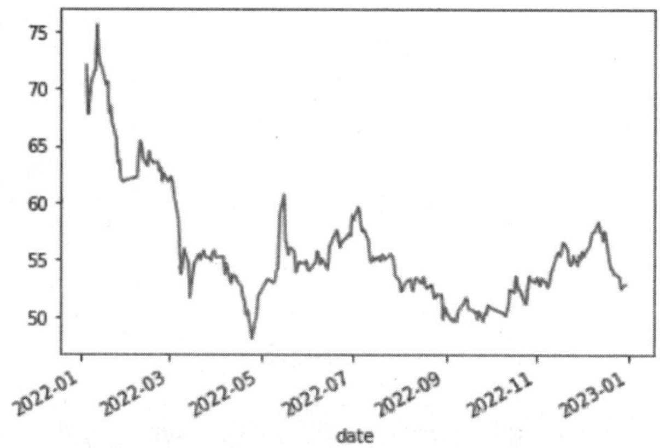

图 7.8　云南白药 2022 年股票收盘价折线图

根据该图所呈现的数据走势，我们可以看出，2022 年云南白药股票收盘价的走势，和历史走势刚好相悖，呈现出下降的趋势，大胆猜测可能和疫情管控政策的调整有很大关系。

当然我们可以将成交量也绘制成折线图，并把两个折线图合并到一个图形上（云南白药历史股票收盘价格和成交量的折线图如图 7.9 所示），但是我们通过观察可以发现如果把两个折线图放在一个图里，由于数据量级差异较大，如果使用一个 y 轴来进行绘制，两个折线图很难兼顾，所以考虑在平面直角坐标系的右边加入第二个 y 轴，用于反映成交量的变化。具体代码如下：

```
#绘制云南白药历史股票收盘价格和成交量的折线图
df [['close', 'volume']] .plot (secondary_y='volume')
```

Out[28]: <AxesSubplot:xlabel='date'>

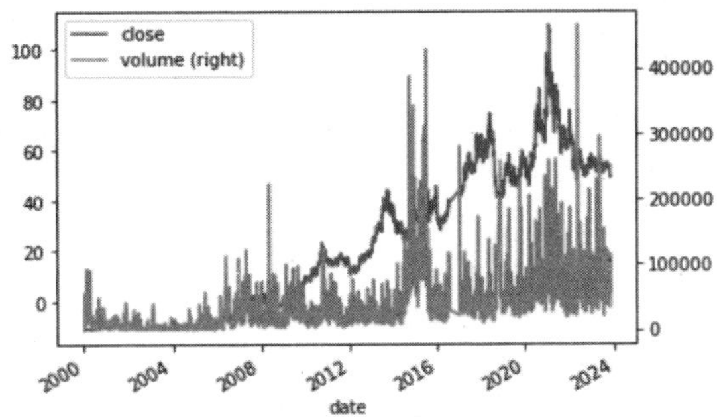

图 7.9　云南白药历史股票收盘价格和成交量的折线图

这样我们可以使用折线图同时反映收盘价和成交量两个变量的变化，也可以粗略看出两个变量的变动关系，存在一定的正相关（同比例增减）关系。

我们也可以将时间线缩短，看一看 2022 年云南白药股票收盘价格和成交量的变动情况（云南白药 2022 年股票收盘价格和成交量的折线图如图 7.10 所示），距当前越近的数据，越具有参考价值。具体代码如下：

```
#绘制云南白药历史股票收盘价格和成交量的折线图
df ['2022'][['close', 'volume']] .plot (secondary_y='volume')
```

Out[29]: <AxesSubplot:xlabel='date'>

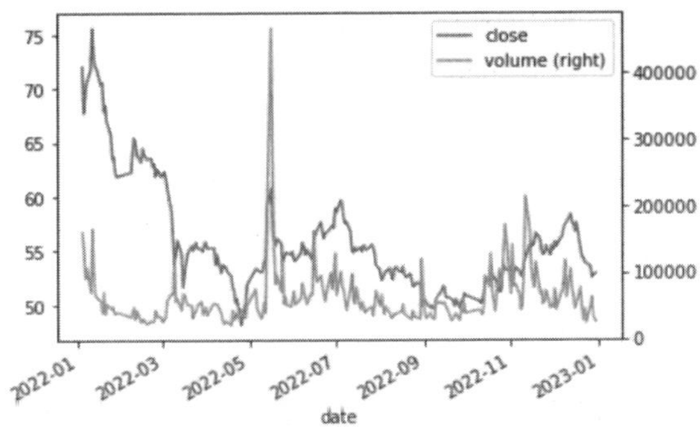

图 7.10　云南白药 2022 年股票收盘价格和成交量的折线图

根据图 7.10，我们可以看出 2022 年股票收盘价格和成交量的变化情况，同时可以看到 2022 年 5 月到 6 月之间发生了较大幅度的波动。通过查阅云南白药融资融券信息得知，5 月 17 日，在融资方面，当日融资买入 1.69 亿元，融资偿还 1.33 亿元，融资净买入 3605.54 万元，连续 3 日净买入累计 1.48 亿元；融券方面，融券卖出 69.84 万股，融券偿还 5.44 万股，融券余量 127.0 万股，融券余额 7404.15 万元；融资融券余额 13.4 亿元。

除了以上分析外，我们可以简单地运用移动平均数对原有数据进行修均（云南白药股票收盘价格 1 年、5 年、20 年和 60 年移动平均折线图如图 7.11 所示），看数据的总体变动趋势，具体代码如下：

```
SC=df ['2022'] ['close']
SCM=pd.DataFrame (SC)
#计算 5 年移动平均
```

```
SCM ['MA5'] =SC.rolling (5) .mean( )
#计算 20 年移动平均
SCM ['MA20'] =SC.rolling (20) .mean( )
#计算 60 年移动平均
SCM ['MA60'] =SC.rolling (60) .mean( )
SCM.plot( )
```

Out[30]: <AxesSubplot:xlabel='date'>

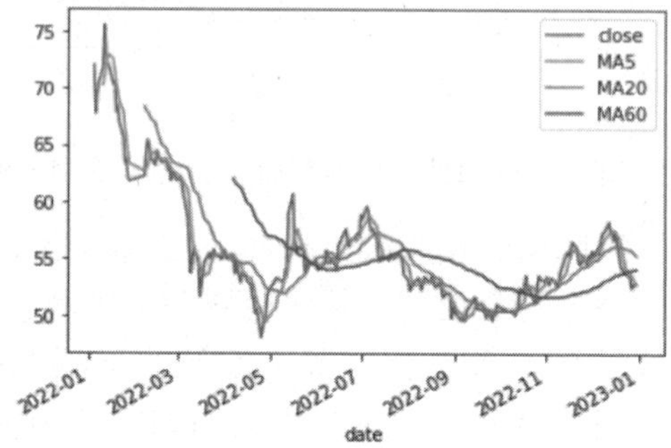

图 7.11　云南白药股票收盘价格 1 年、5 年、20 年和 60 年移动平均折线图

通过图 7.11，我们可以看出，时距越大，移动平均数的修均效果就越好，绘制出的折线图变动趋势就越明显，我们可以将画布的尺寸放大，并且加入网格，这样就更方便观察（调整画布大小和打开网格线后的收盘价折线图如图 7.12 所示）。

```
#绘制折线图，图形不拆分，画布尺寸为宽 15 英寸，高 10 英寸，同时打开网格线 SCM.plot
(subplots=False, figsize= (15, 10), grid=True)
```

Out[31]: <AxesSubplot:xlabel='date'>

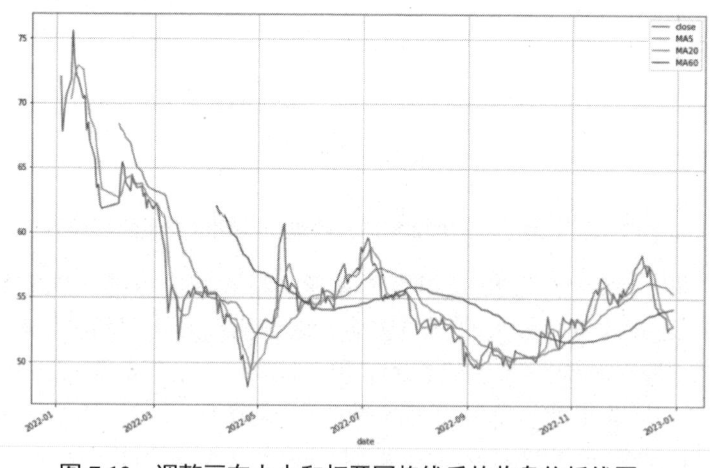

图 7.12　调整画布大小和打开网格线后的收盘价折线图

调整后的图 7.12 比图 7.11 要清晰很多，但是四条收盘价的折线汇聚在一起，可能不太利于观察，我们可以将四条折线从一个画布中拆开（拆分后的收盘价折线图如图 7.13 所示），具体代码如下：

```
SCM.plot (subplots=True, figsize= (15, 10), grid=True)
```

```
Out[32]: array([<AxesSubplot:xlabel='date'>, <AxesSubplot:xlabel='date'>,
       <AxesSubplot:xlabel='date'>, <AxesSubplot:xlabel='date'>],
      dtype=object)
```

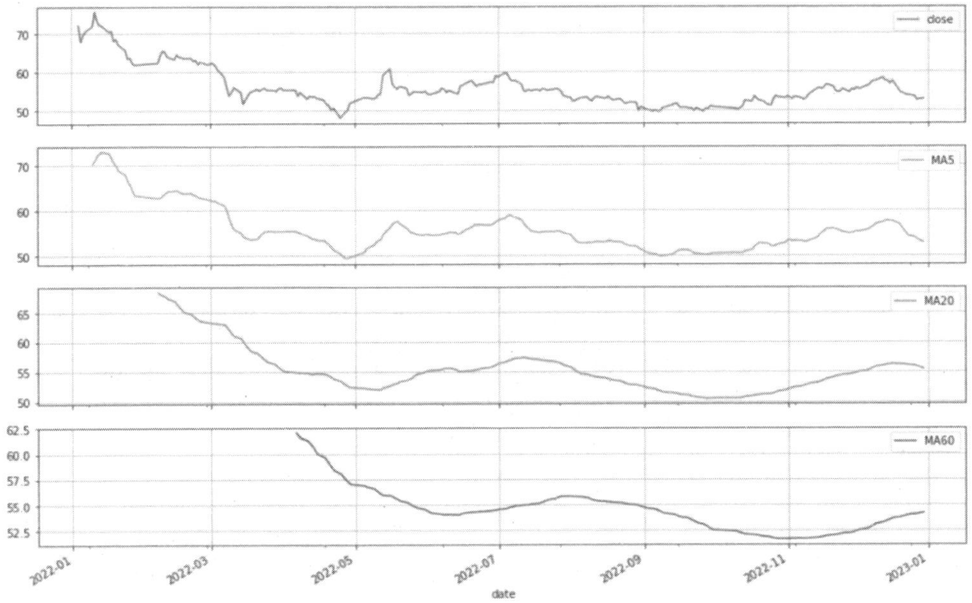

图 7.13　拆分后的收盘价折线图

最后我们需要判断股票价格的涨跌，这里我们可以编写一个函数，用当期的收盘价减上一期的收盘价，这样就可以看出相邻两期股价的涨跌了（云南白药 2022 年股票收盘价涨跌计算结果如图 7.14 所示），具体代码如下：

```
#设置函数 Return，里面设置自变量 Yt
def Return(Yt):
#用当期数值-上一期的数值
    Rt=Yt/Yt.shift(1)-1
return Rt
#将此函数运用于 2022 年的收盘价
SA=df['2022']['close']
SA_R=Return(SA)
SA_R
```

```
Out[38]: date
         2022-01-04         NaN
         2022-01-05   -0.059395
         2022-01-06    0.024252
         2022-01-07    0.015953
         2022-01-10    0.018128
                         ...
         2022-12-26   -0.005577
         2022-12-27   -0.019256
         2022-12-28    0.005147
         2022-12-29    0.000190
         2022-12-30    0.002086
         Name: close, Length: 242, dtype: float64
```

图 7.14　云南白药 2022 年股票收盘价涨跌计算结果

通过图 7.14 可以看出，NaN 列里面的数值正值表示涨，负值表示跌，当然我们也可以借助折线图，将这个变化体现出来。具体代码如下：

```
#对折线图绘制辅助线 y=0
SA_R.plot( ).axhline (y=0)
```

云南白药 2022.01—2023.01 涨跌情况折线图如图 7.15 所示。

```
Out[39]: <matplotlib.lines.Line2D at 0x1dafddcd1c0>
```

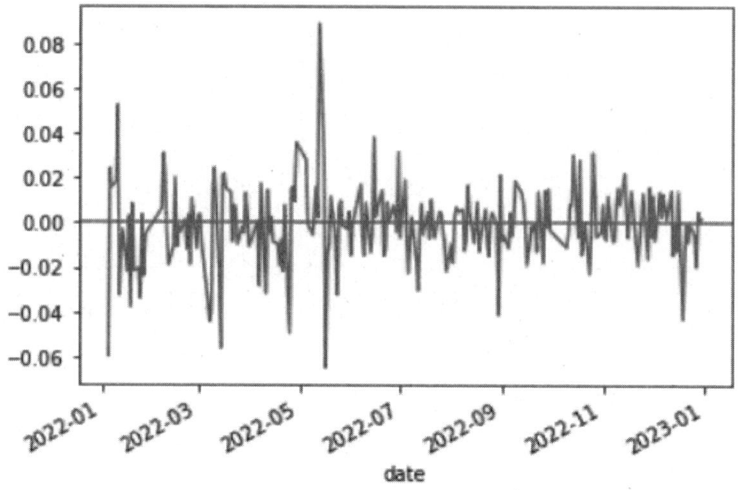

图 7.15　云南白药 2022.01—2023.01 涨跌情况折线图

这里，我们除了绘制折线图外，还需要给一个涨跌点，并绘制一条辅助线，这样，涨跌情况就会体现得更加明显。

至此项目 7.2 中涉及的所有任务目标，我们都已经完成了。

任务 7.2 微课

7.2.3　任务实操

任务 7.2　任务工单

任务名称	股票数据的可视化处理	专业		班级	
学生姓名		学生学号		任务成绩	
任务准备		任务场地		完成日期	
任务描述	通过必要的可视化处理，让目标数据呈现出内在的规律				

任务提出：在本项目中，我们将使用 Python 进行股票数据的可视化处理，重点关注股票的收盘价和成交量之间的关系。我们将使用不同的量级来展示数据，使用移动平均线来平滑数据，并随后绘制辅助线以突出特定的数据点。本项目的目标是创建交互性良好的数据可视化，使我们能够更好地理解股票市场的趋势和关联。

任务目标：

1. 根据 2023 年的数据绘制收盘价和成交量的时间序列图：创建一个包含收盘价和成交量的时间序列图。将两个不同量级的数据放在同一图形中，以观察它们之间的关系。

2. 绘制移动平均线：计算不同窗口大小的移动平均线，如 1 日、10 日、20 日、60 日的移动平均线，以平滑收盘价数据。

3. 绘制辅助线：在图形中绘制辅助线，以突出特定的数据点，如在图形中添加水平线和垂直线。

任务准备：

1. 学习数据可视化工具：学生应熟悉 Python 中的 matplotlib 库或其他数据可视化工具，了解如何绘制时间序列图。

2. 收集样本数据：提供云南白药的样本股票数据，用于进行图表绘制。

3. 理解统计概念：组织一个简短的统计学基础复习课，尤其强调移动平均线的意义和如何帮助分析股票市场趋势。

1. 任务设计

● 框架规划：设计一个数据可视化系统，该系统能够显示云南白药股票的收盘价和成交量的时间序列图，绘制不同时间窗口的移动平均线，并在图形中添加辅助线来突出特定数据点。

● 资料收集：

教师准备数据可视化的基本教程（使用 matplotlib 和 pandas 进行股票数据分析的方法）。

提供示例代码，展示如何读取股票数据，计算移动平均线，以及如何绘制基本的时间序列图。

● 设计引导：

教师示范如何使用 Python 的 matplotlib 库来创建复杂的图表。

引导学生了解如何通过可视化分析股票价格和成交量之间的关系。

讨论如何使用辅助线来标记图表中的重要事件或趋势变化点。

2. 任务实施

● 编写代码：

学生使用 Python 编写代码，从 Excel 中读取云南白药的股票数据。

学生计算 1 日、10 日、20 日和 60 日的移动平均线，并将这些数据与原始收盘价一起绘制到时间序列图中。

学生添加辅助线，例如水平线或垂直线，来标记特定的价格点或日期。

● 细节调整：

确保图表中的数据标签和图例清晰可读。

调整图表的颜色和样式，使图表更加直观易懂。

● 小组讨论：

学生在小组内展示他们的图表，解释其设计思路和分析结果。

同学之间讨论各自的实现方法，相互提供改进意见。

3. 任务检查

● 自我审核：

学生需要检查自己的图表是否准确反映了数据。

验证移动平均线是否正确计算并显示。

● 小组互评：

同学之间检查对方的图表，确认数据准确无误，视觉表现合理。

● 教师评审：

教师审核每个学生的图表，评估其分析深度和视觉表现的专业性。

4. 任务评价

● 成果展示：学生展示他们的股票数据可视化成果，解释图中的各个元素和发现的趋势。

● 评价说明：评价基于图表的信息准确性、视觉吸引力和分析的深度。

- 评价标准：任务 7.2 评价标准见表 7.2。

表 7.2　任务 7.2 评价标准

评分项	分值（权重）	详细说明
数据可视化准确性	30 分	图表是否准确展示了数据，包括移动平均线和成交量
视觉表现	30 分	图表是否清晰美观，信息是否易于理解
分析深度	40 分	是否通过图表揭示了数据背后的趋势和潜在关系

详细评分细则如下。

（1）数据可视化准确性（30 分）

完整性（15 分）：检查是否获取了全部必需的数据字段，如日期、开盘价、收盘价、成交量等。这些字段对于后续的可视化分析是必需的。

准确性（15 分）：验证获取的数据是否与 tushare 提供的数据一致，没有因 API 调用错误或数据处理错误造成数据的误差。

（2）视觉表现（30 分）

文件格式正确性（15 分）：检查 Excel 文件是否保存了正确的数据格式，包括日期格式、数字格式等，确保数据在 Excel 中的可读性和正确性。

数据完整性（15 分）：确保 Excel 文件中包含了所有预期数据，没有丢失行或列，特别是在进行数据处理和保存过程中。

（3）分析深度（40 分）

数据筛选逻辑（10 分）：评估数据筛选步骤的逻辑是否合理，例如筛选出特定日期范围内的股票数据或根据成交量等条件进行筛选。

移动平均线的计算（10 分）：评估是否正确计算了不同窗口大小的移动平均线，如 1 日、10 日、20 日、60 日等，并且能够正确地将这些线绘制在图中。

创新性和效率（20 分）：评估学生是否能创新性地展示数据，如通过组合不同的图表类型（例如，柱状图和线图结合显示成交量和收盘价）来增强信息的表现力。同时评估代码的效率，检查是否有冗余的数据处理步骤，或者是否使用了高效的数据处理方法，如利用 pandas 的高级功能进行数据处理。

7.2.4 任务测评

任务测评表

效果测评要素	具体评价内容	评价等级
技能点 1：数据可视化技巧	学生是否能正确地绘制时间序列图，展示收盘价和成交量，并正确使用图表工具	优秀/良好/中等/及格/不及格
技能点 2：分析技巧	学生是否能正确计算并展示不同时间窗口的移动平均线，如 1 日、10 日、20 日、60 日的移动平均线	优秀/良好/中等/及格/不及格
技能点 3：创新和综合应用	学生是否在图形中创新性地添加辅助线（如水平线或垂直线），以突出特定的数据点或趋势	优秀/良好/中等/及格/不及格
综合测评 1：信息表达能力	图表是否清晰易懂，能否有效地通过视觉元素传达数据的关键信息和趋势	优秀/良好/中等/及格/不及格
综合测评 2：技术实现	代码是否高效、结构是否清晰，是否采用了高级的 pandas 和 matplotlib 功能来优化数据处理和可视化过程	优秀/良好/中等/及格/不及格
薄弱项记录		
没学懂的知识		
没掌握的技能		
我想提升的素养		
教师签字		

任务 7.3 股票收益分析

7.3.1 任务知识

1. 应用 DataFrame 进行数据筛选和操作

（1）数据筛选：你可以使用布尔条件来筛选 DataFrame 中的行，以便保留满足条件的行。例如，假设你有一个 DataFrame df，你可以使用以下方法筛选出开盘价高于 10 的行：

```
filtered_df=df[df['open']>10]
```

（2）数据操作：你可以对 DataFrame 执行各种数据操作，如加法、减法、乘法和除法。这些操作将在整个 DataFrame 上应用。例如，你可以计算收盘价和开盘价的差异：

```
df['price_difference']=df['close']-df['open']
```

（3）行和列选择：你可以选择特定的行和列，通过行标签和列标签来指定。例如，要选择前 5 行和名为'open'和'close'的列，你可以使用以下方式：

```
selected_data=df.loc[:4,['open','close']]
```

（4）数据排序：你可以对 DataFrame 进行排序，根据特定列的值进行升序或降序排序。例如，要按照'close'列的值降序排序，你可以使用以下方式：

```
sorted_df=df.sort_values(by='close',ascending=False)
```

2. 选择特定数据作为索引

（1）日期时间索引：如果你有时间序列数据，你可以将日期时间数据作为索引，以便更容易进行与时间相关的操作。例如，你可以使用 pd.to_datetime 来将一列日期时间数据转换为索引：

```
df['date']=pd.to_datetime(df['date'])
df.set_index('date',inplace=True)
```

（2）自定义索引：你还可以选择自定义的数据作为索引，例如股票代码、地理位置等，以便更好地表示数据的特点。

3. 数据的重采样

（1）重采样是时间序列数据的一种常见操作，它允许你根据时间粒度将数据进行汇总或重新采样。例如，你可以使用 resample 函数将日频率的数据汇总为月度数据.

```
df_monthly=df.resample('M').sum()
```

这将在每个月的最后一天创建一个新的 DataFrame，其中包含了每个月的总和数据。

（2）重采样的频率和函数：你可以根据需要选择不同的频率和聚合函数来重采样数据。例如，你可以使用'W'表示周，'Q'表示季度，并使用 sum( )、mean( )等函数来指定汇总方法。

这些知识点对于数据处理和时间序列数据的操作非常重要，特别是在金融分析、数据分析和时间序列分析领域。DataFrame 提供了强大的工具来处理和操作数据，以满足不同的需求。

7.3.2 实操讲解

实操目的如下。

（1）输出云南白药股票所有收盘比开盘上涨 3%以上的日期。

（2）输出云南白药股票所有开盘比前日收盘跌幅超过 2%的日期。

（3）假如某人从 2015 年 1 月 1 日开始，每月第一个交易日买入一手股票，每年最后一个交易日卖出所有股票，到 2023 年 5 月 31 日为止，股票收益是多少？

1. 输出云南白药股票所有收盘比开盘上涨 3%以上的日期

根据任务要求，收盘比开盘上涨 3%，即为：（收盘−开盘）/开盘>0.03，还需要明确的是我们需要的最后的日期。将上述思考转化为代码，代码可以写作：

```
#输出云南白药股票所有收盘比开盘上涨 3%以上的日期。
(df ['open'] -df ['close']) /df ['open'] >0.03
```

这串代码由于是在判断是否大于 0.03 的真假，所以最终输出的结果是一个布尔值，输出的收盘价比开盘价涨幅超过 3%的布尔值如图 7.16 所示。

```
Out[4]: date
        2000-01-04    False
        2000-01-05    False
        2000-01-06    False
        2000-01-07    False
        2000-01-10    False
                      ...
        2023-10-20    False
        2023-10-23    False
        2023-10-24    False
        2023-10-25    False
        2023-10-26    False
        Length: 5539, dtype: bool
```

图 7.16　收盘价比开盘价涨幅超过 3%的布尔值

2000−01−04 返回的布尔值是 False，意味着这一天云南白药股票的收盘价比开盘价的涨幅小于 0.03，那么我们的目标就是找所有返回值是 True 的对象。

在分析的过程中，下一步我们则需要把输出的布尔值作为数据的行索引，我们可以先取出 3 行来做测试，看如果用布尔值做索引，会出现什么情况，具体代码如下：

```
#把输出的布尔值作为数据的行索引例如
df.head (3) .loc [[True, False, True]]
```

用布尔值做索引的输出结果如图 7.17 所示。

```
In  [15]: #把输出的布尔值作为数据的行索引例如
          df.head(3).loc[[True,False,True]]
Out[15]:
```

date	open	close	high	low	volume	code
2000-01-04	-11.195	-11.167	-11.148	-11.195	7160.10	000538
2000-01-06	-11.166	-11.137	-11.137	-11.191	9133.16	000538

图 7.17　用布尔值做索引的输出结果

通过对输出结果的观察，我们可以发现，前三行数据并没有被全部输出出来，原因是基于我们先前设定的 df.head(3).loc[[True, False, True]]只输出了行索引被设定为 True 的

“2000-01-04”和“2000-01-06”的数据，行索引被设定为 False 的“2000-01-05”的数据没有输出。所以我们得知，如果布尔值作为 df 的行索引，则可以取出 True 对应的行数据，忽略 False 对应的行数据，基于这个结果，我们将代码调整为：

```
#获取 True 对应的行数据（满足需求的行数据）
df.loc [(df ['open'] -df ['close']) /df ['open'] >0.03]
```

输出的收盘价比开盘价涨幅超过 3%的数据如图 7.18 所示。

```
In  [16]: #如果布尔值作为df的行索引，则可以取出True对应的行数据，忽略False对应的行数
          df.loc[(df['open']-df['close'])/df['open']>0.03]
          #获取True对应的行数据（满足需求的行数据）
Out[16]:
```

date	open	close	high	low	volume	code
2005-06-06	-9.327	-9.045	-9.000	-9.342	3697.17	000538
2005-06-08	-8.989	-8.624	-8.624	-8.989	14421.14	000538
2005-06-22	-9.286	-8.982	-8.971	-9.428	39489.24	000538
2006-02-13	-8.475	-8.099	-8.096	-8.475	51859.83	000538
2006-02-27	-8.216	-7.964	-7.867	-8.216	12262.08	000538
...	...	...	...	...	...	...
2022-05-16	64.941	60.711	64.941	60.521	466396.00	000538
2022-05-24	55.701	53.901	55.781	53.771	120078.00	000538
2022-12-19	57.461	55.051	57.841	54.881	76730.00	000538
2023-03-07	55.391	53.211	55.411	53.041	231181.00	000538
2023-08-28	54.850	52.960	54.990	52.750	120732.00	000538

图 7.18　收盘价比开盘价涨幅超过 3%的数据

通过观察输出结果我们可以发现我们得到了满足条件所对应的数据，但是我们的任务目标是获得这些数据所对应的时间，所以我们还需要对代码进行调整，代码操作如下：

```
#获得 df 的行数据
df.loc [(df ['open'] -df ['close']) /df ['open'] >0.03] .index
```

输出的收盘价比开盘价涨幅超过 3%的日期如 7.19 所示。

```
In  [17]: #获得df的行数据
          df.loc[(df['open']-df['close'])/df['open']>0.03].index

Out[17]: Index(['2005-06-06', '2005-06-08', '2005-06-22', '2006-02-13', '2006-02
         -27',
                '2006-04-11', '2006-04-14', '2006-04-19', '2006-05-29', '2006-06
         -08',
                ...
                '2022-03-07', '2022-03-08', '2022-03-09', '2022-03-15', '2022-04
         -25',
                '2022-05-16', '2022-05-24', '2022-12-19', '2023-03-07', '2023-08
         -28'],
               dtype='object', name='date', length=593)
```

图 7.19　收盘价比开盘价涨幅超过 3%的日期

这样输出的结果就是我们想要得到的，云南白药股票所有收盘比开盘价上涨 3%以上的日期。

2. 输出云南白药股票所有开盘比前日收盘跌幅超过 2% 的日期

根据任务要求，输出云南白药股票所有开盘价比前日收盘价跌幅超过 2%的日期，即为：（开盘–前日收盘）/前日收盘<–0.02。我们现在先看一下该股票前五行的数据，云南白药股票前五行数据如图 7.20 所示。

```
df.head()
```

date	open	close	high	low	volume	code
2000-01-04	-11.195	-11.167	-11.148	-11.195	7160.10	000538
2000-01-05	-11.166	-11.165	-11.137	-11.195	8788.64	000538
2000-01-06	-11.166	-11.137	-11.137	-11.191	9133.16	000538
2000-01-07	-11.097	-11.082	-11.077	-11.136	21043.22	000538
2000-01-10	-11.069	-11.000	-10.998	-11.069	32275.72	000538

图 7.20　云南白药股票前五行数据

根据输出结果，我们所需要的结果是用 open 列（开盘价）–close 列（收盘价），但是这里的收盘价需要整体下移一行，才能表示：（当天开盘价–前一天的收盘价），如果表示下移，可以使用 shift，具体代码如下：

```
#close 列整体下移一行
df ['close'] .shift (1)
```

输出的收盘价下移一位后的数据如图 7.21 所示。

```
df['close'].shift(1)
```

```
date
2000-01-04       NaN
2000-01-05   -11.167
2000-01-06   -11.165
2000-01-07   -11.137
2000-01-10   -11.082
               ...
2023-10-24    49.040
2023-10-25    49.340
2023-10-26    49.320
2023-10-27    49.800
2023-10-30    50.500
Name: close, Length: 5541, dtype: float64
```

图 7.21　收盘价下移一位后的数据

所以要表示（开盘–前日收盘）/前日收盘<–0.02 的代码为：

```
#表示开盘-前日收盘）/前日收盘<-0.02
(df ['open'] -df ['close'] .shift (1)) /df ['close'] .shift (1) <-0.02
```

输出的所有开盘价比前日收盘价跌幅超过 2%的布尔值如图 7.22 所示。

```
date
2000-01-04    False
2000-01-05    False
2000-01-06    False
2000-01-07    False
2000-01-10    False
              ...
2023-10-24    False
2023-10-25    False
2023-10-26    False
2023-10-27    False
2023-10-30    False
Length: 5541, dtype: bool
```

图 7.22　所有开盘价比前日收盘价跌幅超过 2%的布尔值

得到一组关于任务要求的布尔值，下一步我们的操作就是将此列布尔值设置为源数据的行索引，代码如下：

```
#将布尔值作为源数据的行索引，并且去除 True 所对应的行数据
df.loc [(df ['open'] -df ['close'] .shift (1)) /df ['close'] .shift (1) <-0.02]
```

输出的所有开盘价比前日收盘价跌幅超过 2%的数据如图 7.23 所示。

	open	close	high	low	volume	code
date						
2006-04-10	-6.850	-6.850	-6.850	-6.850	970.23	000538
2006-04-11	-6.589	-6.307	-6.307	-6.661	24642.89	000538
2006-04-12	-6.091	-6.281	-6.050	-6.409	30645.13	000538
2006-04-17	-5.528	-5.676	-5.481	-5.852	14970.24	000538
2006-05-29	-4.947	-4.534	-4.310	-5.909	113372.85	000538
...	...	...	...	...	...	...
2022-03-15	53.412	51.634	54.384	51.584	67869.00	000538
2022-03-28	54.062	55.155	55.319	53.069	57174.00	000538
2022-05-17	58.491	56.791	59.091	56.091	253179.00	000538
2022-08-30	50.491	49.781	51.341	49.501	119518.00	000538
2023-06-26	51.000	50.640	51.230	50.360	87085.00	000538

317 rows × 6 columns

图 7.23　所有开盘价比前日收盘价跌幅超过 2%的数据

最后一步，我们所需要的是时间而不是完整的数据行，所以我们将代码调整为：

```
#获取满足要求数据的时间
df.loc [(df ['open'] -df ['close'] .shift (1)) /df ['close'] .shift (1) <-0.02]
```

输出的所有开盘价比前日收盘价跌幅超过 2%的日期如图 7.24 所示。

```
Index(['2006-04-10', '2006-04-11', '2006-04-12', '2006-04-17', '2006-05-29',
       '2006-06-01', '2006-07-06', '2006-11-17', '2006-11-30', '2006-12-12',
       ...
       '2021-02-23', '2021-03-29', '2021-03-30', '2021-04-28', '2021-10-28',
       '2022-03-15', '2022-03-28', '2022-05-17', '2022-08-30', '2023-06-26'],
      dtype='object', name='date', length=317)
```

图 7.24　所有开盘价比前日收盘价跌幅超过 2%的日期

至此我们就得到了所有开盘比前日收盘跌幅超过 2%的日期。

3. 输出特定交易情形下的股票收益

假如某买家从 2015 年 1 月 1 日开始，每月第一个交易日买入一手股票，每年最后一个交易日卖出所有股票，到 2023 年 5 月 31 日为止，股票收益是多少（约定用开盘价买卖股票）？

根据任务要求，我们先对任务进行分析和拆解。

（1）时间节点：2015—2022

（2）一手股票=100 只股票

（3）买：每年需要买入 1200 只股票

（4）卖：每年需要卖出 1200 只股票

根据分析，首先我们先把目标股票根据时间要求截取，代码如下：

```
#2015 年 1 月 1 日到 2023 年 5 月 31 日的数据截取
new_df=df ['2015-01': '2023-06']
new_df
```

输出的云南白药 2015–01–01—2023–05–31 的数据如图 7.25 所示。

date	open	close	high	low	volume	code
2015-01-05	33.720	34.991	35.741	33.306	198489.0	000538
2015-01-06	34.956	36.620	38.920	34.313	232618.0	000538
2015-01-07	36.420	36.241	36.599	35.477	113365.0	000538
2015-01-08	36.156	36.241	38.306	36.006	115356.0	000538
2015-01-09	36.241	34.884	36.720	34.884	132380.0	000538
...	...	...	...	...	...	...
2023-05-25	54.500	54.010	54.640	53.630	67821.0	000538
2023-05-26	54.000	55.040	55.990	53.910	81088.0	000538
2023-05-29	55.110	55.050	55.950	54.670	60675.0	000538
2023-05-30	55.000	54.250	55.000	53.800	56541.0	000538
2023-05-31	54.410	53.850	54.480	53.500	74074.0	000538

1881 rows × 6 columns

图 7.25　云南白药 2015–01–01—2023–05–31 的数据

然后我们在截取时间内计算买股票所花费的金额。在这个子任务下，我们首先需要先找到每个月的第一个交易日，例如 2015 年 1 月，它的第一个股票交易日是 1 月 5 日。它们有一个特征是，第一个交易日的数据为该月第一行数据，这里会用到一个新知识——resample，resample 的意思为数据的重新取样，具体代码如下：

```
#买股票：要找到每个月的第一个交易日所对应行数据中的开盘价
# 首先将索引转换为日期时间索引
new_df.index=pd.to_datetime（new_df.index）
#根据原始数据，从中取出每个月的第一个数据
new_df.resample（'M'）.first( )
```

输出的每月第一天开盘时的数据如图 7.26 所示。

date	open	close	high	low	volume	code
2015-01-31	33.720	34.991	35.741	33.306	198489.0	000538
2015-02-28	32.884	32.991	33.541	32.741	53655.0	000538
2015-03-31	33.299	33.291	33.384	32.956	59508.0	000538
2015-04-30	36.213	37.170	37.213	36.049	142499.0	000538
2015-05-31	38.234	37.384	38.427	37.184	130081.0	000538
...	...	...	...	...	...	...
2023-01-31	52.861	53.111	53.621	52.861	37707.0	000538
2023-02-28	55.951	56.091	56.421	55.481	64502.0	000538
2023-03-31	56.181	55.971	56.241	55.391	62152.0	000538
2023-04-30	53.221	53.411	53.731	52.971	51415.0	000538
2023-05-31	56.291	57.651	58.391	56.191	175847.0	000538

101 rows × 6 columns

图 7.26　每月第一天开盘时的数据

从输出结果上看，给出的数据并不是每个月第一天的数据，其实数据本身是没有问题的，我们可以用输出结果和之前的原始数据做一个对比，索引不同的数据对比如图 7.27 所示。

date	open	close	high	low	volume	code
2015-01-31	33.720	34.991	35.741	33.306	198489.0	000538
2015-02-28	32.884	32.991	33.541	32.741	53655.0	000538
2015-03-31	33.299	33.291	33.384	32.956	59508.0	000538
2015-04-30	36.213	37.170	37.213	36.049	142499.0	000538
2015-05-31	38.234	37.384	38.427	37.184	130081.0	000538
...	...	...	...	...	...	...
2023-01-31	52.861	53.111	53.621	52.861	37707.0	000538
2023-02-28	55.951	56.091	56.421	55.481	64502.0	000538
2023-03-31	56.181	55.971	56.241	55.391	62152.0	000538
2023-04-30	53.221	53.411	53.731	52.971	51415.0	000538
2023-05-31	56.291	57.651	58.391	56.191	175847.0	000538

101 rows × 6 columns

date	open	close	high	low	volume	code
2015-01-05	33.720	34.991	35.741	33.306	198489.0	000538
2015-01-06	34.956	36.620	38.920	34.313	232618.0	000538
2015-01-07	36.420	36.241	36.599	35.477	113365.0	000538
2015-01-08	36.156	36.241	38.306	36.006	115356.0	000538
2015-01-09	36.241	34.884	36.720	34.884	132380.0	000538
...	...	...	...	...	...	...
2023-05-25	54.500	54.010	54.640	53.630	67821.0	000538
2023-05-26	54.000	55.040	55.990	53.910	81088.0	000538
2023-05-29	55.110	55.050	55.950	54.670	60675.0	000538
2023-05-30	55.000	54.250	55.000	53.800	56541.0	000538
2023-05-31	54.410	53.850	54.480	53.500	74074.0	000538

1881 rows × 6 columns

图 7.27　索引不同的数据对比

从比对上来看，只是索引出现了问题，但是数据是没有问题的，所以我们可以在输出结果里取出每月第一天的开盘价，具体代码如下：

```
#取出每月第一天的开盘价
df_monthly=new_df.resample('M').first()
df_monthly['open']
```

那买入的金额就等于开盘价求和再乘以 100，代码表示为：

```
#总花费
cost=df_monthly['open'].sum*100
cost
```

输出结果为：

```
516417.19999999995
```

这就是买股票所花费的总金额。

下面我们需要计算卖出股票所获得的总收益，这里需要特别注意的是每年最后一个交易日卖股票，但是 2023 年的股票卖不出去，因为没有到 2023 年的最后一个交易日，这里我们可以考虑根据年去取数据，具体操作如下：

```
#需要注意的是，每年最后一个交易日卖股票，但是 2023 年的股票卖不出去
new_df.resample('A').last()
```

输出的每年最后一个交易日的股票数据如图 7.28 所示。

	open	close	high	low	volume	code
date						
2015-12-31	42.063	40.827	42.513	40.741	49987.0	000538
2016-12-31	43.777	43.777	43.777	43.777	21192.0	000538
2017-12-31	62.799	62.663	62.956	62.284	28973.0	000538
2018-12-31	44.741	43.856	45.013	43.527	24617.0	000538
2019-12-31	55.313	56.334	56.641	55.313	45065.0	000538
2020-12-31	74.834	75.741	75.984	74.099	96901.0	000538
2021-12-31	67.198	72.098	72.819	66.991	185905.0	000538
2022-12-31	53.021	52.851	53.071	52.491	25437.0	000538
2023-12-31	54.410	53.850	54.480	53.500	74074.0	000538

图 7.28　每年最后一个交易日的股票数据

通过输出结果我们可以看出最后一行数据我们不能要，因为 2023 年我们不能卖股票，所以要把最后一行数据删掉（去除 2023 年的每年最后一个交易日的股票数据如图 7.29 所示），我们可以将代码调整为：

```
#删除最后一行数据
df_yearly=new_df.resample('A').last()[:-1]
```

date	open	close	high	low	volume	code
2015-12-31	42.063	40.827	42.513	40.741	49987.0	000538
2016-12-31	43.777	43.777	43.777	43.777	21192.0	000538
2017-12-31	62.799	62.663	62.956	62.284	28973.0	000538
2018-12-31	44.741	43.856	45.013	43.527	24617.0	000538
2019-12-31	55.313	56.334	56.641	55.313	45065.0	000538
2020-12-31	74.834	75.741	75.984	74.099	96901.0	000538
2021-12-31	67.198	72.098	72.819	66.991	185905.0	000538
2022-12-31	53.021	52.851	53.071	52.491	25437.0	000538

图 7.29　去除 2023 年的每年最后一个交易日的股票数据

通过处理后的数据，我们就可以计算卖出股票所获得的收益，具体操作如下：

```
#卖出股票的收益
resv=df_yearly['open'].sum( )*1200
resv
```

输出结果为：

```
532495.2
```

随后我们还需要计算手中剩余股票的估值，并计算到总收益中。在这里，我们可以考虑使用距 5 月 31 日最近一天的收盘价作为剩余股票的单价，可以使用 new_df［'close'］［-1］来获取此单价 53.85，最后将此收益加到总收益当中，具体代码如下所示：

```
#计算总收益
resv+last_resv-cost
```

输出结果为：

```
43003.0
```

至此，我们就完成了第三个任务目标，得到假如某人从 2015 年 1 月 1 日开始，每月第一个交易日买入一手股票，每年最后一个交易日卖出所有股票，到 2023 年 5 月 31 日为止，股票收益是 43003.0 元。

任务 7.3 微课

7.3.3 任务实操

任务 7.3 任务工单

任务名称	股票收益分析	专业		班级	
学生姓名		学生学号		任务成绩	
任务准备		任务场地		完成日期	
任务描述	分析云南白药的股票走势与投资收益				

任务提出：在项目中，我们将探索云南白药的股票数据，以揭示涨跌情况的趋势，并评估一个潜在的投资策略的回报。首先，我们将输出云南白药股票中所有收盘价比前日收盘价上涨 3%以上的日期，以识别潜在的上涨趋势。然后，我们将筛选出所有开盘价比前日收盘价跌幅超过 2%的日期，以分析可能的下跌趋势。

最后，我们假设一个投资策略来计算投资回报。我们假设某人从 2015 年 1 月 1 日开始，每月的第一笔交易日买入一手股票，然后在每年的最后一笔交易日卖出所有股票，一直持续到 2023 年 5 月 31 日。我们将计算这一策略的总股票收益，以了解其潜在效果。

任务目标：

1. 输出云南白药股票所有收盘比开盘上涨 5%以上的日期。

2. 输出云南白药股票所有开盘比前日收盘跌幅超过 3%的日期。

3. 假如某人从 2015 年 1 月 1 日开始，每月第一个交易日买入一手股票，每年最后一个交易日卖出所有股票，到 2024 年 4 月 30 日为止，股票收益是多少？

任务准备：

1. 掌握财务计算基础：学生需要了解基础的股市交易知识，包括如何计算股票的涨跌幅，以及基本的投资回报计算方法。

2. Python 日期处理：确保学生能够处理时间序列数据，特别是使用 pandas 处理日期和时间的方法，如筛选每月的第一个交易日和每年的最后一个交易日。

3. 模拟交易环境设置：提供一个框架或模板，帮助学生模拟从 2015 年到 2024 年的股票买卖过程，这可能包括如何在 Python 中自动化这些交易决策。

1. 任务设计

● 框架规划：设计一个股票数据分析系统，用于分析云南白药的特定股票表现，包括识别特定的涨跌幅日期和计算长期投资的收益。

● 资料收集：

教师准备 Python 和 pandas 的高级使用教程，特别是关于时间序列分析和财务计算的部分。

提供历史股票数据访问方法和基本的财务分析模型。

● 设计引导：

教师示范如何定义和计算股票的涨跌幅，如何设定购买和销售策略。

引导学生理解时间序列数据的处理方法和如何应用这些方法来进行复杂的股票市场分析。

2. 任务实施

● 编写代码：

学生将编写 Python 代码，使用 pandas 库分析云南白药股票数据，识别所有收盘比开盘上涨 5%以上的日期和开盘比前日收盘跌幅超过 3%的日期。

学生将模拟投资策略：从 2015 年 1 月 1 日起，每月第一个交易日买入一手股票，每年的最后一个交易日卖出所有股票，计算到 2024 年 4 月 30 日的投资收益。

● 细节调整：

检查涨跌幅计算的逻辑和正确性。

调整和优化模拟投资策略的代码，确保其反映真实操作。

● 小组讨论：

学生在小组内展示他们的分析结果和模拟投资的收益情况。

同学之间讨论各自的方法和结果，提供改进意见。

3. 任务检查

● 自我审核：

学生需要验证自己的分析是否准确，特别是涨跌幅的识别和收益计算。

检查模拟投资策略是否实际可行，数据是否处理得当。

● 小组互评：

同学之间互查分析结果，确认计算无误，方法恰当。

● 教师评审：

教师审核每个学生的分析和代码，评估其实际应用能力和数据处理的精确性。

4. 任务评价

● 成果展示：

学生展示他们的股票分析结果，包括特定日期的涨跌情况和投资收益的计算。

解释分析过程中使用的方法和逻辑。

● 评价说明：

评价基于分析的准确性、策略的创新性和实现的技术水平。

- 评价标准：任务 7.3 评价标准见表 7.3。

表 7.3 任务 7.3 评价标准

评分项	分值（权重）	详细说明
数据获取准确性	30 分	正确识别涨跌幅日期，数据准确无误
数据处理技巧	40 分	投资策略是否合理，模拟执行的逻辑是否清晰和有效
数据保存效率	30 分	文件格式是否正确，数据是否完整

详细评分细则如下。

（1）数据获取准确性（30 分）

完整性（15 分）：检查是否获取了所有必需的股票数据字段，如日期、开盘价、收盘价、成交量等，并且数据应涵盖所需的全部时间范围（2015 年至 2024 年）。

准确性（15 分）：验证获取的数据是否与云南白药的实际交易数据一致，确保没有因 API 调用错误或数据处理错误造成的数据误差。

（3）数据处理技巧（40 分）

数据筛选逻辑（10 分）：评估筛选出特定涨跌情况的日期的逻辑是否合理，例如，正确识别所有收盘比开盘上涨 5%以上的日期和开盘比前日收盘跌幅超过 3%的日期。

投资策略模拟（10 分）：评估是否正确实施了每月第一交易日购买和每年最后一个交易日出售的策略，包括是否考虑了交易日的实际可行性（如周末和节假日非交易日的处理）。

创新性和效率（20 分）：评估学生是否能创新性地展示数据和结果，如使用图表或其他可视化工具来展示涨跌情况和投资收益。同时，评估其代码的效率，检查是否有冗余的数据处理步骤，或者是否使用了高效的数据处理方法，如使用 pandas 的高级功能进行复杂计算。

（2）数据保存效率（30 分）

文件格式正确性（15 分）：检查数据是否成功保存为 Excel 文件，包括日期格式、数字格式是否正确，以及是否使用了适当的表头。

数据完整性（15 分）：确保 Excel 文件中包含了所有预期数据，没有丢失行或列，特别是在执行涨跌幅计算和长期投资收益分析时。

7.3.4　任务测评

任务测评表

效果测评要素	具体评价内容	评价等级
技能点 1：数据分析技巧	学生是否能正确识别和计算涨跌幅超过 5%的日期和开盘比前日收盘跌幅超过 3%的日期	优秀/良好/中等/及格/不及格
技能点 2：投资策略模拟	学生是否能有效实施从 2015 年到 2024 年的模拟投资策略，并正确计算总收益	优秀/良好/中等/及格/不及格
技能点 3：程序实现	学生的代码是否高效、准确无误，特别是在处理复杂的日期操作和财务计算时	优秀/良好/中等/及格/不及格
综合测评 1：创新性与应用	学生是否在解决问题时显示出创新性思考，如使用不同于常规的方法或技术来增强分析的深度或广度	优秀/良好/中等/及格/不及格
综合测评 2：结果呈现	学生是否能清晰地呈现和解释分析结果，包括通过图表或报告的形式	优秀/良好/中等/及格/不及格
薄弱项记录		
没学懂的知识		
没掌握的技能		
我想提升的素养		
教师签字		

项目总结

在项目 7 中，我们探索了如何获取、处理和分析上市公司的股票数据，以便更好地理解股票市场的趋势和关联。项目分为三个任务，每个任务都涵盖了不同的知识目标、能力目标和素质目标。

在任务 7.1 中，我们了解了 tushare 库，并学习了如何使用它来获取上市公司的股票数据。这包括从 tushare 接口获取数据、将数据保存在本地 Excel 文件中以备后续分析，以及对数据进行简单的处理和清理。通过完成任务 7.1，我们获得了对数据获取和基本处理的实际经验，为后续分析奠定了基础。

任务 7.2 涵盖了广泛的数据可视化技巧，包括处理时间序列数据、创建多参数线形图、选择和创建数据框、多列绘图、设置图形参数以及创建多个子图。这些技巧帮助我们更好地理解股票数据的特性，探索不同参数之间的关系，并改善数据可视化。通过任务 7.2，我们提高了数据可视化和分析的能力，为更深入的股票市场理解提供了工具。

在任务 7.3 中，我们应用了 DataFrame 进行数据筛选和操作，选择特定数据作为索引，并进行数据的重采样。这使我们能够进行股票收益分析，了解股票投资的效果和趋势。任务 7.3 提高了数据分析和数据操作的实际技能，为金融决策提供了支持。

通过项目 7，我们不仅学到了如何处理股票数据，还提高了数据获取、处理和分析的实际技能。这个项目帮助我们更好地理解股票市场，培养了数据分析和时间序列分析的素质，提高了解决金融领域复杂问题的能力。这些技能和知识对于在金融领域的工作和决策非常有价值，同时也对数据分析和数据处理感兴趣的学习者提供了有趣和实用的经验。

课后练习

一、单选题

1. 任务 7.1 中，获取上市公司股票数据的工具是（　　）。

   A. Python　　B. tushare　　C. Excel　　D. R 语言

2. 任务 7.2 中，（　　）技巧用于处理时间序列数据异构。

   A. 数据筛选　　B. 数据重采样

   C. 多参数线形图　　D. 数据框创建

3. 任务 7.3 中，（　　）操作可用于选择特定数据作为索引。

   A. 数据筛选　　B. 数据重采样

   C. 数据框创建　　D. 数据合并

4. 在数据可视化中，图形参数设置的目的是（　　）。

   A. 增加数据复杂性　　B. 改善图形的可读性

   C. 减少图形的清晰度　　D. 凸显数据的异常点

5. 在任务 7.2 中，多个子图的创建有助于（　　）。

   A. 减少图形的复杂性　　B. 提高数据分析的效率

   C. 在同一个图形中呈现不同的数据视图　　D. 无法提供任何帮助

6. 任务 7.3 中，（　　）操作用于数据的重采样。

   A. 数据筛选　　B. 数据重采样

   C. 数据框创建　　D. 数据合并

7. 在数据可视化中，多参数线形图的主要作用是（　　）。

A. 提高数据可读性　　B. 减少数据复杂性

C. 隐藏数据关系　　D. 无法确定目的

8. 任务 7.1 中，数据保存的常见格式是（　　）。

A. TXT　　B. CSV　　C. DOC　　D. XML

9. 任务 7.2 中，多参数线形图的作用是（　　）。

A. 提高数据可读性　　B. 减少数据复杂性

C. 隐藏数据关系　　D. 无法确定目的

10. 任务 7.3 中，数据的重采样通常用于（　　）。

A. 增加数据复杂性　　B. 减少数据量

C. 汇总和分析数据　　D. 无法确定目的

二、操作题

1. 使用 tushare 库获取股票数据，将同仁堂的股票数据保存在本地的 Excel 文件中。

2. 创建一个多参数线形图，将同仁堂的股票数据的开盘价和收盘价以日期为 x 轴，价格为 y 轴，同时显示在同一个图形中。

3. 使用 DataFrame 进行数据筛选，选择同仁堂的股票数据中收盘价大于开盘价的日期，并输出这些日期。

三、实操题

使用 tushare 库获取同仁堂上市公司股票数据，将数据保存在本地 Excel 文件中。然后，创建一个多参数线形图，以日期为 x 轴，同时显示同仁堂的股票数据中的开盘价、最高价、最低价、收盘价。最后，使用 DataFrame 进行数据筛选，选择同仁堂股票数据中收盘价大于开盘价的日期，并输出这些日期。

项目 7 课后练习答案　　项目 7 代码及数据

项目 8　货物的物流规划

项目 8 课件

学习目标

◎ 知识目标

线性规划理论：理解线性规划的基本原理及其在物流路径规划中的应用；

Python 编程和 scipy 库使用：掌握 Python 编程基础和 scipy 库的使用，特别是 linprog 函数；

物流系统分析：学习如何分析物流系统，理解供需点之间的动态关系。

◎ 能力目标

编程能力：提高编程能力，能够使用 Python 解决实际问题；

解决复杂问题能力：增强解决复杂物流问题的能力，如最优路径规划；

数据处理和分析能力：能够处理和分析大量数据，为物流路径规划提供支持。

◎ 素质目标

逻辑思维：培养逻辑思维，系统地分析问题和制订解决方案；

创新能力：鼓励创新，探索新的路径规划方法；

批判性思维：发展批判性思维，评估不同路径规划方案的优劣。

思维导图

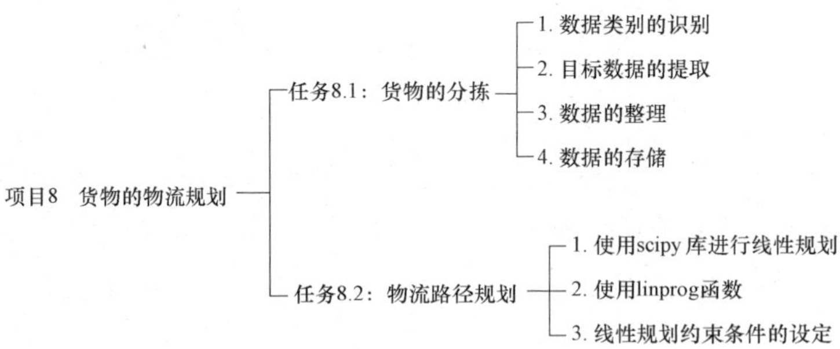

项目描述

本项目旨在教授学生如何利用 Python 和线性规划理论有效解决物流中的路径规划问题。通过学习和应用 Python 编程、scipy 库以及线性规划的基础，学生将能够分析并优化实际物流网络中的货物分配和运输效率。

项目要求

任务 8.1：货物的分拣

学生将学习如何从包含个人信息的列表中提取特定数据，并将其整理成有组织的字典格式，最后存储到 Excel 中。这包括提取数据、处理数据和使用字典，以及 Excel 文件的数据存储。

任务 8.2：物流路径规划

通过构建线性规划模型，学生需要解决一个多点供需问题，寻找最优的物资配送方案。这将涉及设置线性规划模型的约束条件、目标函数，并使用 scipy 的 linprog 函数来求解问题。

案例导入

智能物流与社会责任——京东物流

在现代企业运营中，物流和供应链管理的效率直接关系到公司的成本和客户满意度。以现代物流的领跑者——京东物流为例，这家公司通过采用高级的数学模型和线性规划，实现了仓库管理和配送路线的优化，显著提高了配送速度并减少了运营成本。

京东物流利用复杂的算法预测不同地区的商品需求，动态调整仓库存储策略和配送路线。例如，在大型销售活动前，通过分析历史销售数据和市场趋势，京东会提前调整各区域仓库的库存量，确保快速响应消费者订单。此外，利用线性规划优化配送车辆的路线，不仅减少了燃油消耗，也缩短了配送时间。

通过这样的实践，京东物流不仅提高了自身的市场竞争力，也为其他企业提供了物流优化的成功案例。

学生可以从这些实际应用中了解到，线性规划和其他数学优化工具在解决实际问题中的重要性和有效性，激发他们运用所学知识解决复杂问题的兴趣和动力。

任务 8.1 货物的分拣

在真实的岗位任务中，我们所使用到的知识点在之前的项目中都系统地学习过，通过这个任务，一方面我们是对以前所学知识的复习，另外一方面也是对理论知识在具体工作岗位中的一种运用，重点突出培养学生运用知识解决实际问题的能力。

8.1.1 任务知识

1. 列表（List）

定义与创建：理解列表是什么，如何创建和初始化列表。

访问元素：学习如何通过索引访问和修改列表中的元素。

添加、删除和修改元素：使用如 append( )，remove( )，insert( )，pop( )等方法进行元素操作。

列表遍历：使用循环（如 for 循环）遍历列表中的每个元素。

2. 字典（Dictionary）

定义与创建：了解字典的定义和如何创建字典。

键值对：理解字典中的键值对概念，学习如何添加、访问和删除键值对。

字典遍历：学习如何遍历字典中的键、值或键值对。

3. 字符串处理

基本操作：如索引、切片等操作，用于访问和修改字符串。

方法应用：使用字符串方法，例如 split( )，strip( )，find( )等，用于数据处理和分析。

4. 条件语句

if 语句：理解如何使用 if 语句根据不同条件执行不同代码块。

布尔逻辑：理解与应用布尔运算（如 and，or，not）。

5. 数据提取和转换

数据分析：从复杂的数据结构中提取特定信息。

数据转换：学习如何将提取的数据转换成其他格式，例如从字符串提取特定部分并转换为字典键值对。

6. 字典数据存储

存储方式：将提取的数据以键值对的形式存储在字典中。

数据更新：学习如何向字典中添加新数据，以及如何更新已有的数据。

8.1.2 案例讲解

案例目标：根据所提供的原始数据，完成以下任务。

（1）提取和处理数据：学生需要从列表中提取特定信息（如省份名称），并学会使用基本的字符串操作方法。

（2）数据整理和字典的使用：学生将学习如何将提取的数据以键值对的形式存储到字典中，以及如何有效地检索和更新字典中的数据。

（3）将处理好的数据新建并存储到“货物分拣.xlsx”文档中。

典型案例所提供的数据（待处理的客户数据）如图 8.1 所示。（因为数据量较大所以不在纸质教材中一一列出，以免占用篇幅，具体数据在代码包中可以进行查询。）

```
list = [
    ['王*龙', '北京市海淀区苏州街大恒科技大厦南座4层'],
    ['庞*飞', '北京市昌平区汇德商厦四楼403'],
    ['顾*锐', '江苏省扬州市三垛镇工业集中区扬州市立华畜禽有限公司'],
    ['王*飞', '上海市徐汇区上海市徐汇区H88越虹广场B座5E'],
    ['华*升', '北京市海淀区杰睿大厦'],
    ['朱*锴', '上海市浦东新区川沙新镇华川家园33号楼503'],
    ['陈*盼', '浙江省杭州市闲林街道，西溪华东园，十幢一单元401。'],
    ['司*鹏', '河南省鹤壁市淇滨大道310号  鹤壁京立医院'],
    ['聂*睿', '河北省石家庄市中山路勒泰中心写字楼b座11层'],
    ['张*', '辽宁省本溪市明兴丽城九号楼四单元'],
    ['冉*晗', '河北省石家庄市体育南大街385号'],
    ['高*杰', '北京市朝阳区广渠路42号院3号楼，408'],
    ['李*国', '安徽省合肥市新站区淮合花园'],
    ['常*源', '江苏省南京市白下路242号，南京市红十字医院，放射科'],
    ['张*玉', '河北省沧州市新居然家居广场'],
```

图 8.1　典型案例所提供的数据（待处理的客户数据）

通过对数据的观察，我们可以发现，数据格式为列表嵌套列表，整个数据是无序的，如果要对货物进行分拣，那么需要按地区对货物进行分类处理，以下为针对用户所在的省、直辖市进行的信息分类处理，代码如下：

```
dict1={}
for i in list:
    #获取省名
    if '省' in i[1]:
        j= i[1].index('省')+1
        s= i[1][0:j]
    #获取直辖市名
    else:
        j = i[1].index('市')
        s = i[1][0:j + 1]
    #判断省或者市是不是字典里的关键字，不是，则新建，是就直接添加
    if s not in dict1:
        dict1[s]=[]
        dict1[s].append(i)
    else:
        dict1[s].append(i)
# 打印分拣结果
print('{')
for k in dict1:
    print('\t'+k+':[')
    for i in dict1[k]:
        print('\t\t'+str(i))
    print('\t],')
print('}')
```

输出的按省、直辖市分类后的客户信息如图 8.2 所示。

```
{
        北京市:[
                ['王*龙', '北京市海淀区苏州街大恒科技大厦南座4层']
                ['庞*飞', '北京市昌平区汇德商厦四楼403']
                ['华*升', '北京市海淀区杰睿大厦']
                ['高*杰', '北京市朝阳区广渠路42号院3号楼，408']
                ['刘*民', '北京市大兴区南海家园四里7号楼1单元902']
                ['李*', '北京市海淀区西二旗智学苑5号楼超市']
                ['许*康', '北京市西城区西单北大街甲133号']
                ['赵*兴', '北京市海淀区西二旗上地信息路1号金远见大楼华纬讯301']
```

图 8.2　按省、直辖市分类后的客户信息

通过对整理后的数据进行观察，我们发现数据已经从原来的列表嵌套列表的形式，调整为字典嵌套列表的形式，用户所处的一级地理位置省和直辖市，作为字典每个元素的键被提取了出来，下一步就是把数据写入 Excel 表格中，同时设置“序号”“收件人姓名”“收件人地址”三列数据，我们可以先尝试将北京市的客户信息先写进 Excel 的数据表中，具体代码如下所示：

```
import pandas as pd
from openpyxl import Workbook
df = pd.DataFrame(list)
wb = Workbook()
ws = wb.active
ws.append(['序号','收件人姓名','收件人地址'])  # 添加列名
for row in df.itertuples():
   ws.append([row[0], row[1], row[2]])  # 添加数据行
wb.save('货物分拣.xlsx')
```

代码运行结束后，我们发现在代码所处文件下多出了一个新的文件，如图 8.3 所示。

货物分拣.xlsx	2023/11/11 12:30	XLSX 工作表	28 KB

图 8.3　运行代码后新增的“货物分拣.xlsx”文件

打开文件后查询数据，“货物分拣.xlsx”文档中的客户数据如图 8.4 所示。

1	序号	收件人姓名	收件人地址
2	0	王*龙	北京市海淀区苏州街大恒科技大厦南座4层
3	1	庞*飞	北京市昌平区汇德商厦四楼403
4	2	顾*锐	江苏省扬州市三垛镇工业集中区扬州市立华畜禽有限公司
5	3	王*飞	上海市徐汇区上海市徐汇区H88越虹广场B座5E
6	4	华*升	北京市海淀区杰睿大厦
7	5	朱*锴	上海市浦东新区川沙新镇华川家园33号楼503
8	6	陈*盼	浙江省杭州市闲林街道，西溪华东园，十幢一单元401。
9	7	司*鹏	河南省鹤壁市淇滨大道310号　鹤壁京立医院
10	8	聂*睿	河北省石家庄市中山路勒泰中心写字楼b座11层
11	9	张*	辽宁省本溪市明兴丽城九号楼四单元
12	10	冉*晗	河北省石家庄市体育南大街385号
13	11	高*杰	北京市朝阳区广渠路42号院3号楼，408
14	12	李*国	安徽省合肥市新站区淮合花园
15	13	常*源	江苏省南京市白下路242号，南京市红十字医院，放射科
16	14	张*玉	河北省沧州市新居然家居广场

图 8.4　“货物分拣.xlsx”文档中的客户数据

通过数据查询，我们发现代码实现了我们所需要的功能。下面就考虑将所有用户数据全部添加到“货物分拣.xlsx”文件中，并且将列索引序号改为具体的省或直辖市。代码如下所示（如果之前查看过代码，在运行以下代码时需要将打开的“货物分拣.xlsx”关闭）：

```
import openpyxl
# 打开已有的 Excel 文件
workbook = openpyxl.load_workbook('货物分拣.xlsx')
# 选择工作表
sheet = workbook['Sheet']
# 将新的字典添加到 DataFrame 对象中
new_data = {'北京市':[
                ['王*龙', '北京市海淀区苏州街大恒科技大厦南座 4 层'],
                ['庞*飞', '北京市昌平区汇德商厦四楼 403'],
                ['华*升', '北京市海淀区杰睿大厦'],
                ['高*杰', '北京市朝阳区广渠路 42 号院 3 号楼，408'],
                ['刘*民', '北京市大兴区南海家园四里 7 号楼 1 单元 902'],
                ['李*', '北京市海淀区西二旗智学苑 5 号楼超市'],
                ['许*康', '北京市西城区西单北大街甲 133 号'],
                ['赵*兴', '北京市海淀区西二旗上地信息路 1 号金远见大楼华纬讯 301'],
                ...
            '青海省':[
                ['郭*', '青海省西宁市互助东路 12 号海亮大都汇'],
        ],
        '海南省':[
                ['朱*北', '海南省海口市和平北路三亚上二街 9 号'],
        ],
}
# 写入数据到工作表
row_num = 1  # 行号
for province, records in new_data.items():
    # 写入省份
    sheet.cell(row=row_num, column=1).value = province
    row_num += 1
    # 写入姓名和地址
    for record in records:
        sheet.cell(row=row_num, column=2).value = record[0]  # 姓名
        sheet.cell(row=row_num, column=3).value = record[1]  # 地址
        row_num += 1
# 保存文件
workbook.save('货物分拣.xlsx')
```

代码输入结果为一份新的 Excel 表格，整理后的“'货物分拣.xlsx'”如图 8.5 所示。

	A	B	C
1	北京市	收件人姓名	收件人地址
2	0	王*龙	北京市海淀区苏州街大恒科技大厦南座4层
3	1	庞*飞	北京市昌平区汇德商厦四楼403
4	2	华*升	北京市海淀区杰睿大厦
5	3	高*杰	北京市朝阳区广渠路42号院3号楼，408
6	4	刘*民	北京市大兴区南海家园四里7号楼1单元902
7	5	李*	北京市海淀区西二旗智学苑5号楼超市
8	6	许*康	北京市西城区西单北大街甲133号

…

457	甘肃省		
458		王*雯	甘肃省兰州市天水南路222号兰州大学
459		张*强	甘肃省兰州市北滨河西路666号（中国移动甘肃分公司）
460		张**	甘肃省兰州市甘肃省兰州市七里河区兰公坪兰州理工大学校本部
461		谢*星	甘肃省酒泉市雄关路54号东风物流十号
462	新疆省		
463		高*	新疆省乌鲁木齐市民主路99号建行大厦12楼审计室
464		张*俊	新疆省巴音郭楞州石化大道塔指1区25栋403
465		伍*葵	新疆省阿克苏地区红旗坡十一队
466		唐*宁	新疆省乌鲁木齐市乌鲁木齐头屯河区火车西站6街
467	宁夏省		
468		邹*	宁夏省银川市上海路福州街口云峰盛大药房
469		陈*刚	宁夏省银川市上海东路银佐家园东区11-1-501
470	青海省		
471		郭*	青海省西宁市互助东路12号海亮大都汇
472	海南省		
473		朱*北	海南省海口市和平北路三亚上二街9号

图 8.5　整理后的“'货物分拣.xlsx'”

至此，所有任务目标全部达成，我们所形成的代码，可以用于具体的货物分拣岗位进行客户归属地的数据的整理，当然代码还可以再进一步完善，也期待同学们对代码进行加工处理，形成能更好契合你未来工作岗位的工具。

任务 8.1 微课

8.1.3　任务实操

任务 8.1　任务工单

任务名称	货物的分拣	专业		班级	
学生姓名		学生学号		任务成绩	
任务准备		任务场地		完成日期	
任务描述	将客户信息进行分类整理并存储				

任务提出：学生将学习如何从一个包含个人信息（如姓名和地址）的列表中提取特定的数据，并将其整理成一个更加有组织的字典格式，最后对数据进行存储。本任务的数据来源是一个包含姓名和地址的列表，其中地址包含省份、城市等信息。

任务目标：

1. 提取和处理数据：学生需要从列表中提取特定信息（如省份名称），并学会使用基本的字符串操作方法。

2. 数据整理和字典的使用：学生将学习如何将提取的数据以键值对的形式存储到字典中，以及如何有效地检索和更新字典中的数据。

3. 将处理好的数据新建并存储到“货物分拣.xlsx”文档中。

任务准备：

1. Python 编程基础：包括熟练掌握列表和字典的创建、访问、操作、遍历等功能。

2. 数据处理技能：

提取数据：熟练使用字符串操作（如切片、索引、分割）。

数据转换：能将数据从字符串提取并转化为字典键值对。

条件语句：合理使用条件语句进行数据分类。

3. 数据存储工具：了解如何使用 pandas 库和 OpenPyxl 库，将数据存储至 Excel 文件。

1. 任务设计

● 框架规划：设计一个完整的货物分拣流程，基于提供的客户信息（如姓名和地址）进行分类处理。实现客户按地区分类，最终生成包含这些信息的 Excel 文件，便于后续的物流安排。

● 资料收集：

了解客户信息的结构和数据字段，确保能够准确分拣。

学习 Python 编程，包括列表和字典操作、字符串处理等基础知识。

掌握 pandas 库和 OpenPyxl 库用于将数据存储至 Excel 文件的技巧。

● 设计引导：

教师指导学生如何使用 pandas 库处理客户数据。

引导学生利用 Python 字符串处理技术进行数据提取和分类。

示范如何将处理后的数据导出为 Excel 文件。

2. 任务实施

● 编写代码：

使用 Python 编写代码，将提供的客户信息按地区分类。

利用 pandas 库的功能，确保数据准确分拣，并完整地保存到 Excel 文件中。

● 细节调整：

核查数据处理过程中是否包含所有所需字段，并进行必要的数据清理和转换。

检查 Excel 文件的存储逻辑，确保数据格式和结构正确。

● 小组讨论：

学生在小组内展示代码和分拣结果，讨论分拣方法和遇到的问题。

交换分拣技巧，并探讨改进措施。

3. 任务检查

● 自我审核：

验证代码能否稳定运行，检查分拣数据是否完整和准确。

检查 Excel 文件的格式是否符合要求。

● 小组互评：

同学之间互相检查 Excel 文件和代码，确保没有遗漏步骤或错误。

● 教师评审：

教师评审所有提交的代码和 Excel 文件，确保数据准确性和代码有效性。

4. 任务评价

● 成果展示：

学生展示各自分拣完成后的 Excel 文件，解释文件中客户信息的结构和处理流程。

学生演示分拣数据的处理过程，包括数据分类、转换和存储的步骤。

● 评价说明：

评价将基于数据处理的准确性、代码的有效性和处理方法的创新性来进行。

- 评价标准：任务 8.1 评价标准见表 8.1。

表 8.1 任务 8.1 评价标准

评分项	分值（权重）	详细说明
数据处理准确性	30 分	客户信息分拣的准确性与完整性
文件存储效率	30 分	Excel 文件是否保存了完整且格式正确的数据
数据处理技巧	40 分	数据分类、转换的准确性与效率，以及方法的创新性

详细评分细则如下。

（1）数据处理准确性（30 分）

分类准确性（15 分）：确保每个客户的分类结果准确无误。

完整性（15 分）：检查所有提供的数据字段是否都被完整处理。

（2）文件存储效率（30 分）

数据格式正确性（15 分）：确保 Excel 文件中的数据格式、日期格式和数值格式均正确。

完整性（15 分）：确保 Excel 文件中没有数据遗漏。

（3）数据处理技巧（40 分）

数据分类逻辑（10 分）：评估数据分类步骤的逻辑是否合理。

数据类型转换和索引调整（10 分）：评估数据类型转换和索引调整的准确性。

创新性与效率（20 分）：评估数据处理方法的创新性及其效率。

具体实施和验证如下。

自我审核：学生需检查自己的代码，确保客户信息完整且准确无误。

小组互评：小组成员之间相互检查代码和 Excel 文件。

教师评审：教师审查学生提交的代码和分拣结果，评价代码准确性和数据完整性。

8.1.4 任务测评

任务测评表

效果测评要素	具体评价内容	评价等级
技能点 1：数据提取	学生是否能准确从列表中提取特定数据，并进行初步处理	优秀/良好/中等/及格/不及格
技能点 2：数据存储	学生是否能成功将处理后的数据存储至 Excel 文件，并确保数据格式和内容正确	优秀/良好/中等/及格/不及格
技能点 3：数据转换	学生是否能将提取的数据转换为字典或其他结构，并进行有效管理	优秀/良好/中等/及格/不及格
综合测评 1：错误处理	学生处理数据时是否能有效识别和处理异常情况	优秀/良好/中等/及格/不及格
综合测评 2：代码效率	代码是否运行效率高，没有不必要的资源消耗，且能有效处理大量数据	优秀/良好/中等/及格/不及格
薄弱项记录		
没学懂的知识		
没掌握的技能		
我想提升的素养		
教师签字		

任务 8.2　物流路径规划

8.2.1　任务知识

1. scipy 库

scipy（Scientific Python）是一个 Python 科学计算库，它提供了许多用于解决科学和工程问题的函数和工具。scipy 库建立在 NumPy 之上，拓展了 NumPy 的功能，提供了更多的数学、科学和工程工具。包含了许多子模块，用于不同领域的科学和工程计算。一些主要的 scipy 子模块包括：

scipy.optimize：包含用于数学优化问题的工具，包括线性规划、非线性规划、最小二乘拟合等。

scipy.stats：提供了统计分析和概率分布的函数。

scipy.linalg：包含线性代数操作的函数，例如矩阵求逆、特征值分解等。

scipy.integrate：用于数值积分和微分方程求解的工具。

scipy.signal：信号处理工具，包括滤波、傅里叶变换等。

scipy.sparse：处理稀疏矩阵和线性代数的库。

scipy.interpolate：插值和拟合数据的函数。

scipy.constants：包含物理和数学常数的模块。

scipy 库的灵活性和广泛的功能使其成为科学和工程领域的重要工具。

2. linprog 函数

linprog 函数是 scipy.optimize 子模块中的一个函数，用于解决线性规划问题。线性规划是一种数学优化问题，其目标是在给定线性约束条件下最小化或最大化线性目标函数。linprog 函数用于寻找这种问题的最优解。

以下是 linprog 函数的主要参数和功能：

linprog（c，A_ub=None，b_ub=None，A_eq=None，b_eq=None，bounds=None，method='highs'）

c：一个包含目标函数系数的一维数组，用于指定要最小化或最大化的线性目标函数。

A_ub：一个包含不等式约束条件的二维数组，左侧矩阵 A 的系数。表示不等式约束 A_ub @ x<=b_ub( )。不等式约束 A_ub @ x<=b_ub 表示，通过将决策变量向量 x 与系数矩阵 A_ub 相乘，得到一个新的列向量，该新向量的每个元素都必须小于或等于对应的 b_ub 中的元素。这些不等式约束用于限制线性规划问题的解空间，以确保最终的解满足这些条件。具体来说，它表示决策变量的线性组合必须满足不等式条件。

b_ub：一个包含不等式约束条件右侧值的一维数组。

A_eq：一个包含等式约束条件的二维数组，表示等式约束 A_eq @ x=b_eq。等式约束 A_eq @ x=b_eq 表示通过将决策变量向量 x 与系数矩阵 A_eq 相乘，得到一个新的列向量，该新向量的每个元素都必须等于对应的 b_eq 中的元素。这些等式约束用于确保最终的解满足这些等式条件。具体来说，它表示决策变量的线性组合必须等于给定的值，这些值在向量 b_eq 中指定。这些等式约束通常用于确保满足某些平衡条件或约束条件。

b_eq：一个包含等式约束条件右侧值的一维数组。

bounds：定义每个决策变量的上下界的列表。

method：用于选择线性规划求解方法的字符串参数。常见的方法包括 'simplex' 和 'highs'。

linprog 函数返回一个 scipy.optimize.OptimizeResult 对象，其中包含了线性规划问题的解和其他相关信息，如最优解、最优值、优化状态等。

8.2.2 案例讲解

案例目标：假设有 4 个供应点 A1、A2、A3、A4 向 5 个需求点 B1、B2、B3、B4、B5 配送某种物资，每一个供应点和需求点的供需及各点间的运价见物资需求量及运价表（见表 8.2），求解最优配送方案。

表 8.2 物资需求量及运价表（元/吨）

	B1	B2	B3	B4	B5	供应量
A1	3	2	3	5	3	100
A2	3	3	1	3	4	300
A3	7	8	4	2	2	600
A4	5	4	7	7	8	800
需求量	250	300	350	400	500	

（1）将具体物流路径规划问题转化为线性规划问题，构建线性规划问题的约束条件；

（2）调用科学计算库 scipy 中的 linprog 函数解决线性规划问题，并输出结果。

1. 将具体物流路径规划问题转化为线性规划问题

首先，我们可以将具体的物流路径规划问题，翻译成线性规划问题，具体代码如下：

```
# 供应点和需求点的数量
num_suppliers=4
num_demands=5
# 供应点的供应量
supplies= [100, 300, 600, 800]
# 需求点的需求量
demands= [250, 300, 350, 400, 500]
```

然后我们构建约束条件，定义了供应点的供应量（supplies）和需求点的需求量（demands）。然后，使用循环遍历每个供应点，为每个供应点创建一个约束条件。这些约束条件将被添加到等式约束矩阵 A_eq 和等式约束向量 b_eq 中。

对于每个供应点，一个约束条件是一个包含 0 和 1 的列表，表示该供应点分配给不同需求点的数量。例如，如果有 4 个供应点和 5 个需求点，则每个约束条件包含 20 个元素（4 个供应点 * 5 个需求点），其中只有对应需求点为 1，其余为 0。这是通过以下代码行实现的：

```
constraint [i * num_demands: (i+1) * num_demands] = [1] * num_demands
```

需求约束：

接下来，通过循环遍历每个需求点，为每个需求点创建一个约束条件，并将其添加到等式约束矩阵 A_eq 和等式约束向量 b_eq 中。

对于每个需求点，一个约束条件也是一个包含 0 和 1 的列表，表示不同供应点分配给该需求点的数量。例如，如果有 4 个供应点和 5 个需求点，则每个约束条件包含 20 个元素（4 个供应点 *5 个需求点），其中只有对应供应点为 1，其余为 0。这是通过以下代码行实现的：

```
constraint [i * num_demands+j] =1
```

最终，A_eq 和 b_eq 中包含了所有的供应约束和需求约束，这些约束用于线性规划问题，以确保资源的供应与需求匹配。

线性规划问题的约束条件的完整代码如下所示：

```
# 供应点和需求点的数量
num_suppliers = 4
num_demands = 5

# 供应点的供应量
supplies = [100, 300, 600, 800]

# 需求点的需求量
demands = [250, 300, 350, 400, 500]

# 构建约束条件
A_eq = []  # 等式约束矩阵
b_eq = []  # 等式约束向量

# 添加供应约束
for i in range(num_suppliers):
    constraint = [0] * (num_suppliers * num_demands)
    constraint[i * num_demands:(i + 1) * num_demands] = [1] * num_demands
    A_eq.append(constraint)
    b_eq.append(supplies[i])

# 添加需求约束
for j in range(num_demands):
    constraint = [0] * (num_suppliers * num_demands)
    for i in range(num_suppliers):
        constraint[i * num_demands + j] = 1
    A_eq.append(constraint)
    b_eq.append(demands[j])
```

2. 调用科学计算库 scipy 中的 linprog 函数解决线性规划问题

给出具体点到点的配送运费，并将其一列表嵌套列表的方式构建矩阵：

```
# 各点间的运价（运输成本）
cost_matrix= [
    [3, 2, 3, 5, 3],
    [3, 3, 1, 3, 4],
    [7, 8, 4, 2, 2],
    [5, 4, 7, 7, 8]]
```

调用 scipy 中的 linprog 函数，配合之前所搭建的线性约束条件，具体代码如下所示：

```
from scipy.optimize import linprog
import numpy as np
# 供应点和需求点的数量
num_suppliers = 4
num_demands = 5
# 供应点的供应量
supplies = [100, 300, 600, 800]
# 需求点的需求量
demands = [250, 300, 350, 400, 500]
# 各点间的运价（运输成本）
cost_matrix = [
    [3, 2, 3, 5, 3],
    [3, 3, 1, 3, 4],
    [7, 8, 4, 2, 2],
    [5, 4, 7, 7, 8]
]
# 将线性规划问题转化为最小化问题
c = [cost for row in cost_matrix for cost in row]

# 构建约束条件
A_eq = []  # 等式约束矩阵
b_eq = []  # 等式约束向量
# 添加供应约束
for i in range(num_suppliers):
    constraint = [0] * (num_suppliers * num_demands)
    constraint[i * num_demands:(i + 1) * num_demands] = [1] * num_demands
    A_eq.append(constraint)
    b_eq.append(supplies[i])
# 添加需求约束
for j in range(num_demands):
    constraint = [0] * (num_suppliers * num_demands)
    for i in range(num_suppliers):
        constraint[i * num_demands + j] = 1
    A_eq.append(constraint)
    b_eq.append(demands[j])
# 执行线性规划
result = linprog(c, A_eq=A_eq, b_eq=b_eq, method="highs")
if result.success:
    print("最小化总成本为:", result.fun)
    optimal_solution = result.x
    print("最优解:")
    optimal_solution  =  np.array(optimal_solution).reshape(num_suppliers,
num_demands)
    print(optimal_solution)
else:
    print("未找到可行解，线性规划问题无解。")
```

物流路径规划最小成本计算结果图如图 8.6 所示。

```
最小化总成本为: 6000.0
最优解:
[[  0.    0.    0.    0.  100.]
 [  0.    0.  300.    0.    0.]
 [  0.    0.    0.  200.  400.]
 [250.  300.   50.  200.    0.]]
```

图 8.6　物流路径规划最小成本计算结果图

至此，任务 8.2 物流路径规划的任务目标已全部达成，代码还可以进行优化。当然，同学们可以尝试更多供给点向需求点进行配送的最小运输成本计算。

任务 8.2 微课

8.2.3 任务实操

任务 8.2 任务工单

任务名称	物流路径规划	专业		班级	
学生姓名		学生学号		任务成绩	
任务准备		任务场地		完成日期	
任务描述	利用 Python 代码，完成多点供需物流路径规划				

任务提出：假设有 4 个供应点 A1、A2、A3、A4 向 5 个需求点 B1、B2、B3、B4、B5 配送某种物资，每一个供应点和需求点的供需及各点间的运价见物资需求量及运价表，求解最优配送方案。

物资需求量及运价表（元/吨）

	B1	B2	B3	B4	供应量
A1	4	6	8	5	250
A2	2	3	5	7	400
A3	5	4	7	6	400
需求量	300	250	200	250	

1. 将具体物流路径规划问题转化为线性规划问题，构建线性规划问题的约束条件；

2. 调用科学计算库 scipy 中的 linprog 函数解决线性规划问题，并输出结果。

任务准备：

1. 物流规划知识：熟悉物流路径规划和线性规划的基本原理。

2. Python 编程和 scipy 库：

学习 scipy 库的 linprog 函数以求解线性规划问题。

掌握 Python 的基本编程技能，以构建合适的模型和约束条件。

3. 问题建模：

多点供需问题：能够理解问题描述，并建立目标函数和约束条件。

数据分析与建模：能有效分析问题中的数据关系，构建线性规划模型。

1. 任务设计

● 框架规划：利用线性规划方法设计完整的物流路径规划模型。通过 scipy 库的 linprog 函数，解决多点供需问题，实现货物从仓库到客户的优化配送。

● 资料收集：

学习线性规划原理，了解物流路径规划的基本方法。

掌握 scipy 库的 linprog 函数及其参数配置。

● 设计引导：

教师指导学生建立物流路径规划的目标函数和约束条件。

示范如何使用 linprog 函数求解模型并输出结果。

2. 任务实施

● 编写代码：

编写 Python 代码，利用 linprog 函数建立物流路径规划模型。

设定目标函数和约束条件，确保模型符合实际需求。

● 细节调整：

优化目标函数，使得物流成本最小化。

核查约束条件，确保模型结果符合真实物流场景。

● 小组讨论：

小组成员展示各自的代码和结果，讨论各自模型的有效性。

分享路径优化的技巧，并探讨如何在不同情况下调整模型。

3. 任务检查

● 自我审核：

检查代码运行是否稳定，确保模型参数设置合理。

验证规划结果是否符合物流实际需求。

● 小组互评：

小组成员相互检查代码和规划结果，寻找改进点。

● 教师评审：

教师评估提交的代码和模型结果，确保模型的准确性和效率。

4. 任务评价

● 成果展示：

学生展示物流路径规划模型的最终规划结果，并解释其目标函数、约束条件和规划结果。

演示如何通过模型调整约束条件以满足不同需求。

● 评价说明：

评价将基于模型的准确性、代码的有效性与创新性进行。

● 评价标准：任务 8.2 评价标准见表 8.3。

表 8.3　任务 8.2 评价标准

评分项	分值（权重）	详细说明
模型准确性	40 分	确保规划模型的目标函数与约束条件的合理性，并满足物流路径的实际需求
代码有效性	30 分	代码逻辑清晰，运行稳定
创新性	30 分	模型设计或代码实现的创新性与效率

详细评分细则如下。

（1）模型准确性（40 分）

目标函数合理性（20 分）：确保目标函数符合物流路径规划需求。

约束条件合理性（20 分）：确保规划结果符合实际物流场景的要求。

（2）代码有效性（30 分）

逻辑清晰度（15 分）：代码逻辑清晰并有效。

稳定性（15 分）：代码运行稳定并无错误。

（3）创新性（30 分）

模型设计创新性（15 分）：模型设计的创新性。

代码实现效率（15 分）：代码执行效率及其资源利用率。

具体实施和验证如下。

自我审核：学生需验证自己的代码是否能稳定运行，并确保规划结果准确。

小组互评：学生间互相检查代码和模型结果，寻找改进机会。

教师评审：教师审查学生的代码和规划模型，确保模型设计和代码实现的准确性与有效性。

8.2.4　任务测评

任务测评表

效果测评要素	具体评价内容	评价等级
技能点 1：模型构建	学生是否能正确构建线性规划模型，包括定义目标函数和约束条件	优秀/良好/中等/及格/不及格
技能点 2：问题解决	学生是否能使用适当的算法（如 linprog）求解线性规划问题	优秀/良好/中等/及格/不及格
技能点 3：解析能力	学生是否能正确解释线性规划的结果并提出实际应用建议	优秀/良好/中等/及格/不及格
综合测评 1：创新思维	学生在解决问题过程中是否表现出创新思维和独立处理能力	优秀/良好/中等/及格/不及格
综合测评 2：实用性	提出的解决方案是否具有实际应用价值和可执行性	优秀/良好/中等/及格/不及格
薄弱项记录		
没学懂的知识		
没掌握的技能		
我想提升的素养		
教师签字		

项目总结

任务 8.1：货物的分拣聚焦于货物分拣流程，包括了解分拣技术和方法，以及利用数据分析来优化分拣效率。学生通过实际操作和团队合作，提高了对货物分拣流程的理解，学会了应用技术和数据分析来提高分拣效率。当然除了之前所考虑的问题，实际工作环境中可能出现的挑战，如设备故障、数据误差等，并探索解决这些问题的策略。

任务 8.2：物流路径规划任务通过利用 Python 和 scipy 库，将具体的物流问题转化为线性规划问题，寻找最优配送方案。学生不仅学习了线性规划的理论知识，还通过编程实践增强了自己的技术能力，成功地规划出了最优物流路径，提升了学生对更复杂场景的分析能力，如考虑多种运输方式、不确定的供应链变化等，以及探索了更高级的优化方法。

这两个任务均为学生提供了理论知识和实际操作相结合的学习体验。通过这些项目，学生不仅学习了相关的专业知识和技能，而且提高了解决问题的能力、培养了创新思维和团队合作精神。这些经验将为他们未来的职业生涯打下坚实的基础，特别是在快速发展和技术驱动的物流领域中。

项目 8 课后练习答案　　　　项目 8 代码及数据

项目 9　AI 辅助 Python 代码编写

项目 9 课件

学习目标

◎ 知识目标

了解人工智能（AI）的基本概念和发展历程；

掌握国内外的 AI 工具及其应用领域；

熟悉科大讯飞的讯飞星火语言大模型及其特点。

◎ 能力目标

能够识别适用于 Python 编程的 AI 工具和技术；

具备利用 AI 提示词来改进 Python 代码编写的能力；

能够借助 AI 工具实现自动完成代码、检测代码错误、解释代码功能以及提供代码示例；

能够综合运用 AI 工具复盘以前项目的代码，识别问题并提出改进建议。

◎ 素养目标

培养对 AI 的兴趣和认知，了解 AI 在编程领域的重要性；

提高解决问题和改进代码的能力，增强自主学习和创新的素养；

培养团队协作能力，与同学一起合作完成项目复盘。

思维导图

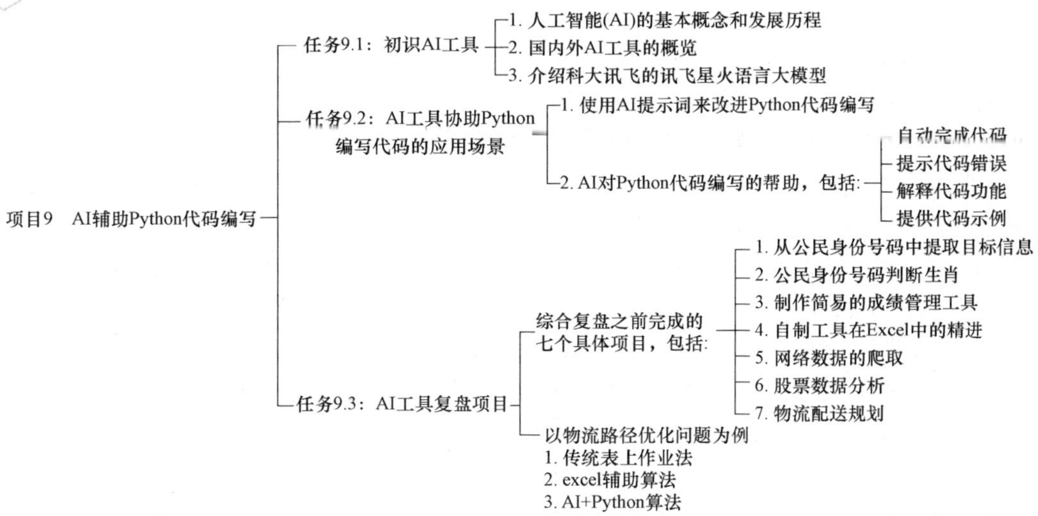

项目描述

本项目旨在探索和应用人工智能（AI），特别是科大讯飞的讯飞星火语言大模型，以辅助和优化 Python 代码编写。学生将通过本项目了解 AI 的基本概念、发展历程，以及当前 AI

工具的应用领域，特别是在编程和代码优化中的应用。项目的核心是实际使用讯飞星火语言大模型来辅助解决编程问题，包括代码自动生成、错误检测、功能解释和代码示例提供。

项目要求

任务 9.1：初识 AI 工具

介绍 AI 的基本知识和国内外的 AI 工具，重点是科大讯飞的讯飞星火语言大模型。具体包括注册并使用讯飞星火进行第一段代码的撰写，理解其在自然语言处理中的应用。

任务 9.2：AI 工具辅助 Python 编写代码的应用场景

探索 AI 工具在辅助 Python 代码编写方面的应用，如自动代码完成、代码错误检测、代码功能解释，以及提供代码示例。这将帮助学生提高编写简单代码的效率、提高代码质量和减少调试时间。

任务 9.3：AI 工具复盘项目

综合复盘之前完成的七个具体项目。

案例导入

AI 革命与人文关怀——科大讯飞星火的应用探索

在数字时代，软件开发的需求和复杂度不断上升，程序员面对的挑战也日益增多。人工智能（AI）作为一种强大的技术，正逐渐成为解决这些挑战的关键工具。特别是科大讯飞推出的讯飞星火语言大模型（后文简称讯飞星火），它不仅在自然语言处理领域表现出色，还在编程辅助上展示了巨大的潜力。

AI 与编程——一场静悄悄的革命，科大讯飞的讯飞星火利用深度学习技术，提供了一种全新的编程辅助方式。传统的编程过程中，程序员需要手动编写每一行代码，而现在，通过 AI 的辅助，许多重复性或标准化的代码可以自动生成。这不仅加速了开发过程，还减少了因人为错误而引发的 bug。

讯飞星火通过分析海量的代码库，学习其中的模式和结构。当程序员输入一段代码的开头时，它可以预测并提供接下来最可能的代码片段。这种预测基于当前的编码趋势和最佳实践，因此通常能提供符合高标准的代码建议。更令人兴奋的是，讯飞星火还能进行“代码审查”，即在程序员提交代码后，AI 会自动检查代码中的潜在问题，如逻辑错误、冗余代码和潜在的安全漏洞。这一功能极大地提高了软件的质量和安全性。

国内很多大型互联网公司在其新的电商平台开发中引入了讯飞星火。在企业项目中，讯飞星火不仅帮助开发团队设计了数据库管理系统的基础架构，还参与了用户界面的快速原型设计。通过 AI 的参与，整个项目的开发周期比传统方法大为缩短，并且出现 bug 的频率大幅下降。

随着 AI 技术的进步，未来的软件开发可能会变得更加智能化和自动化。程序员将能够更多地专注于解决复杂的问题和创新，而让 AI 处理编码的重复工作。讯飞星火等工具的普及，将使编程更加高效、安全，并可能改变软件开发的整个生态。通过科大讯飞在 AI 界的突破，我们可以看到 AI 在编程领域的巨大潜力，未来，AI 将与程序员共同塑造软件开发的新纪元。这不仅是技术的进步，更是向更高效、更智能化世界迈出的一大步。

任务 9.1　初识 AI 工具

9.1.1　任务知识

1. 人工智能

人工智能（artificial intelligence，AI）是一门研究如何使计算机能够像人类一样思考、学习和决策的科学。它通过模仿人类智能的思维过程，以及利用计算机和算法来实现智能化的功能和任务。

人工智能的发展历程可以追溯到 20 世纪 50 年代，当时科学家们开始研究如何通过计算机模拟人类的思维过程。随着计算机技术的不断进步和算法的发展，人工智能逐渐取得了一系列重要的突破。其中包括以下一些里程碑事件。

1956 年，达特茅斯会议标志着人工智能作为一门学科的起源。会议上，科学家们提出了“人工智能”这个术语，并探讨了如何使用计算机模拟人类智能的可能性。

20 世纪 60 年代，符号主义方法成为主流，研究人员开始使用逻辑推理和符号表示来模拟人类的思维过程。这一时期的代表性成果包括 ELIZA（一个模拟心理医生对话的程序）和 DENDRAL（一个用于分析有机化合物结构的程序）。

20 世纪 80—90 年代，统计学习方法和机器学习开始崭露头角。通过对大量数据的学习和模式识别，人工智能系统能够自动从数据中提取特征并进行预测和决策。这一时期的代表性成果包括反向传播算法和支持向量机等。

21 世纪以来，深度学习的兴起使得人工智能取得了巨大的突破。深度学习利用多层神经网络模拟人脑的神经元网络，通过大规模数据的训练，使得计算机能够自动学习和提取更高级的特征。这一技术在图像识别、语音识别、自然语言处理等领域取得了巨大成功。

人工智能的应用领域非常广泛，包括但不限于以下几个方面。

自然语言处理（natural language processing，NLP）：利用人工智能技术进行语音识别、机器翻译、情感分析等任务，使得计算机能够理解和处理自然语言。

计算机视觉（computer vision）：通过图像和视频数据，让计算机能够理解和解释视觉信息，实现图像识别、物体检测、人脸识别等功能。

机器学习（machine learning）：利用统计学和算法让计算机通过学习从数据中提取特征和模式，实现自动预测、分类和决策。

智能机器人（intelligent robotics）：将人工智能技术应用于机器人领域，使得机器人能够感知环境、学习和执行任务。

自动驾驶（autonomous driving）：将人工智能技术应用于汽车领域，实现车辆自主导航、交通识别和决策等功能。

医疗健康（medical and healthcare）：通过人工智能技术，实现医学影像分析、疾病诊断、个性化治疗等医疗应用。

金融领域（financial sector）：利用人工智能技术进行金融预测、风险评估、智能投资等任务，提高金融行业的效率和准确性。

总之，人工智能在各个领域都有广泛的应用，正在为我们的生活和工作带来巨大的改变。

2. 国内外的 AI 工具

1）国外的 AI 工具

OpenAI 的 ChatGPT：ChatGPT 是由 OpenAI 开发的、采用了大规模预训练的语言模型 GPT（Generative Pre-trained Transformer），能够进行自然语言对话。它可以生成连贯的回答，并通过对话展示出较强的语言理解和生成能力。

Microsoft 的 Microsoft Jarvis：Jarvis 是微软开发的一个多模态 AI 系统，它能够进行语音和文本交互，并支持多语种和多任务。Jarvis 的目标是实现更智能、个性化的人机交互，适用于智能助手、虚拟客服等应用场景。

Google 的 BERT：BERT（bidirectional encoder representations from transformers）是 Google 开发的一种预训练语言模型，具有强大的自然语言处理能力。BERT 能够理解文本的上下文关系，并在多个 NLP 任务中取得了很好的效果，如文本分类、命名实体识别等。

2）国内的 AI 工具

科大讯飞的讯飞星火：讯飞星火是科大讯飞开发的自然语言处理工具，基于大规模预训练模型和深度学习技术，具有语义理解、语音合成、机器翻译等功能。它在智能客服、智能音箱等领域有广泛应用。

文心一言：文心一言是由百度开发的自然语言处理工具，提供情感分析、关键词提取、摘要生成等功能。它可以帮助用户对文本进行情感分析和内容概括，适用于舆情监测、智能写作等场景。

通义千问：通义千问是由阿里云开发的智能问答系统，基于知识图谱和自然语言处理技术，能够回答用户的各种问题。它广泛应用于智能客服、智能助手等领域，能够提供准确的问题解答和信息查询服务。

这些工具都代表了各自公司在人工智能领域的创新成果，为智能应用和解决方案提供了强有力的支持。值得注意的是，随着技术的不断发展，还会有更多新的 AI 工具和技术涌现出来。

3. 科大讯飞——讯飞星火语言大模型

在国内，有许多知名的 AI 公司和机构致力于研发和应用 AI 技术。其中，科大讯飞是中国领先的 AI 技术公司之一。讯飞星火语言大模型是科大讯飞推出的一款自然语言处理工具。它基于深度学习技术，通过大规模数据训练得到的模型，能够理解和生成自然语言文本。

讯飞星火语言大模型具有以下特点和优势。

（1）大规模数据训练：通过海量数据的训练，模型具有较强的语义理解和生成能力。

多任务学习：模型支持多种任务，如文本分类、情感分析、命名实体识别等，能够适应不同的自然语言处理需求。

（2）高可定制性：用户可以根据自己的需求进行模型的微调和调优，以适应特定的场景和任务。

快速部署：讯飞星火语言大模型提供了开发者友好的 API 接口和工具，便于快速集成到自己的应用中。

（3）科大讯飞的讯飞星火语言大模型在多个领域和场景中得到了广泛的应用，包括智能客服、智能机器人、智能写作等。它能够帮助开发者更加高效地处理与自然语言相关的任务，提高应用的智能化程度。

在本项目中我们使用讯飞星火语言大模型协助完成任务，在使用前我们必须完成账号的注册。

9.1.2　案例讲解

案例目标：认识 AI 工具

1. 讯飞星火语言大模型账号注册

首先我们可以通过登录网址 https://passport.xfyun.cn/login，如图 9.1 所示，进行注册，注册后需要官方进行审核，一般周期在 24 小时之内。

图 9.1　讯飞星火语言大模型注册界面

2. 讯飞星火语言大模型的使用

讯飞星火语言大模型的交互界面非常简洁，如图 9.2 所示。

图 9.2　讯飞星火语言大模型的交互界面

它使用门槛很低，我们只需要和它进行简单的语言沟通，并且向它提问即可。相较于传统的搜索工具，它所提供的答案是量身定制的，比如我们让它写一组代码，请 AI 帮助完成一个密码锁的代码如图 9.3 所示。

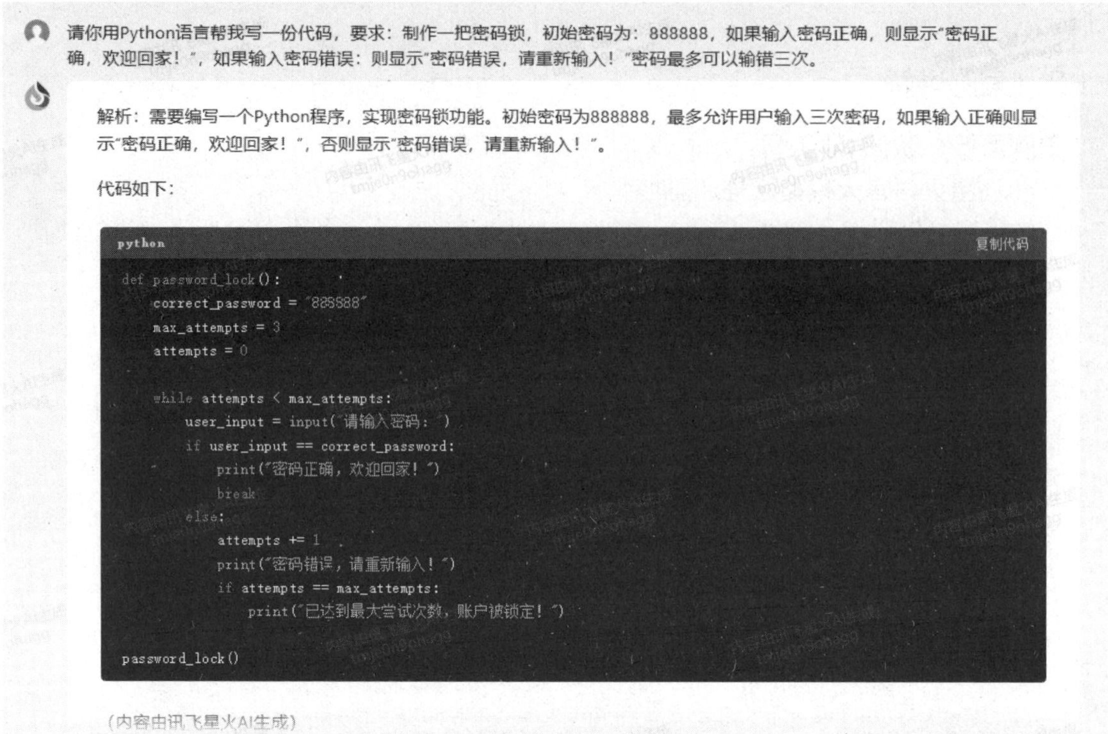

图 9.3　请 AI 帮助完成一个密码锁的代码

我们向 AI 提出的问题是：请你用 Python 语言帮我写一份代码，要求为，制作一把密码锁，初始密码为 888888，如果输入密码正确，则显示"密码正确，欢迎回家！"，如果输入密码错误，则显示"密码错误，请重新输入！"密码最多可以输错三次。

AI 给出的代码为：

```
def password_lock():
    correct_password = "888888"
    max_attempts = 3
    attempts = 0

    while attempts < max_attempts:
        user_input = input("请输入密码：")
        if user_input == correct_password:
            print("密码正确，欢迎回家！")
            break
        else:
            attempts += 1
            print("密码错误，请重新输入！")
            if attempts == max_attempts:
                print("已达到最大尝试次数，账户被锁定！")

password_lock()
```

我们将其给出的代码复制到 Jupyter 里，看看它是否能达到我们的预期，如图 9.4 所示。

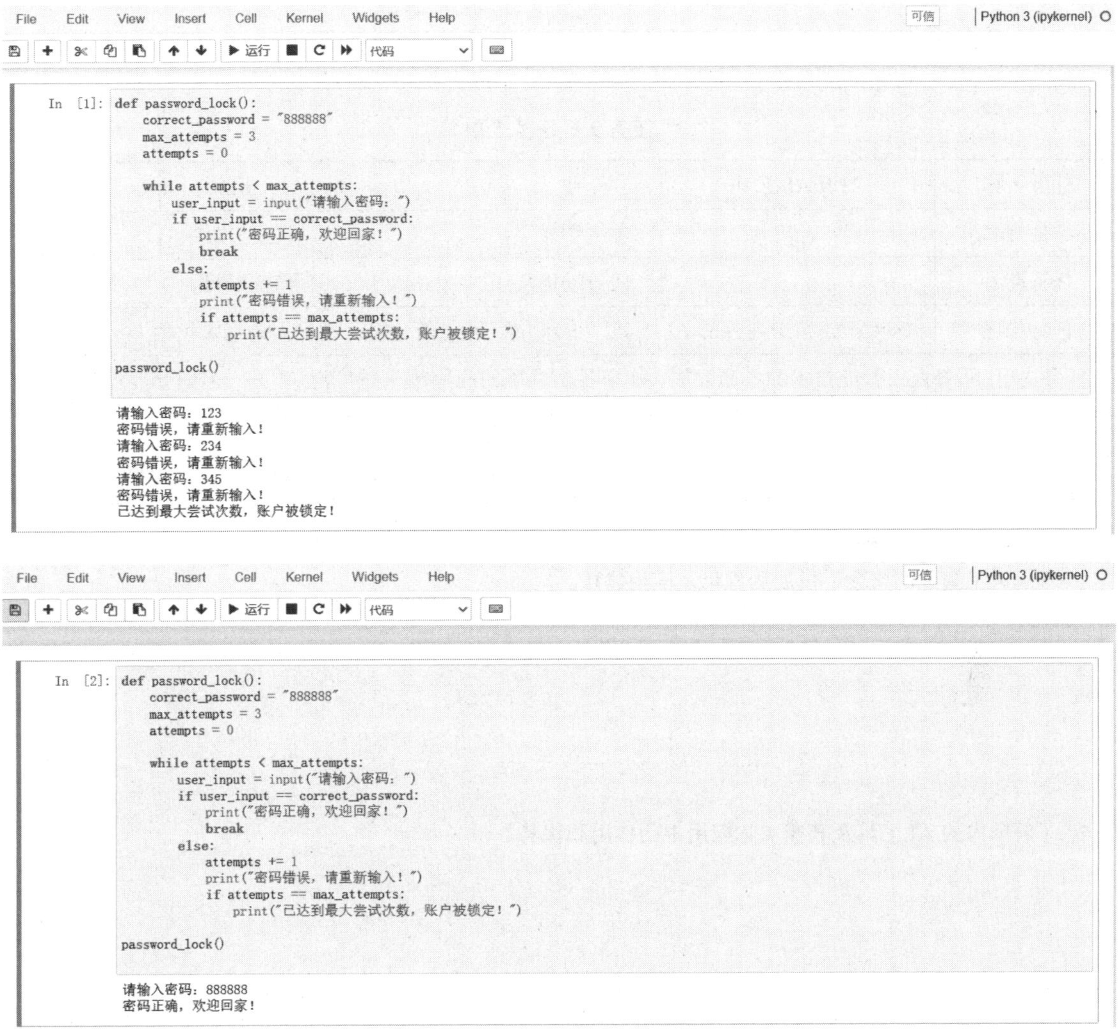

```
In [1]: def password_lock():
            correct_password = "888888"
            max_attempts = 3
            attempts = 0

            while attempts < max_attempts:
                user_input = input("请输入密码: ")
                if user_input == correct_password:
                    print("密码正确，欢迎回家！")
                    break
                else:
                    attempts += 1
                    print("密码错误，请重新输入！")
                    if attempts == max_attempts:
                        print("已达到最大尝试次数，账户被锁定！")

        password_lock()

请输入密码: 123
密码错误，请重新输入!
请输入密码: 234
密码错误，请重新输入!
请输入密码: 345
密码错误，请重新输入!
已达到最大尝试次数，账户被锁定!
```

```
In [2]: def password_lock():
            correct_password = "888888"
            max_attempts = 3
            attempts = 0

            while attempts < max_attempts:
                user_input = input("请输入密码: ")
                if user_input == correct_password:
                    print("密码正确，欢迎回家！")
                    break
                else:
                    attempts += 1
                    print("密码错误，请重新输入！")
                    if attempts == max_attempts:
                        print("已达到最大尝试次数，账户被锁定！")

        password_lock()

请输入密码: 888888
密码正确，欢迎回家!
```

图 9.4　AI 生成的代码运行结果

根据输出结果，我们借助 AI 工具很好地完成了任务 9.1 所设定的任务目标。

任务 9.1 微课

9.1.3 任务实操

任务 9.1 任务工单

任务名称	初识 AI 工具	专业		班级	
学生姓名		学生学号		任务成绩	
任务准备		任务场地		完成日期	
任务描述	介绍 AI 和国内外的 AI 工具，重点介绍科大讯飞的讯飞星火语言大模型				

任务提出：随着人工智能技术的不断发展，AI 在各个领域的应用越来越广泛。作为一名财会专业教 Python 的教师，了解 AI 技术及其在 Python 编程中的应用对于教学和职业发展都具有重要意义。同时，国内的 AI 技术也取得了很大的发展，其中科大讯飞作为一家领先的 AI 技术公司，其讯飞星火语言大模型在自然语言处理领域有着广泛的应用和影响力。因此，通过介绍 AI 和国内的 AI 工具，以及重点介绍科大讯飞的讯飞星火语言大模型，可以帮助学生更好地理解和应用 AI 技术，提高其在 Python 编程中的能力和竞争力。

任务目标：

1. 理解人工智能的概念、发展历程以及应用领域。

2. 了解国内的 AI 工具及其在实际应用中的作用和优势。

3. 注册并使用讯飞星火语言大模型，完成第一段代码的撰写。

任务准备：

1. 理论学习：

人工智能基础：熟悉人工智能的基本概念、发展历程以及当前的技术趋势。

AI 工具概览：学习不同的 AI 工具，如讯飞星火语言大模型等，了解它们的功能和应用场景。

2. 技术准备：

注册和使用 AI 平台：如科大讯飞的讯飞星火，了解如何注册和配置 API。

编程基础：Python 基础知识，能够理解和使用 AI 工具提供的 API 进行简单的编程任务。

3. 环境设置：设置 Python 开发环境，准备必要的库如 Jupyter Notebook，以便撰写和测试代码。

1. 任务设计

● 框架规划：为了让学生初步认识 AI 工具，本任务旨在建立一个完整的 AI 工具使用流程，从使用 Python 调用 AI 工具的 API 接口开始，了解如何与人工智能对话、生成代码等基本操作。

● 资料收集：

获取和注册 AI 平台的访问权限。

学习 Python 中用于与 AI 平台交互的相关库，如 requests 或官方 SDK。

● 设计引导：

教师将指导学生如何配置 AI 工具的 API。

引导学生通过简单的提示语（prompt）生成回答。

2. 任务实施

● 编写代码：

学生将编写 Python 代码与 AI 工具 API 通信，并通过提供不同的提示语获取生成结果。

对生成的内容进行基本处理和保存。

● 细节调整：

确保 AI 工具 API 的响应内容准确并可被正确解读。

● 小组讨论：

学生分享各自的提示语和生成结果，总结 AI 工具的潜力和局限。

3. 任务检查

● 自我审核：

学生需要验证自己的代码是否能正确生成结果。

● 小组互评：

学生之间检查代码逻辑并提出改进建议。

● 教师评审：

教师审核学生代码的逻辑性和准确性。

4. 任务评价

● 成果展示：

学生将展示通过 AI 工具生成的代码、文本回答或其他成果，解释与预期目标的符合度。

展示过程中可包含代码段、生成的对话记录以及对 AI 工具潜力的总结。

● 评价说明：

评价基于生成内容的准确性、代码逻辑、对 AI 工具的理解与应用等方面，确保学生正确掌握了 AI 工具的基本操作。

- 评价标准：任务 9.1 评价标准见表 9.1。

表 9.1　任务 9.1 评价标准

评分项	分值（权重）	详细说明
内容准确性	30 分	生成内容是否符合任务提示的预期，并准确回答问题
工具使用熟练度	20 分	学生对 AI 工具的使用熟练度，了解工具的优劣势，并合理应用
代码逻辑性	30 分	确保生成代码符合逻辑，能够正确运行并实现既定目标
创新性	20 分	使用 AI 工具在预期之外生成有趣或独特的内容，显示出创造性

详细评分细则如下。

（1）内容准确性（30 分）

符合预期（15 分）：确保生成的内容符合任务的提示和要求。

无误差（15 分）：生成内容无逻辑错误，能够准确回答问题。

（2）工具使用熟练度（20 分）

工具掌握（10 分）：学生熟练掌握 API 或相关库的使用方法。

提示语运用（10 分）：学生能够合理运用提示语，并根据反馈调整提示语结构。

（3）代码逻辑性（30 分）

功能实现（15 分）：确保生成代码符合目标并能够正常运行。

结构合理（15 分）：代码结构清晰，符合规范。

（4）创新性（20 分）

拓展性（10 分）：学生拓展生成内容，应用于预期目标之外的领域。

巧妙性（10 分）：生成内容展现出对 AI 工具的独特见解和运用方式。

具体实施和验证如下。

自我审核：学生需在完成任务后自行检查代码的逻辑性和生成内容的准确性。

小组互评：学生组内互相评估生成的成果，指出代码优化或内容改进的方向。

教师评审：教师根据学生提交的内容，参考评分标准逐项打分并给出详细反馈。

9.1.4　任务测评

任务测评表

效果测评要素	具体评价内容	评价等级
技能点 1：AI 工具使用	学生是否正确使用 AI 工具，并能够理解生成的代码	优秀/良好/中等/及格/不及格
技能点 2：代码质量	使用 AI 生成的代码是否结构清晰、符合规范，并能被有效执行	优秀/良好/中等/及格/不及格
综合测评 1：功能实现	代码功能是否能够满足项目任务的要求，结果是否准确	优秀/良好/中等/及格/不及格
综合测评 2：代码效率	生成代码是否优化了资源消耗，能够高效处理数据和任务	优秀/良好/中等/及格/不及格
薄弱项记录		
没学懂的知识		
没掌握的技能		
我想提升的素养		
教师签字		

任务 9.2　AI 工具协助 Python 编写代码的应用场景

9.2.1　任务知识

1. AI 的提示词

AI 提示词（prompt）是指在使用人工智能（AI）技术进行自然语言处理、文本生成或对话系统等任务时，提供给 AI 模型的关键词或短语。这些提示词可以帮助 AI 模型更好地理解用户的需求，从而生成更准确、更相关的回答或内容。

AI 提示词可以分为以下几类。

主题提示词：这类提示词用于指定 AI 模型需要关注的主题或领域。例如，在生成关于气候变化的文章时，可以使用“气候变化”“全球变暖”等主题提示词。

问题提示词：这类提示词用于引导 AI 模型生成针对特定问题的回答。例如，在回答关于健康饮食的问题时，可以使用“健康饮食”“营养均衡”等问题提示词。

风格提示词：这类提示词用于指定 AI 模型生成内容的写作风格。例如，在生成正式的商业报告时，可以使用“正式”“客观”等风格提示词。

结构提示词：这类提示词用于指导 AI 模型生成内容的结构。例如，在编写论文摘要时，可以使用“背景”“方法”“结果”“讨论”等结构提示词。

情感提示词：这类提示词用于指定 AI 模型生成内容的情感基调。例如，在生成正面的产品评价时，可以使用“优秀”“满意”等情感提示词。

在使用 AI 工具编写代码时，提示词可以通过输入一些关键词或问题，AI 工具能够自动生成相应的代码或给出相关提示的功能。这些提示词可以帮助开发者更快速地编写代码、纠正错误，以及理解代码的功能。

提示词的介绍非常简单，但是提示词质量的高低，往往决定了 AI 回复答案质量的高低，我们可以尝试套用一个简单的公式：身份+场景+问题+方案。当然在代码编写过程中，还需要根据具体的情况进行调整。

2. AI 对 Python 代码编写的帮助

在使用 AI 工具编写代码时，通过输入提示词或问题，AI 工具能够自动生成相应的代码或给出相关提示的功能。这些提示词可以帮助开发者更快速地编写代码、纠正错误以及理解代码的功能。

自动完成代码：当你输入部分代码时，AI 工具可以根据上下文自动补全代码。这样可以大大减少输入的工作量，并避免一些常见的拼写错误。

提示代码错误：在编写代码时，AI 工具可以根据你的代码和上下文，检测语法错误、逻辑错误等问题，并给出相应的提示和建议。这可以帮助你及时发现和纠正代码中的问题，提高代码的质量和可靠性。

解释代码功能：当你遇到一段代码或函数时，你可以通过输入相关的提示词，如函数名或关键字，来获取对代码功能的解释。AI 工具可以解析代码，并给出相应的解释和说明，帮助你更好地理解代码的作用和用途。

提供代码示例：在编写特定功能的代码时，你可以通过输入相关的提示词或问题，来获取与你需求相关的示例代码。AI 工具可以根据你的描述和要求，生成相应的代码示例，以供你参考和使用。

9.2.2 案例讲解

案例目标：通过以下的预设场景，完成 AI 辅助代码的编写。

1. 自动完成代码

例题 9.1 囚徒效应

提示词：假设有两名囚徒 A 和 B 因为合伙犯罪被抓捕，因没有确凿可以指认罪行的证据，审判者准备单独审判两位囚徒。若两人都认罪，则两人各判 10 年；若一个认罪一个抵赖，则认罪的人判 1 年，抵赖的人判 20 年；若两人都抵赖，则无罪释放。现在，请写代码，根据两人的认罪情况，进行宣判。

请根据以上描述用 Python 代码实现囚徒效应。

我们可以将题目投给讯飞星火语言大模型，得到以下代码：

```
import random


def prisoner_dilemma():
    # 随机生成两个人的认罪情况，0 表示不认罪，1 表示认罪
    a = random.randint(0, 1)
    b = random.randint(0, 1)

    # 根据两人的认罪情况进行宣判
    if a == 1 and b == 1:
        return "A 和 B 都被判处 10 年"
    elif a == 1 and b == 0:
        return "A 被判处 1 年，B 被判 20 年"
    elif a == 0 and b == 1:
        return "A 被判 20 年，B 被判处 1 年"
    else:
        return "A 和 B 都被无罪释放"


print(prisoner_dilemma())
```

通过代码我们可以得知 a 和 b 两个囚犯是否认罪，是随机产生的，所以会得到一个随机的结果，如图 9.5 所示。

我们可能需要自己手动输入 A，B 两人的认罪情况，可以把这个代码调整的诉求告诉 AI，提示词为：这里的认罪情况是随机产生了，调整为代码使用者使用 input 手动输入，请帮我修改上述代码。根据我们的要求，AI 生成了修改后的代码：

图 9.5　囚徒效应随机产生输出结果

```
def prisoner_dilemma():
    # 获取用户输入的认罪情况
    a = int(input("请输入 A 的认罪情况（0 表示不认罪，1 表示认罪）："))
    b = int(input("请输入 B 的认罪情况（0 表示不认罪，1 表示认罪）："))

    # 根据两人的认罪情况进行宣判
    if a == 1 and b == 1:
        return "A 和 B 都被判处 10 年"
    elif a == 1 and b == 0:
        return "A 被判处 1 年，B 被判 20 年"
    elif a == 0 and b == 1:
        return "A 被判 20 年，B 被判处 1 年"
    else:
        return "A 和 B 都被无罪释放"

print(prisoner_dilemma())
```

将代码复制粘贴到编辑器，得到以下结果，如图 9.6 所示。

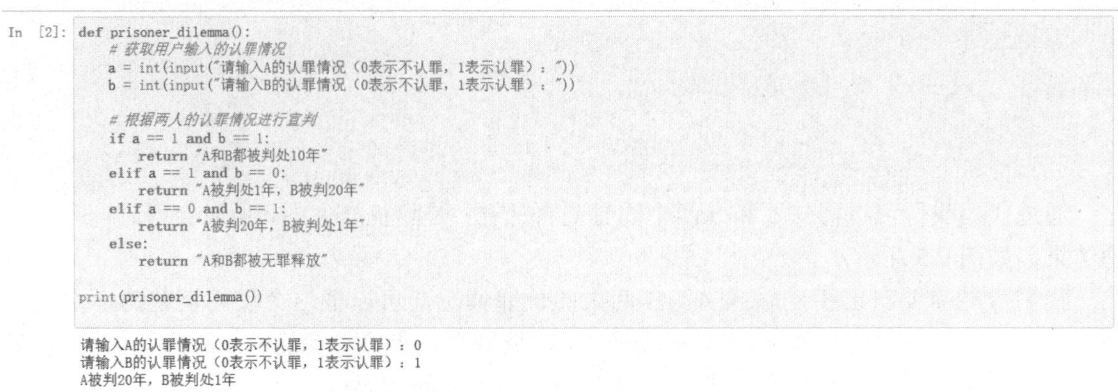

图 9.6　囚徒效应通过 input 输入产生结果

通过上述的案例我们可以发现，虽然 AI 可以帮我们编写代码，但它并不能完全取代我们，同时由于我们的提示词遗漏了关键信息，所以它给出的答案具有不确定性，需要我们在问答过程当中进行迭代，我们的身份也由原来的代码编写者，转变为代码的审核者，我们也可以看出使用 AI 工具，降低了代码编写的门槛，但对使用场景的了解提出了更高的要求，简单来说就是在什么场景下能想到 AI 可以给予帮助，使用者需要非常清楚。

2. 提示代码错误

例题 9.2　绘制箱线图

原有代码：

```
import seaborn as sns
sns.set (font="SimHei")
dtdata=pd.read_excel ("DTdata.xlsx", "来电记录")
sns.boxplot (y=dtdata ["通话时长"] .head (50)
```

运行代码报错，SyntaxError：unexpected EOF while parsing。

将代码及报错，作为提示词给到 AI，AI 给出了报错的解读及代码的修改，如图 9.7 所示。

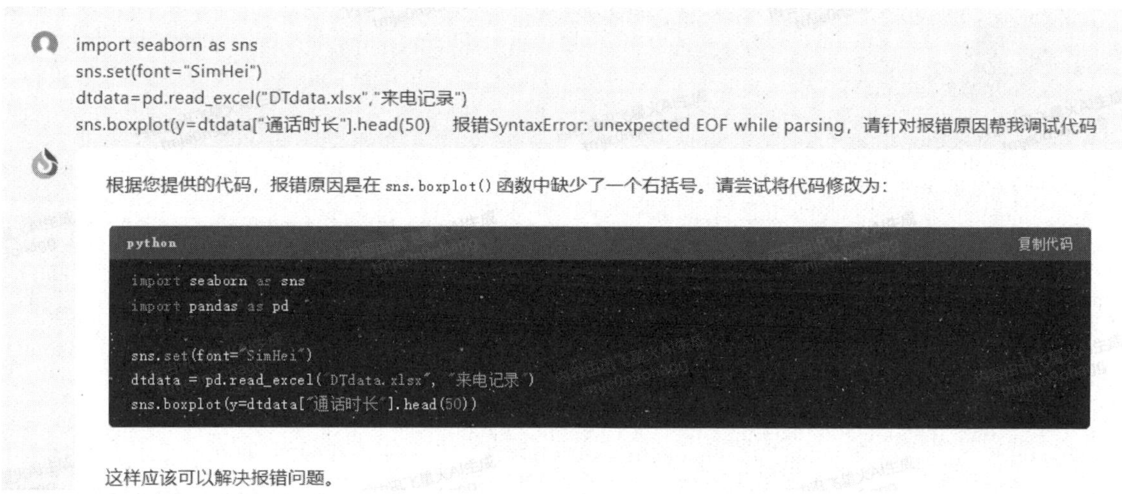

图 9.7　报错提示解读及代码调试

我们以 AI 纠错后的代码进行运行，代码如下：

```
import seaborn as sns
import pandas as pd
sns.set (font="SimHei")
dtdata=pd.read_excel ("DTdata.xlsx", "来电记录")
sns.boxplot (y=dtdata ["通话时长"] .head (50))
```

通过观察其实我们可以发现，AI 不但解释了源代码的错误（sns.boxplot( )函数中缺少了一个右括号，并进行了调试），还发现了编辑平台没有发现的问题—忘记调用 pandas 库，所以在调试后的第二行代码增加了“import pandas as pd”，调试后的代码运行结果，如图 9.8 所示。

```
In [14]: import seaborn as sns
         sns.set(font="SimHei")
         import pandas as pd
         dtdata=pd.read_excel("DTdata.xlsx","来电记录")
         sns.boxplot(y=dtdata["通话时长"].head(50))
```

```
Out[14]: <AxesSubplot:ylabel='通话时长'>
```

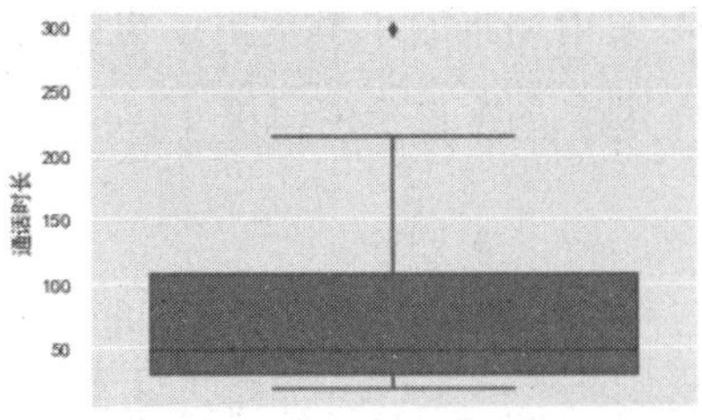

图 9.8　AI 调试后输出的箱线图

3. 解释代码功能

例题 9.3　今天无意中在某知识博主的主页上看到一份绘制“桑基图”的代码，这份代码绘制出来的桑基图非常漂亮，我们可以学习一下这份代码的编写。具体代码如下：

```
from pyecharts import options as opts
from pyecharts.charts import Sankey
nodes=[
    {'name':'c1'},
    {'name':'c2'},
    {'name':'c3'},
    {'name':'c4'},
    {'name':'c5'},
    {'name':'c6'},
    {'name':'c7'},
]
links=[
    {'source':'c1','target':'c2','value':10},
    {'source':'c2','target':'c3','value':20},
    {'source':'c3','target':'c4','value':30},

    {'source':'c5','target':'c6','value':50},
    {'source':'c6','target':'c7','value':60},
]
c=(
   Sankey()
    .add(
        '',
        nodes,#所有节点
        links,#节点之间的链接关系
        linestyle_opt=opts.LineStyleOpts(
            opacity=0.2,#透明度
        )
    )
    .set_global_opts(title_opts=opts.TitleOpts(title='桑基图'))
```

```
)
c.render_notebook()
```

输出的桑基图如图 9.9 所示。

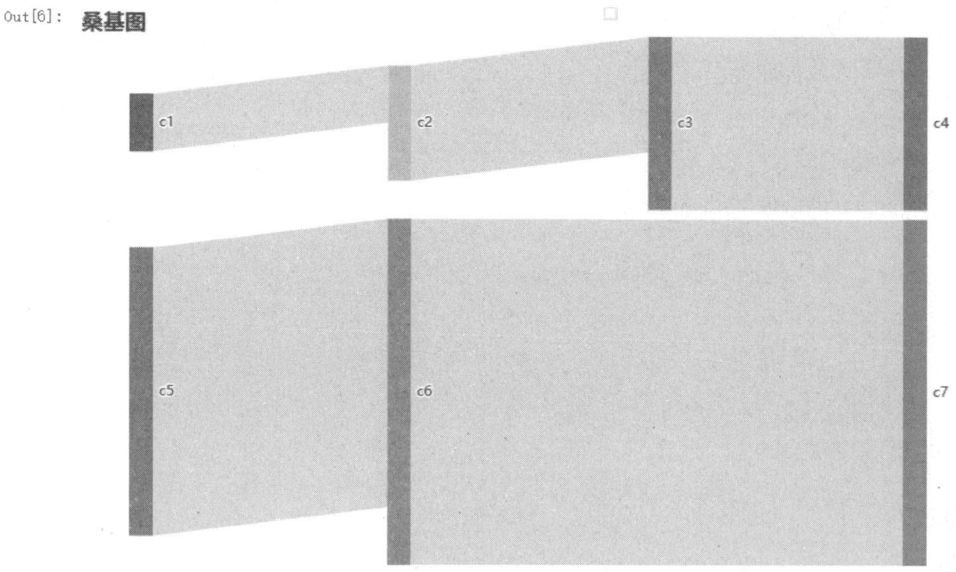

图 9.9　桑基图

如果我们要学习绘制这份桑基图，我们可以把代码发送给 AI，让它帮我们解释代码，具体操作如下。

给出提示词：首先把代码粘贴进对话框，并向其询问：请你告诉我，什么是 pyecharts，代码中 nodes，links，分别代表什么意思，AI 给出的针对桑基图代码的问题解答如图 9.10 所示。

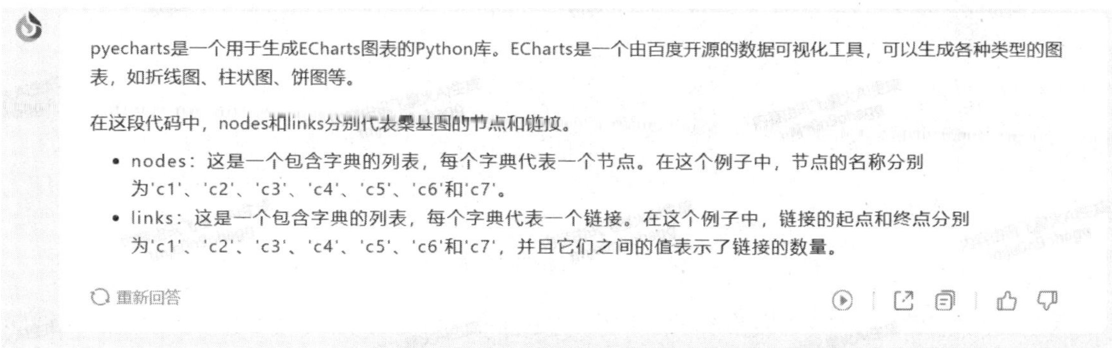

图 9.10　针对桑基图代码的问题解答

通过 AI 的解答，基本能够把我们提出的问题解释清楚。在此基础上我们可能有一些定制化的需求，比如说我们想把流向线改为红色，同时把流向线调整为曲线，这样我们觉得可能会更美观，我们可以将需求作为提示词给到 AI。提示词：请在此代码基础上，帮我把流向线改为红色，同时将流向线调整为曲线，并且我们发现这个图没有标题，我们可以增加标题“调整后的桑基图”，这个时候 AI 给出的代码为：

```
c=(
    Sankey()
     .add(
         '调整后的桑基图',
         nodes,#所有节点
         links,#节点之间的链接关系
         linestyle_opt=opts.LineStyleOpts(
             opacity=0.2,#透明度
             curve=0.6,#曲度
             color='red'
         ),
         label_opts=opts.LabelOpts(position='right')
     )
     .set_global_opts(title_opts=opts.TitleOpts(title='桑基图'))
)
c.render_notebook()
```

调整后的桑基图如图 9.11 所示。

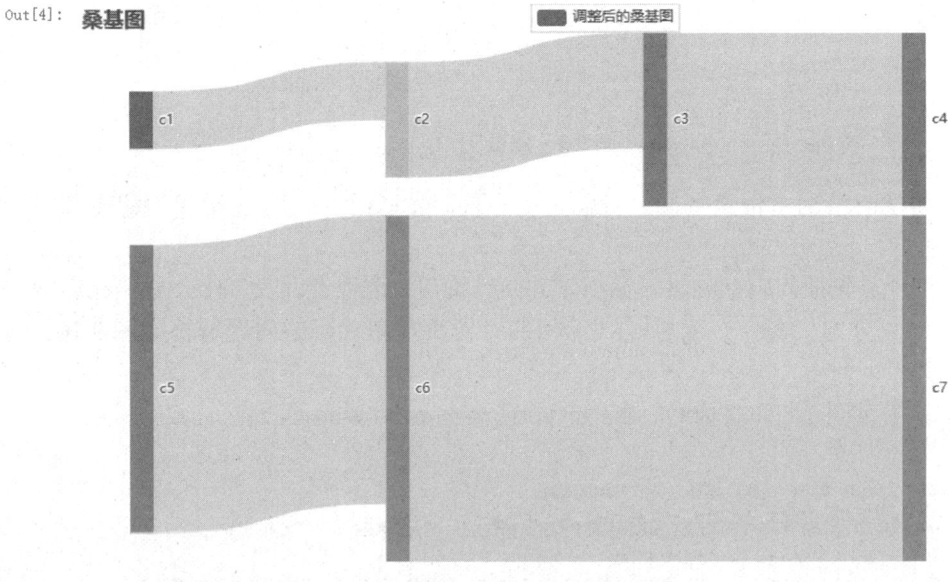

图 9.11　调整后的桑基图

我们可以借助 AI 解释不懂的模块，从而自学很多知识，这样可以极大地增强学习的获得感。

4. 获取示例代码

例题 9.4　设置一个回合制游戏，该游戏设定有一名玩家和一名敌人，依次进行攻击，双方每回合攻击一次，攻击的剩余血量为当前血量减去对方攻击力，玩家的血量为 100，攻击力在 40～50 之间随机浮动，敌人的血量为 80，攻击力在 30～50 之间随机浮动，请用 Python 代码完成此游戏代码的编写。

在整理编程思路的时候，我们发现双方的攻击力随机地在某个范围内变动，但是我们不知道在某个范围内取值要怎么操作，这个时候，我们可以向 AI 提问，如图 9.12 所示，提示词为：我现在想随机从 30～50 之间取值，用 Python 帮我写一段代码。

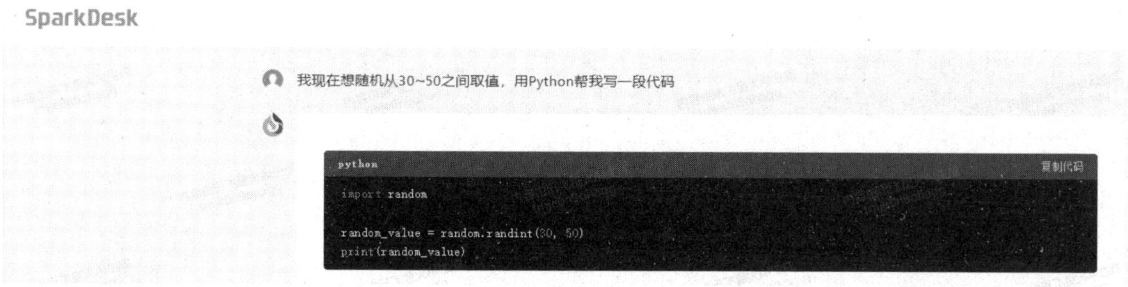

图 9.12　随机在 30～50 之间取值

AI 帮我们把难点解决后，我们可以根据题目意思，再配合之前所学的知识，完成代码编写，如下：

```
import random
import time

# 初始化玩家和敌人的属性
player_health = 100
player_attack = random.randint(40, 50)

enemy_health = 100
enemy_attack = random.randint(30, 50)

# 打印玩家和敌人的属性
print("玩家属性:")
print(f"血量: {player_health}")
print(f"攻击力: {player_attack}")
print("\n 敌人属性:")
print(f"血量: {enemy_health}")
print(f"攻击力: {enemy_attack}")

# 暂停 1 秒
time.sleep(1)

# 模拟一回合的战斗
while player_health > 0 and enemy_health > 0:
    # 玩家攻击敌人
    damage_to_enemy = random.randint(40, 50)
    enemy_health -= damage_to_enemy
    print(f"\n 玩家对敌人造成了{damage_to_enemy}点伤害,敌人剩余血量:{enemy_health}")

    # 暂停 1 秒
    time.sleep(1)
```

```
    # 敌人反击玩家
    damage_to_player = random.randint(30, 50)
    player_health -= damage_to_player
    print(f"敌人对玩家造成了{damage_to_player}点伤害，玩家剩余血量:{player_health}")

    # 暂停1秒
    time.sleep(1)

# 判定胜负
if player_health <= 0:
    print("\n玩家输了，敌人获胜！")
elif enemy_health <= 0:
    print("\n敌人输了，玩家获胜！")
else:
    print("\n游戏结束，双方都存活。")
```

输出结果如下所示：

```
玩家属性:
血量: 100
攻击力: 44

敌人属性:
血量: 100
攻击力: 39

玩家对敌人造成了 49 点伤害，敌人剩余血量: 51
敌人对玩家造成了 36 点伤害，玩家剩余血量: 64

玩家对敌人造成了 43 点伤害，敌人剩余血量: 8
敌人对玩家造成了 44 点伤害，玩家剩余血量: 20

玩家对敌人造成了 40 点伤害，敌人剩余血量: -32
敌人对玩家造成了 47 点伤害，玩家剩余血量: -27

玩家输了，敌人获胜!
```

当然我们也可以通过提示词，直接让 AI 生成相应代码，直接把题目作为提示词给到 AI，代码输出结果如下：

```
import random

# 创建玩家和敌人对象
player = {"hp": 100, "attack": random.randint(30, 50)}
enemy = {"hp": 80, "attack": random.randint(20, 50)}

# 展示玩家和敌人的血量
print("玩家血量: ", player["hp"])
print("敌人血量: ", enemy["hp"])
```

```
# 模拟打斗过程
while player["hp"] > 0 and enemy["hp"] > 0:
    enemy["hp"] -= player["attack"]
    print("玩家攻击敌人，敌人剩余血量：", enemy["hp"])

    if enemy["hp"] <= 0:
        break

    player["hp"] -= enemy["attack"]
    print("敌人攻击玩家，玩家剩余血量：", player["hp"])

# 展示最后的胜负
if player["hp"] > 0:
    print("玩家获胜！")
else:
print("敌人获胜！")
代码运行，输入结果如下：
```

代码运行，回合制游戏输出结果图如图 9.13 所示。

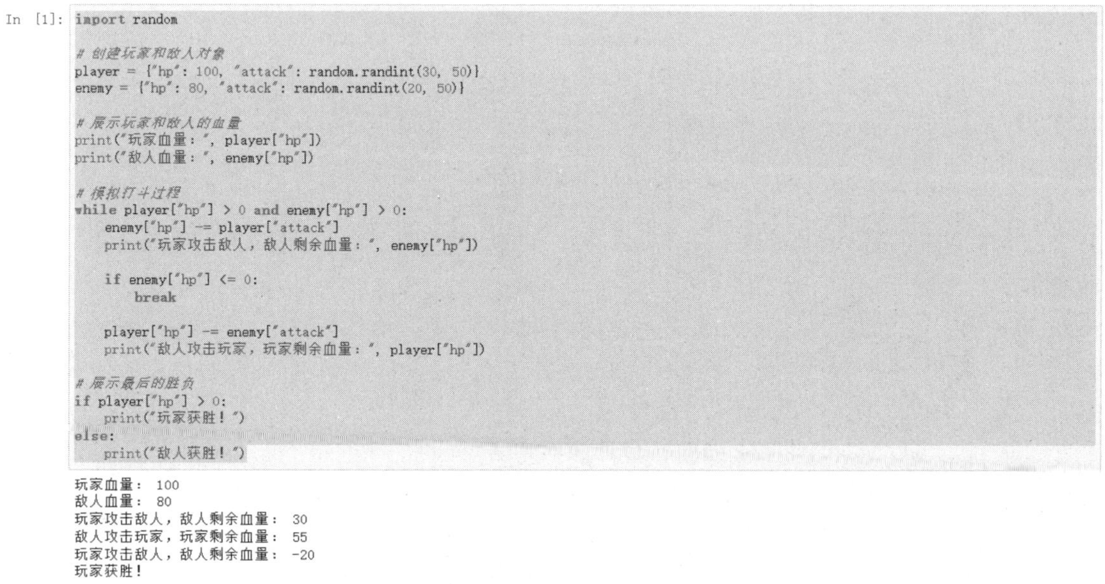
In [1]:
```
import random

# 创建玩家和敌人对象
player = {"hp": 100, "attack": random.randint(30, 50)}
enemy = {"hp": 80, "attack": random.randint(20, 50)}

# 展示玩家和敌人的血量
print("玩家血量：", player["hp"])
print("敌人血量：", enemy["hp"])

# 模拟打斗过程
while player["hp"] > 0 and enemy["hp"] > 0:
    enemy["hp"] -= player["attack"]
    print("玩家攻击敌人，敌人剩余血量：", enemy["hp"])

    if enemy["hp"] <= 0:
        break

    player["hp"] -= enemy["attack"]
    print("敌人攻击玩家，玩家剩余血量：", player["hp"])

# 展示最后的胜负
if player["hp"] > 0:
    print("玩家获胜！")
else:
    print("敌人获胜！")
```

```
玩家血量： 100
敌人血量： 80
玩家攻击敌人，敌人剩余血量： 30
敌人攻击玩家，玩家剩余血量： 55
玩家攻击敌人，敌人剩余血量： -20
玩家获胜！
```

图 9.13　回合制游戏输出结果图

通过对比我们和 AI 所写的代码，我们可以发现，我们所写的代码，会充分考虑输出的美观，里面调用了 time 模块，并且在每个回合之间进行了分割，但是在判定胜负的最后一个回合，逻辑上有欠妥当，因为敌我任意一方发起攻击，让对方血量小于 0 后，对方是不会再进行攻击的；AI 所写的代码，不足的地方首先是没有展示属性中的攻击力，其次是每一回合没有进行分割，美观程度不及我们所写的代码，但是通过观察我们的提示词，我们确实没有要求 AI 缩写的代码要进行攻击力属性的展示以及回合的分割，所以可以根据输出结果对代码，对 AI 提出新的要求，进而对代码进行迭代；但是 AI 所写的代码，在最后一回合的打斗过程中，它考虑到了攻击后，另一方血量降至 0 以下，不会再进行攻击，所以这一点是我们可以学习的。

通过这个案例，我们可以发现 AI 可以帮我们针对代码设计上的痛点进行解释，并且通过 AI 给出的示例代码，也可以给我们一些思路，用于优化我们所写的代码，甚至可以帮我们先搭建好基本的框架，我们可在 AI 给的结果上进行代码的优化，这样可以极大地提升工作的效率。

至此，顺利完成任务 9.2 所提到的四个任务目标，大家也可以根据自己感兴趣的问题，调用 AI 帮助自己完成对应的代码编写。

任务 9.2 微课

9.2.3　任务实操

任务 9.2　任务工单

任务名称	AI 工具协助 Python 编写代码的应用场景	专业		班级	
学生姓名		学生学号		任务成绩	
任务准备		任务场地		完成日期	
任务描述	了解提示词及 AI 工具协助 Python 编写代码的几个应用场景				

任务提出：本任务旨在探索提示词和 AI 工具在协助 Python 编写代码方面的应用场景。Python 作为一种流行的编程语言，具有广泛的应用。然而，对于初学者或者遇到复杂问题的开发者来说，编写代码可能会遇到一些困难。在这种情况下，采用 AI 工具可以提供代码编写、代码勘误和代码理解方面的帮助。本任务将重点关注三个应用场景：帮助写简单的代码、代码勘误，以及解答不懂的代码。

任务目标：

1. 探索使用 AI 工具生成代码的能力，如自动完成代码、根据提示完成代码等，以提高编写简单代码的效率。

2. 探索使用 AI 工具检测和纠正代码中的错误，如语法错误、逻辑错误等，以提高代码质量和减少调试时间。

3. 探索使用 AI 工具解答对现有代码的理解和疑问，如解释代码的功能、参数的用途等，以便更好地理解和应用代码。

4. 探索使用 AI 工具提供代码示例，在编写特定功能的代码时，你可以通过输入相关的提示词或问题，来获取与你需求相关的示例代码。

任务准备：

1. 理论学习

AI 提示词的使用：学习如何有效地使用 AI 提示词来引导 AI 生成更精确的代码或内容。

错误检测与代码优化：了解 AI 如何帮助检测代码中的错误并提供改进的建议。

2. 技术准备

掌握相关库：熟悉如何使用 Python 库，特别是在数据处理和可视化（如 pandas 和 seaborn）方面的应用。

编写和调试代码：提高 Python 编程技能，特别是在处理复杂逻辑和数据结构方面。

3. 实际操作

案例分析：通过案例研究，来应用 AI 工具进行代码编写和优化。

练习与迭代：实践中学习如何根据 AI 的反馈修改和优化代码。

1. 任务设计

● 框架规划：设计让学生运用 AI 工具协助完成具体的 Python 编程任务，如数据分析、可视化等。

● 资料收集：

了解 Python 的库，如 matplotlib、pandas 等。

学习提示语编写技巧。

● 设计引导：

教师将指导学生如何使用提示语编写代码。

引导学生针对不同场景获取代码。

2. 任务实施

● 编写代码：

学生通过 AI 工具生成或优化 Python 代码。

● 细节调整：

确保生成的代码能够正常运行并实现特定功能。

● 小组讨论：

学生们分享代码实现的经验，讨论如何优化。

3. 任务检查

● 自我审核：

学生确保代码的完整性和准确性。

● 小组互评：

学生之间检查生成代码的效率。

● 教师评审：

教师评估代码质量和运行效果。

4. 任务评价

● 评价说明：

根据代码的准确性、可读性和生成的功能评分。

● 成果展示：

学生展示通过 AI 工具生成的 Python 代码，解释如何利用该代码在不同的应用场景中完成预期目标。

展示中可包含代码运行截图或生成的分析数据和图表。

● 评价说明：

评价基于代码准确性、代码可读性、代码逻辑性以及生成代码的效率，确保学生理解并能够合理利用 AI 工具。

● 评价标准：任务 9.2 评价标准见表 9.2。

表 9.2　任务 9.2 评价标准

评分项	分值（权重）	详细说明
代码准确性	30 分	生成的 Python 代码应准确无误，能够实现目标功能
代码可读性	20 分	确保代码清晰明了，变量命名合理，注释充分
代码逻辑性	30 分	确保代码结构符合逻辑，能够完整实现预期目标
创造性应用	20 分	展示通过 AI 工具生成的代码，展现出对问题的创造性解决方案

详细评分细则如下。

（1）代码准确性（30 分）

功能实现（15 分）：确保代码准确实现目标功能。

无错误（15 分）：确保代码无明显的语法或逻辑错误。

（2）代码可读性（20 分）

变量命名（10 分）：变量命名清晰、易懂。

注释充分（10 分）：注释能够解释代码功能。

（3）代码逻辑性（30 分）

结构合理（15 分）：代码结构清晰，功能逻辑完整。

逻辑流畅（15 分）：代码执行流程顺畅，目标实现。

（4）创造性应用（20 分）

新颖方案（10 分）：生成的代码具有新颖或独特的应用场景。

问题解决（10 分）：代码展示了解决问题的新思路。

具体实施和验证如下。

自我审核：学生需在完成任务后自行测试代码运行情况并优化代码结构。

小组互评：学生组内互相评估生成的代码的逻辑和应用场景，指出可优化的“点”。

教师评审：教师根据提交的代码，参考评分标准逐项打分并提供详细反馈。

9.2.4 任务测评

任务测评表

效果测评要素	具体评价内容	评价等级
技能点 1：工具选择与配置	学生是否合理选择并配置了适当的 AI 工具来协助 Python 编写代码	优秀/良好/中等/及格/不及格
技能点 2：代码生成与修改	学生是否能够通过 AI 工具生成或修改代码，以满足项目需求并确保代码质量	优秀/良好/中等/及格/不及格
综合测评 1：代码效率与质量	使用 AI 工具生成的代码是否经过优化、是否符合项目需求，且具备良好的性能和质量	优秀/良好/中等/及格/不及格
综合测评 2：应用场景适应性	学生能否灵活调整 AI 工具以适应不同的应用场景，并充分利用工具的优势	优秀/良好/中等/及格/不及格
薄弱项记录		
没学懂的知识		
没掌握的技能		
我想提升的素养		
教师签字		

*任务 9.3　AI 工具复盘项目

案例讲解

案例目标：本任务以物流管理中的经典岗位案例项目 8 中的任务 8.2 为例，引导学生利用 AI 工具进行任务复盘，在复盘的同时，也让学生能够感受科技与工具进步给各学科领域带来的变化。

物流园区是物流业发展到一定程度和规模后集约化的必然产物，2018 年中物联对全国 1638 家物流园区进行了调查研究，发布的报告中提到，能体现园区信息化、智能化水平的设施设备投资占园区投资总额的比例均值仅在 8.2%，这从一定程度上反映了园区智慧化水平还处于起步阶段。而且，相对于更容易实现的设施设备智慧化，人的运营管理能力，才智的智慧化更为困难，只有把人的智、设备的智、园区的智三者合一，园区的智慧化才具备实现的土壤。配送路径优化算法的研究能为提高园区升级中“人智”的水平起到积极作用。

9.3.1　背景分析

在国外，最早的物流园区是 1965 年在日本出现的，称作物流团地，不同地区和国家对物流园区称谓是不一样的，在欧洲被称作“货运村”（a freight village），其功能和定位等同于我们所说的物流园区，主要作用就是在区域内对商品提供运输、物流和配送的服务，经营者可能是固定场所的拥有者或租赁者。在我国，最早的提法叫作“物流基地”，是在 1998 年深圳平湖进行物流模式升级改造的时候提出的，2006 年修订的国家标准《物流术语》中，对物流园区进行了界定，物流园区实际上是一个空间概念，类似于工业园区、高新科技信息园区等，它能提供综合服务，将物流相关业务在空间上形成相对集中、规划布局的场所，是一个物流业务的集聚区。智慧园区最早的雏形叫作“科学园区”，随着云计算、物联网、大数据、人工智能、移动互联网等技术在物流园区的广泛使用，“科学园区”开始和“物流园区”进行融合，最终形成了现在所说的“智慧物流园区”。

2009 年，国务院发布《物流业调整和振兴规划》从国家产业振兴政策层面上给予了物流行业强有力的支持后，全国各地兴建的物流园区纷纷涌现，各地区对物流园区开发成为中国新一轮经济增长的亮点。同年，IBM 提出了面向未来具有先进、互联和智能的“智慧供应链”概念，随之智慧物流也被提了出来，基于此，提升信息化的科学管理水平，能为物流企业提供更加科学、自动、智能、高效的管理决策支持。2018 年以后，传统的物流园区向智慧物流园区升级成为热点，对现有的互联网技术智能化、信息化、数据化的高度集成，结合物流园硬件设施设备的升级改造，越来越多的物流园区开始搭建智慧化园区管理平台，开启了新的园区运营模式。

相较于传统的物流园区来说，智慧物流园更强调管理的科学性及对数据的分析处理水平，涉及的物流运筹模型及算法在物流园区升级为智慧物流园区的过程中可以切实地起到决策支持的作用，配送路径优化是物流园区运营中一项重点工作，对其算法进行研究是很有必要的。

* 本任务为选学内容。

9.3.2 算法研究

目前，物流配送路径优化算法主要有两种，精确算法和启发式算法。

精确算法包括表上作业法、图上作业法、分支定界法、割平面法等，主要借助具体的数学模型，通过一定的数学方法求解最优解或较优解。需要说明的是，精确算法的计算量随着问题的复杂度增长是呈指数增长的，而且，在面对一些特殊问题的时候，此算法仅能求出较优解，很难直接得到最优解。物流园区所面临的实际配送问题大都是大规模且复杂的，精确算法在实际的应用中靠传统的手工计算很难实现，使用计算机软件进行辅助能较好地解决这个难题。

启发式算法包括模拟退火算法、遗传算法、蚁群优化算法、粒子群算法、禁忌搜索算法等，是以对问题的已有经验或直观认识为基础，通过对自然及生物系统的一些分析提炼，给出待解决组合优化问题每一个实例的可行解，利用数学模型的收敛性以及群智能算法，得到一个被认为是较优或最优的解。在物流园区的智慧化升级中，需要解决的问题一般规模都比较大，所产生的数据量也是庞杂的，启发式算法具有显著的优势。传统的物流园区目前大部分处于数据缺失的情况，或者说并不能及时有效地收集到所需要的数据，通过对算法的研究，可以为园区升级提供数据采集的科学建议，还可对已有数据进行深度的挖掘和分析。

物流园区配送路径优化算法有很多种，每一种在特定的条件下都能为园区的智慧化升级提供决策支持，本文将对精确算法中的表上作业法和启发式算法中的蚁群优化算法进行研究，为园区智慧化升级中的配送路径优化提供参考。

9.3.3 配送路径优化中的表上作业法

表上作业法最早是在 1954 年提出的，采用建模的方式列出运输供需表，通过线性规划进行求解，实质就是单纯形法，它是配送路径优化的经典算法。最早出现的时候采用的是人工计算，由于计算量大，只能解决一些比较简单的问题，随着信息化技术的发展，可以通过计算机辅助进行计算，也可借助一些计算软件进行编程，本文将从传统算法、excel 辅助、AI+Python 三个算法进行研究，分析物流园区智慧化升级中比较实用的算法。

1. 表上作业法的传统算法

表上作业法主要是用以解决多供应点向多需求点进行货物配送的路径优化问题，其约束主要有供应点的供应量和需求点的需求量，因此可以细分为供需平衡问题和供需不平衡问题，两种问题的处理过程基本一致，这里以供需平衡问题为例进行算法分析，因为单位运价与运距成正相关关系，可以通过对运价进行研究说明配送优化路径的运距问题。

项目 8 任务 8.2：假设有四个供应点 A1、A2、A3、A4 向五个需求点 B1、B2、B3、B4、B5 配送某种物资，每一个供应点和需求点的供需及各点间的运价见物资需求量及运价表（见表 9.3），求解最优配送方案。

表 9.3 物资需求量及运价表/（元/吨）

项目	B1	B2	B3	B4	B5	供应量
A1	3	2	3	5	3	100
A2	3	3	1	3	4	300

续表

项目	B1	B2	B3	B4	B5	供应量
A3	7	8	4	2	2	600
A4	5	4	7	7	8	800
需求量	250	300	350	400	500	

（1）确定初始调运方案。首先可以通过最小元素法，在物流运价表中，每次寻找运价中的最小值进行配送，采用表上直接作业的方式，表中有配送业务发生就在格子中标注配送量，某一个供应点或需求点得以满足就将其划去，直到所有供应及需求点均得到满足（初始调运方案表如表 9.4 所示）。

表 9.4　初始调运方案表

	B1	B2	B3	B4	B5	供应量	
A1	3	2/100	3	5	3	100	0
A2	3	3	1/300	3	4	300	0
A3	7	8	4	2/400	2/200	600	~~200~~ 0
A4	5/250	4/200	7/50	7	8/300	800	~~600 350 300~~ 0
需求量	250	300	350	400	500		
	0	200 0	50 0	0	300 0		

假设各点间运价为 p_{ij}，配送量为 q_{ij}，可确定初始调运方案，此时，初始总运费为：

$$F=\sum_{i=1}^{n}\sum_{j=1}^{n}p_{ij}q_{ij}=2\times100+1\times300+2\times400+2\times200+5\times250+4\times200+7\times50+8\times300=6500\text{ 元。}$$

（2）判断是否为最优方案。使用位势法，每个单元格用 C*ij*=U*i*+V*i* 进行计算，结果见位势表（见表 9.5），所有检验数非负，说明最优，若有负数存在，证明可以通过闭合回路寻找能优化的线路，如果所有闭合回路都不能优化，则为最优解。

表 9.5　位势表

项目	B1	B2	B3	B4	B5	Ui
A1	3	2/100	5	6	6	−2
A2	−1	−2	1/300	2	2	−6
A3	−1	−2	1	2/400	2/200	−6
A4	5/250	4/200	7/50	7	8/300	0
Vi	5	4	7	8	8	

表 9.5 中存在负值，说明有可优化的路径存在，通过分析，A3−B4，A3−B5，A4−B4，A4−B5 四个点，A1−B2，A1−B3，A4−B2，A4−B3 四个点构成的两个闭合回路可以进行优化，

优化过程见表 9.6 所示方案调整优化表。

表 9.6　方案调整优化表

方案调整前			→	方案调整后		
	B4	B5			B4	B5
A3	2/400	2/200		A3	2/100	2/500
A4	7	8/300		A4	7/300	8
调整前运费：		3600		调整后运费：		3300

方案调整前			→	方案调整后		
	B2	B3			B2	B3
A1	2/100	3		A1	2/50	3/50
A4	4/200	7/50		A4	4/250	7
调整前运费：		1350		调整后运费：		1250

经过调整之后，显然运费降低了，一次调整后的方案如表 9.7 所示。

表 9.7　一次调整后的方案

项目	B1	B2	B3	B4	B5	供应量
A1	3	2/50	3/50	5	3	100
A2	3	3	1/300	3	4	300
A3	7	8	4	2/100	2/500	600
A4	5/250	4/250	7	7/300	8	800
需求量	250	300	350	400	500	

此时，调整后的总运费为：$F=\sum_{i=1}^{n}\sum_{j=1}^{n}p_{ij}q_{ij}=2\times50+3\times50+1\times300+2\times100+2\times500+5\times250+4\times250+7\times300=6\,100$ 元。

经过一次调整后，方案实现了优化，需要继续使用位势法进行检验，本例中经过检验后发现方案仍然可以进行优化，需进行二次调整。表上作业法进行到这一步之后就是往复地检验和优化，一直到通过位势法确定检验数全部为非负，就可确定出最终的最优解方案，本例的最终方案如表 9.8 所示。

表 9.8　最终方案

	B1	B2	B3	B4	B5	供应量
A1	3	2	3/50	5	3/50	100
A2	3	3	1/300	3	4	300
A3	7	8	4	2/150	2/450	600
A4	5/250	4/300	7	7/250	8	800
需求量	250	300	350	400	500	

最终方案的总运费为：$F=\sum_{i=1}^{n}\sum_{j=1}^{n}p_{ij}q_{ij}=3\times50+3\times50+1\times300+2\times150+2\times450+5\times250+4\times300+7\times250=6000$ 元。

2. 表上作业法的 excel 辅助算法

前文中提到，表上作业法其本质就是单纯形法在配送路径优化问题上的应用，因此，可以使用 Excel 中“线性规划”模块进行建模求解。设 A_1、A_2、A_3、A_4 四个供应点向 B_1、B_2、B_3、B_4、B_5 五个需求点送货的货运量为 x_{ij}（i=1234，j=12345），运价为 a_{ij}，总运费为 F，配送供需平衡问题的线性规划模型建立如下：

目标函数：

$$\min F=\sum_{i=1}^{n}\sum_{j=1}^{n}a_{ij}x_{ij}=3\times x_{11}+2\times x_{12}+3\times x_{13}+5\times x_{14}+3\times x_{15}+3\times x_{21}+3\times x_{22}+1\times x_{23}+3\times x_{24}+4\times x_{25}+7\times x_{31}+8\times x_{32}+4\times x_{33}+2\times x_{34}+2\times x_{35}+5\times x_{41}+4\times x_{42}+7\times x_{43}+7\times x_{44}+8\times x_{45}$$

约束条件：

$$\text{s.t.}\begin{cases}x_{11}+x_{12}+x_{13}+x_{14}+x_{15}=100\\x_{21}+x_{22}+x_{23}+x_{24}+x_{25}=300\\x_{31}+x_{32}+x_{33}+x_{34}+x_{35}=600\\x_{41}+x_{42}+x_{43}+x_{44}+x_{45}=800\\x_{11}+x_{21}+x_{31}+x_{41}=250\\x_{12}+x_{22}+x_{32}+x_{42}=300\\x_{13}+x_{23}+x_{33}+x_{43}=350\\x_{14}+x_{24}+x_{34}+x_{44}=400\\x_{15}+x_{25}+x_{35}+x_{45}=500\end{cases}$$

模型建立完成之后，选择 Excel 中的规划求解计算模块可对其进行计算，规划求解命令如图 9.14 所示。

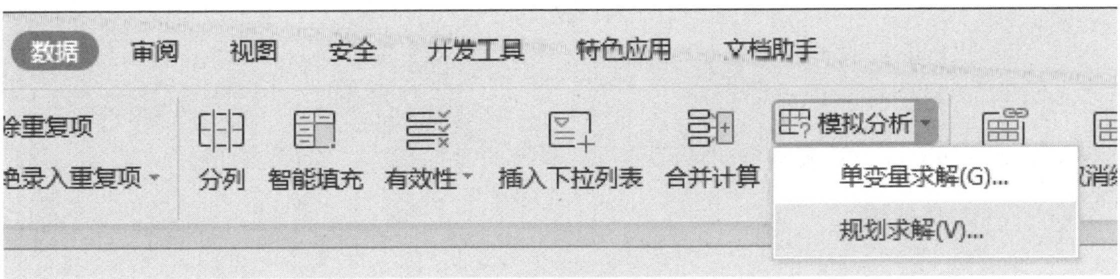

图 9.14　规划求解命令

在调出规划求解参数窗口（见图 9.15）后，目标栏选择编辑有目标函数的 Excel 单元格，可变单元格选择所设变量，遵守约束选择约束方程组，需要注意的是，Excel 单元格需以函数或模型公式的形式进行描述，求解方式选择单纯线性规划求解，经过计算，可得到图 9.16 所示运算结果报告，可以看出，求解时间仅 0.022 s，即可得到与传统算法一致的最优解 6000 元，同时得到每一个供应点到需求点之间的配送量，如若需要进行更深入的研究，还可以对模型进行敏感性分析，研究每一个约束允许的增量和减量等问题。

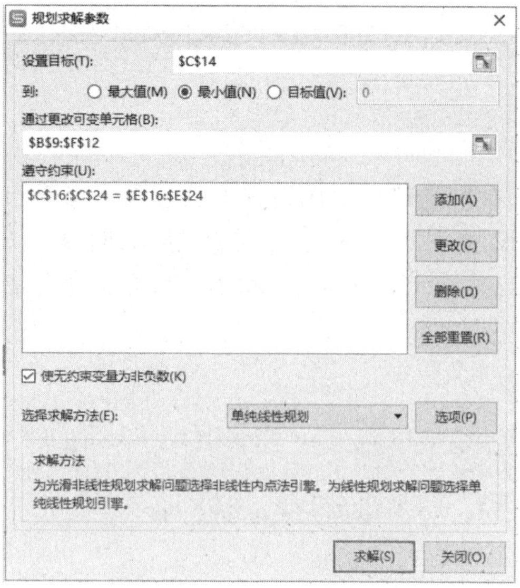

图 9.15　规划求解参数窗口

运算结果报告
工作表：[配送路径优化问题.xlsx]Sheet1
结果：规划求解找到一解，可满足所有的约束及最优状况。
规划求解引擎
引擎：单纯线性规划
求解时间：0.022 秒.
迭代次数：22 子问题：0
规划求解选项
最大时间 100 秒，迭代 无限制
最大子问题数目 无限制，最大整数解数目 无限制，
整数允许误差5%，无整数约束的求解，假设为非负数

目标单元格（最小值）

单元格	名称	初值	终值
$C$14	min F= B	6000	6000

可变单元格

单元格	名称	初值	终值	整数
$B$9	变量 A	0	0	约束
$C$9	变量 B	0	0	约束
$D$9	变量 C	0	0	约束
$E$9	变量 D	0	0	约束
$F$9	变量 E	100	100	约束
$B$10	A	0	0	约束
$C$10	B	0	0	约束
$D$10	C	300	300	约束
$E$10	D	0	0	约束
$F$10	E	0	0	约束
$B$11	A	0	0	约束
$C$11	B	0	0	约束
$D$11	C	0	0	约束
$E$11	D	200	200	约束
$F$11	E	400	400	约束
$B$12	A	250	250	约束
$C$12	B	300	300	约束
$D$12	C	50	50	约束
$E$12	D	200	200	约束
$F$12	E	0	0	约束

约束

单元格	名称	单元格值	公式	状态	型数值
$C$16	约束条件： B	100	$C$16=$E$16	到达限制值	0
$C$17	B	300	$C$17=$E$17	到达限制值	0
$C$18	B	600	$C$18=$E$18	到达限制值	0
$C$19	B	800	$C$19=$E$19	到达限制值	0
$C$20	B	250	$C$20=$E$20	到达限制值	0
$C$21	B	300	$C$21=$E$21	到达限制值	0
$C$22	B	350	$C$22=$E$22	到达限制值	0
$C$23	B	400	$C$23=$E$23	到达限制值	0
$C$24	B	500	$C$24=$E$24	到达限制值	0

图 9.16　运算结果报告

3. AI+Python 配合求解

给出提示词：假设有四个供应点 A1、A2、A3、A4 向五个需求点 B1、B2、B3、B4、B5 配送某种物资，已知每一个供应点和需求点的供需及各点间的运价，求最优解，请用 python 表达、定义供应点、需求点、供需量和运价。然后，使用线性规划来最小化总成本，同时满足供需约束。请用 Python 完成代码撰写。

AI 反馈代码：

```
import numpy as np
from scipy.optimize import linprog

# 供应点和需求点的数量
num_suppliers = 4
num_demands = 5

# 供应点的供应量
supplies = [30, 25, 20, 35]

# 需求点的需求量
demands = [10, 20, 15, 25, 30]

# 各点间的运价（运输成本）
cost_matrix = [
    [2, 4, 5, 3, 7],
    [8, 6, 9, 7, 5],
    [5, 4, 3, 8, 6],
    [7, 6, 8, 9, 4]
]

# 将线性规划问题转化为最小化问题
```

```
c = np.array(cost_matrix).flatten()  # 运价展平为一维数组

# 构建约束条件
A_eq = []  # 等式约束矩阵
b_eq = []  # 等式约束向量

# 添加供应约束
for i in range(num_suppliers):
    constraint = [0] * (num_suppliers * num_demands)
    constraint[i * num_demands:(i + 1) * num_demands] = 1
    A_eq.append(constraint)
    b_eq.append(supplies[i])

# 添加需求约束
for j in range(num_demands):
    constraint = [0] * (num_suppliers * num_demands)
    for i in range(num_suppliers):
        constraint[i * num_demands + j] = 1
    A_eq.append(constraint)
    b_eq.append(demands[j])

# 转换为 NumPy 数组
A_eq = np.array(A_eq)
b_eq = np.array(b_eq)

# 执行线性规划
result = linprog(c, A_eq=A_eq, b_eq=b_eq)

# 输出结果
print("最小化总成本为:", result.fun)
optimal_solution = np.array(result.x).reshape(num_suppliers, num_demands)
print("最优解:")
print(optimal_solution)
```

第一次 AI 反馈代码输出结果如图 9.17 所示。

```
TypeError                                 Traceback (most recent call last)
~\AppData\Local\Temp/ipykernel_10620/2355432145.py in <module>
     30 for i in range(num_suppliers):
     31     constraint = [0] * (num_suppliers * num_demands)
---> 32     constraint[i * num_demands:(i + 1) * num_demands] = 1
     33     A_eq.append(constraint)
     34     b_eq.append(supplies[i])

TypeError: can only assign an iterable
```

提示词，代码32行constraint[i * num_demands:(i + 1) * num_demands] = 1，报错can only assign an iterable，请调整代码

图 9.17 第一次 AI 反馈代码输出结果

AI 反馈第一次代码存在的问题解析如图 9.18 所示。

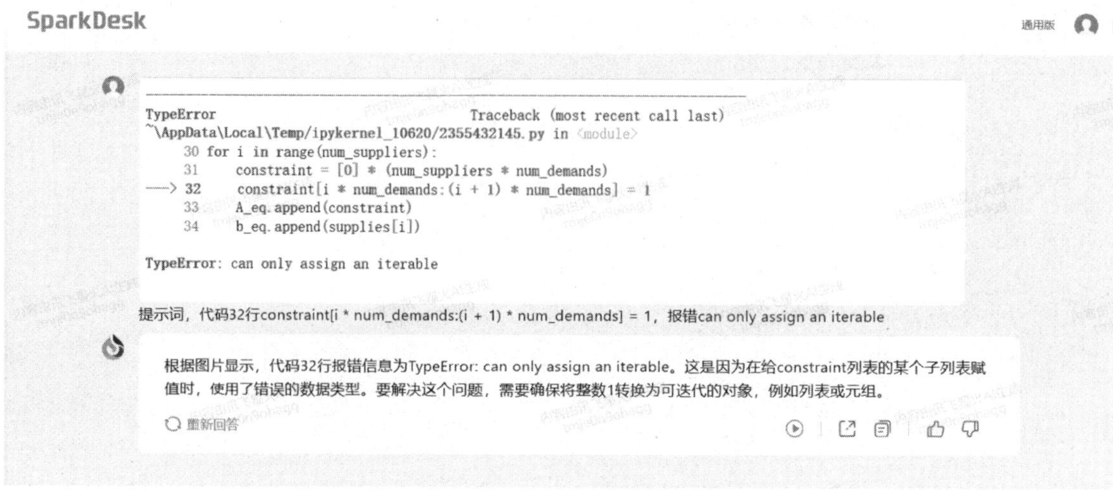

图 9.18　AI 反馈第一次代码存在的问题解析

将 AI 反馈的代码错误行，以及报错原因作为第二次输出的提示词进行代码迭代，AI 给出的第二次代码如下：

```
from scipy.optimize import linprog
# 供应点和需求点的数量
num_suppliers = 4
num_demands = 5

# 供应点的供应量
supplies = [30, 25, 20, 35]

# 需求点的需求量
demands = [10, 20, 15, 25, 30]

# 各点间的运价（运输成本）
cost_matrix = [
    [2, 4, 5, 3, 7],
    [8, 6, 9, 7, 5],
    [5, 4, 3, 8, 6],
    [7, 6, 8, 9, 4]
]

# 将线性规划问题转化为最小化问题
c = [cost for row in cost_matrix for cost in row]

# 构建约束条件
```

```
    A_eq = []  # 等式约束矩阵
    b_eq = []  # 等式约束向量

    # 添加供应约束
    for i in range(num_suppliers):
        constraint = [0] * (num_suppliers * num_demands)
        constraint[i * num_demands:(i + 1) * num_demands] = [1] * num_demands
        A_eq.append(constraint)
        b_eq.append(supplies[i])

    # 添加需求约束
    for j in range(num_demands):
        constraint = [0] * (num_suppliers * num_demands)
        for i in range(num_suppliers):
            constraint[i * num_demands + j] = 1
        A_eq.append(constraint)
        b_eq.append(demands[j])

    # 执行线性规划
    result = linprog(c, A_eq=A_eq, b_eq=b_eq, method="highs")

    # 输出结果
    print("最小化总成本为:", result.fun)
    optimal_solution = result.x.reshape(num_suppliers, num_demands)
    print("最优解:")
    print(optimal_solution)
```

第二次 AI 反馈代码输出结果如图 9.19 所示。

```
最小化总成本为: None

---------------------------------------------------------------------------
AttributeError                            Traceback (most recent call last)
~\AppData\Local\Temp/ipykernel_4528/1745515842.py in <module>
     46 # 输出结果
     47 print("最小化总成本为:", result.fun)
---> 48 optimal_solution = result.x.reshape(num_suppliers, num_demands)
     49 print("最优解:")
     50 print(optimal_solution)

AttributeError: 'NoneType' object has no attribute 'reshape'
```

提示词：代码48行optimal_solution = result.x.reshape(num_suppliers, num_demands)，报错'NoneType' object has no attribute 'reshape'

图 9.19　第二次 AI 反馈代码输出结果

AI 反馈第二次输出代码存在的问题解析如图 9.20 所示。

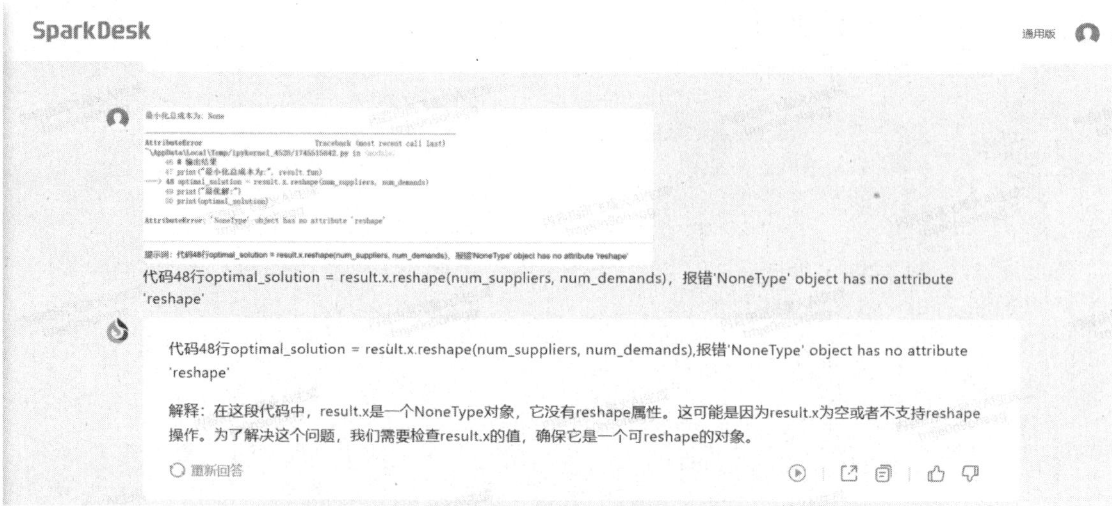

图 9.20　AI 反馈第二次输出代码存在的问题解析

将 AI 反馈的代码错误行，以及报错原因作为第三次输出的提示词进行代码迭代，AI 给出的第三次代码如下：

```
from scipy.optimize import linprog
import numpy as np

# 供应点和需求点的数量
num_suppliers = 4
num_demands = 5

# 供应点的供应量
supplies = [100, 300, 600, 800]

# 需求点的需求量
demands = [250, 300, 350, 400, 500]

# 各点间的运价（运输成本）
cost_matrix = [
    [3, 2, 3, 5, 3],
    [3, 3, 1, 3, 4],
    [7, 8, 4, 2, 2],
    [5, 4, 7, 7, 8]
]

# 将线性规划问题转化为最小化问题
c = [cost for row in cost_matrix for cost in row]

# 构建约束条件
A_eq = []  # 等式约束矩阵
b_eq = []  # 等式约束向量
```

```
    # 添加供应约束
    for i in range(num_suppliers):
        constraint = [0] * (num_suppliers * num_demands)
        constraint[i * num_demands:(i + 1) * num_demands] = [1] * num_demands
        A_eq.append(constraint)
        b_eq.append(supplies[i])

    # 添加需求约束
    for j in range(num_demands):
        constraint = [0] * (num_suppliers * num_demands)
        for i in range(num_suppliers):
            constraint[i * num_demands + j] = 1
        A_eq.append(constraint)
        b_eq.append(demands[j])

    # 执行线性规划
    result = linprog(c, A_eq=A_eq, b_eq=b_eq, method="highs")

    if result.success:
        print("最小化总成本为:", result.fun)
        optimal_solution = result.x
        print("最优解:")
        optimal_solution = np.array(optimal_solution).reshape(num_suppliers,
num_demands)
        print(optimal_solution)
    else:
        print("未找到可行解，线性规划问题无解。")
```

第三次 AI 反馈代码输出结果如图 9.21 所示。

```
# 执行线性规划
result = linprog(c, A_eq=A_eq, b_eq=b_eq, method="highs")

if result.success:
    print("最小化总成本为:", result.fun)
    optimal_solution = result.x
    print("最优解:")
    optimal_solution = np.array(optimal_solution).reshape(num_suppliers, num_demands)
    print(optimal_solution)
else:
    print("未找到可行解，线性规划问题无解。")
```

```
最小化总成本为: 6000.0
最优解:
[[  0.    0.    0.    0.  100.]
 [  0.    0.  300.    0.    0.]
 [  0.    0.    0.  200.  400.]
 [250.  300.   50.  200.    0.]]
```

图 9.21　第三次 AI 反馈代码输出结果

通过三次代码迭代，我们发现 Python 给出的最终代码，完美地解决了我们之前所遇到的物流路径规划难题，并且通过这种方式来解决这个问题，效率更高，更易上手。

9.3.4 任务实操

任务 9.3 任务工单

任务名称	AI 工具复盘项目	专业		班级	
学生姓名		学生学号		任务成绩	
任务准备		任务场地		完成日期	
任务描述	进行综合复盘，识别问题并提出改进建议，以提高代码质量和可维护性				

任务提出：本项目的最终任务是通过对前面完成的七个具体项目的复盘，将编程视角从传统的编写代码转变为代码的审查。这意味着在本项目中学生将不再编写新的代码，而是将专注于分析、评估和改进已经存在的代码。通过复盘这些项目，学生将学会更好地理解和评估代码质量，识别潜在的问题，并提出改进建议。这将有助于他们在日后的编程工作中更加应对自如。

任务目标：

1. 审查七个具体项目的代码：学生应该仔细审查每个项目的代码，包括从身份证号码提取信息、身份证号判断生肖、成绩管理工具、Excel 工具精进、网络数据爬取、股票数据分析、物流配送规划以及 AI 辅助 Python 代码编写。他们需要理解每个项目的代码结构、算法和数据处理过程。

2. 识别代码中的问题和潜在改进点：学生应该能够识别已完成项目中可能存在的问题，如效率问题、错误、可读性问题等。他们还应该能够识别潜在的改进点，包括性能优化、更好的注释、错误处理等。

3. 提出改进建议：学生需要为每个项目提出具体的改进建议。这些建议可以包括代码重构、性能优化、错误修复、更好的文档等。他们应该能够明确地描述为什么这些建议会改进代码的质量和可维护性。

4. 总结复盘结果：最后，学生应该总结他们的复盘结果，以便将其记录为一份报告或文档。这份文档将包括每个项目的复盘摘要、提出的改进建议和可能的下一步行动。

任务准备：

1. 理论学习

复盘分析方法：学习如何使用 AI 工具对以前的项目进行复盘分析，识别问题和改进机会。

算法理解：深入了解运输优化算法，包括精确算法和启发式算法的应用。

2. 技术准备

数据分析与处理：掌握如何使用 Excel 和 Python 进行数据分析和线性规划问题的求解。

算法应用：熟悉如何在 Python 中实现复杂的优化算法，如线性规划、遗传算法等。

3. 实际操作

模拟项目：通过模拟真实的物流优化项目，应用所学的算法和技术。

使用 AI 工具：运用 AI 工具对项目进行自动化分析和优化，以提高效率和精确性。

1. 任务设计

- 框架规划：让学生运用 AI 工具对已有的项目进行复盘，总结项目的成绩和不足。
- 资料收集：

学生需掌握项目背景和目标。

学习提示语的优化技巧。

- 设计引导：

教师指导学生使用 AI 工具生成总结性报告。

2. 任务实施

- 报告编写：

学生通过 AI 工具编写项目的复盘报告。

- 细节调整：

确保报告中对数据的分析准确无误，逻辑清晰。

- 小组讨论：

交流项目复盘的心得。

3. 任务检查

- 自我审核：

学生检查报告的完整性和逻辑性。

- 小组互评：

学生之间互查报告内容的合理性。

- 教师评审：

教师评估报告的完整性和分析深度。

4. 任务评价

- 评价说明：根据报告的逻辑性、数据分析的准确性和整体总结的深度评分。
- 成果展示：

学生展示通过 AI 工具生成的项目复盘报告，解释项目的成就与不足，并列举分析数据或可视化结果支持结论。

展示中可包括生成的文本摘要、图表和数据分析。

- 评价说明：

评价基于报告逻辑性、数据分析的准确性、对项目的总结深度等方面，确保学生能够利用 AI 工具总结和评估项目。

- 评价标准：任务 9.3 评价标准见表 9.9。

表 9.9　任务 9.3 评价标准

评分项	分值（权重）	详细说明
报告逻辑性	30 分	报告内容逻辑清晰，结构完整，能够准确总结项目的成就与不足
数据分析准确性	20 分	数据分析应准确无误，支持报告结论
总结深度	30 分	报告应对项目的成绩和不足进行深入总结，提出改进建议
创造性	20 分	报告展现了对项目复盘的独特见解，并提出了具备可行性的新方向或建议

详细评分细则如下。

（1）报告逻辑性（30 分）

结构完整（15 分）：报告结构完整，内容清晰明了。

逻辑连贯（15 分）：报告逻辑流畅，论点明确。

（2）数据分析准确性（20 分）

数据完整（10 分）：数据分析所需的数据完整无遗漏。

结论准确（10 分）：数据分析的结论准确，支持报告论点。

（3）总结深度（30 分）

成就总结（15 分）：对项目的成就有深入分析并列出实例。

不足改进（15 分）：针对项目的不足提出改进建议。

（4）创造性（20 分）

独特见解（10 分）：报告对项目展现出独特见解。

可行性建议（10 分）：报告提出具备可行性的改进方向。

具体实施和验证如下。

自我审核：学生完成报告后自行检查报告逻辑和数据分析的准确性。

小组互评：学生之间互相审核报告内容的合理性并提出改进建议。

教师评审：教师根据提交的报告，参考评分标准逐项打分并提供详细反馈。

9.3.5　任务测评

任务测评表

<table>
<tr><th>效果测评要素</th><th>具体评价内容</th><th>评价等级</th></tr>
<tr><td>技能点 1：项目复盘总结</td><td>学生是否对项目进行了全面总结，识别了优势和不足</td><td>优秀/良好/中等/及格/不及格</td></tr>
<tr><td>技能点 2：改进措施</td><td>是否制定了详细的改进方案，提升项目的整体质量</td><td>优秀/良好/中等/及格/不及格</td></tr>
<tr><td>综合测评 1：反馈合理性</td><td>项目总结中是否反映了实际问题并得出合理的反馈</td><td>优秀/良好/中等/及格/不及格</td></tr>
<tr><td>综合测评 2：实施可行性</td><td>提出的改进措施是否具有可行性，能切实提升项目效果</td><td>优秀/良好/中等/及格/不及格</td></tr>
<tr><td colspan="3">薄弱项记录</td></tr>
<tr><td>没学懂的知识</td><td colspan="2"></td></tr>
<tr><td>没掌握的技能</td><td colspan="2"></td></tr>
<tr><td>我想提升的素养</td><td colspan="2"></td></tr>
<tr><td>教师签字</td><td colspan="2"></td></tr>
</table>

项目总结

项目 9 致力于将人工智能（AI）与 Python 编程相结合，旨在培养学生在数据分析和编程领域中更广泛的技能和视野。通过三个任务的学习，学生将有如下收获：

1. AI 工具的初识：在任务 9.1 中，学生对人工智能的基本概念和发展历程有了初步了解。他们也熟悉了国内外各种 AI 工具及其应用领域，为后续任务奠定了坚实的知识基础。此过程中，学生培养了对 AI 的兴趣，认识到 AI 对编程领域的重要性。

2. AI 工具在 Python 编程的应用场景：任务 9.2 的学习让学生意识到 AI 工具可以在 Python 编程中发挥巨大作用。他们掌握了使用 AI 提示词的技能，这有助于提高编程效率和准确性。学生也学会了 AI 如何协助他们自动完成代码、检测代码错误、解释代码功能，并提供实际的代码示例，这拓展了他们的编程技能。

3. 项目复盘与改进：任务 9.3 是项目 9 的核心，通过对 7 个先前项目的复盘，学生不仅深入了解了这些项目的代码，还能够识别其中的问题和潜在改进点。他们在项目复盘过程中，不仅发现了代码中的潜在问题，还为每个项目提出了具体的改进建议。这锻炼了他们解决问题和改进代码的能力，使他们成为更加专业和高效的编程人员。

通过学习，培养自主学习和创新的素养，加强解决问题的能力，了解 AI 对编程领域的重要性，培养对 AI 的兴趣和认知。此外，任务的协作性质也增强了学生的团队协作能力，为未来的团队项目做好了准备。

总而言之，项目 9 为学生提供了一个多维度的学习机会，将 AI 与 Python 编程相结合，培养了他们在数据分析和编程领域的技能、兴趣和素养。学生不仅熟悉了 AI 工具的应用，还具备了复盘和改进代码的能力，这将对他们未来的职业发展产生深远的影响。项目九的学习经验将成为学生的宝贵财富，帮助他们在编程领域取得更大的成功。

项目 9 代码及数据

参 考 文 献

[1] 杨年华. Python 数据分析与机器学习：微课视频版[M]. 北京：清华大学出版社，2023.
[2] 埃里克·马瑟斯. Python 编程：从入门到实践[M]. 袁国忠，译. 3 版. 北京：人民邮电出版社，2023.
[3] 芒努斯·利·海特兰德. Python 基础教程[M]. 袁国忠，译. 3 版修订版. 北京：人民邮电出版社，2023.
[4] 卢西亚诺·拉马略. 流畅的 Python[M]. 安道，译. 2 版. 北京：人民邮电出版社，2023.
[5] 崔庆才. Python3 网络爬虫开发实战[M]. 2 版. 北京：人民邮电出版社，2021.
[6] 范建农，俞书飞，倪俊杰. Python 程序设计教程[M]. 北京：电子工业出版社，2017.